彩图 1　肾　蕨

彩图 2　文　竹

彩图 3　富贵竹

彩图 4　常春藤

彩图 5　棕　竹

彩图 6　苏　铁

彩图 7　鹅掌柴

彩图 8　琴叶榕

彩图 9　杜鹃盆景

彩图 10　八仙花

彩图 11　彩叶凤梨

彩图 12　果子蔓凤梨

彩图 13　铁兰凤梨

彩图 14　茉　莉

彩图 15　东方百合

彩图 16　亚洲百合

彩图 17　中国水仙

彩图 18　国　兰

彩图 19　大花蕙兰

彩图 20　石榴花

彩图 21　观赏辣椒

彩图 22　四季橘

彩图 23　佛　手

彩图 24　仙人掌

彩图 25　仙人球

彩图 26　令箭荷花

彩图 27　芦　荟

彩图 28　伽蓝菜（长寿花）

彩图 29　大花马齿苋

彩图 30　马齿苋树

彩图 31　碰碰香

彩图 32　迷迭香

彩图 33　柠檬香蜂草

彩图 34　薄　荷

彩图 35　鸡冠花

彩图 36　凤仙花

彩图 37　非洲凤仙

彩图 38　一串红

彩图 39 矮牵牛

彩图 40 百日草

彩图 41 万寿菊

彩图 42 紫茉莉

彩图 43　牵牛花

彩图 44　美人蕉

彩图 45　大丽花

彩图 46　牡　丹

彩图 47　金银花

彩图 48　丁　香

彩图 49　粉碧桃

彩图 50　梅　花

彩图 51　扶　桑

彩图 52　枸　杞

彩图 53　吊盆装饰

彩图 54　吊篮装饰

彩图 55　客厅盆花装饰

彩图 56　棕竹在客厅中的应用

彩图 57　散尾葵

彩图 58　发财树在书房中的应用

彩图 59　棕　竹

彩图 60　客厅盆花装饰

家居保健观赏植物的培植与养护

主　编
义鸣放

编　委
李晓艳　徐　哲　杨　林　周俊雯

金盾出版社

内 容 提 要

这是一本关于培植与养护家居保健观赏植物的实用性图书。书中详细介绍了100多种既有较高观赏价值又具环保功能的植物的栽培、养护及应用知识，阐述了如何在利用观赏植物绿化家居环境的同时，消除或减轻室内污染，达到家居健康绿化的目的。本书语言简练通俗，图文并茂，内容实用，可操作性强，适合广大家庭养花爱好者及园艺工作者阅读使用。

图书在版编目(CIP)数据

家居保健观赏植物的培植与养护/义鸣放主编．—北京：金盾出版社，2010.3

ISBN 978-7-5082-6111-9

Ⅰ．①家…　Ⅱ．①义…　Ⅲ．①居室-观赏园艺②居室—绿化　Ⅳ．①S68②S731.5

中国版本图书馆CIP数据核字(2009)第216395号

金盾出版社出版、总发行

北京太平路5号(地铁万寿路站往南)

邮政编码：100036　电话：68214039　83219215

传真：68276683　网址：www.jdcbs.cn

封面印刷：北京精美彩色印刷有限公司

彩页正文印刷：北京外文印刷厂

装订：北京东杨庄装订厂

各地新华书店经销

开本：880×1230 1/32　印张：8.5　彩页：16　字数：200千字

2010年3月第1版第1次印刷

印数：1～8 000册　定价：17.00元

前 言

Preface

近年来，随着我国经济的快速发展和人民生活水平的提高，人们的生活质量及生存环境有了很大改善，居住面积由过去的小户型向宽敞、实用的较大户型转变，且室内装修日趋时尚、舒适。许多家庭为了美化生活环境，在居室栽培造型奇特、极具观赏价值的植物，这对美化环境、愉悦身心、陶冶情操起到了积极作用。

但同时我们也看到，许多朋友对室内养护的植物的功能与应用并不十分了解，摆放的一些植物仅停留在美化、观赏的层次，针对室内环境污染，尤其是刚装修的、污染物质比较严重的居室，如何选择适宜的观赏植物来净化室内环境更缺乏相关的知识，难以达到环保的目的，更有甚者成为了室内环境的污染源。

人的一生约有三分之二的时间是在室内度过的，室内环境的优劣对人的身心健康产生重要影响，如何使室内植物既有观赏价值，又具有保护环境功能，这是每一位家庭养花爱好者，尤其是在新居室内居住者应认真对待和关注的问题。如吊兰，在家养花卉中，吊兰并不是人们莳养的“宠儿”，许多人对它的功能及作用了解甚少。其实，吊兰吸收空气中有毒化学物质的能力在观赏植物中首屈一指，效果甚至超过空气过滤器，在8～10平方米房间里放一盆吊兰相当于一个空气净化器，它可在24小时内吸收掉80%以上的甲醛、一氧化碳等挥发性有害气体。

花谚云："吊兰芦荟是强手，甲醛吓得躲着走。"芦荟在24小时照明的条件下可吸收1立方米空气中所含的90%甲醛。一盆常春藤可吸收10平方米房间中90%的苯，甚至可吸附连吸尘器都难以吸到的灰尘……

许多观赏植物堪称净化室内环境的"健康卫士"，所以在美化家居环境的同时，更要充分考虑健康因素，达到既绿化又健康的目的。这样才能为您的住宅营造一个绿色、健康、环保的生活氛围，使人住得放心、住得健康。为了帮助广大读者从健康、环保的角度养护好观赏植物，我们根据现实需求编写了此书。

本书从观赏植物的功能与人的健康关系入手，详细介绍了一百多种家居常见观赏植物的种类及其品种的识别、繁殖、栽培、养护及应用的知识要点。阐述了如何在利用观赏植物绿化美化室内环境的同时，减少或消除室内污染，达到家居健康绿化的目的。为了增强读者的感性认识，本书还插有许多精美的保健观赏植物图片。

本书内容通俗易懂，科学实用，图文并茂，是美化居住环境的实用性指导书。书中不当之处，敬请广大读者及同行专家批评指正。

编　者

目录

Contents

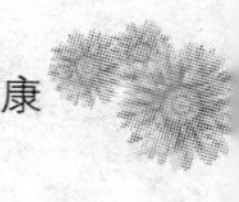

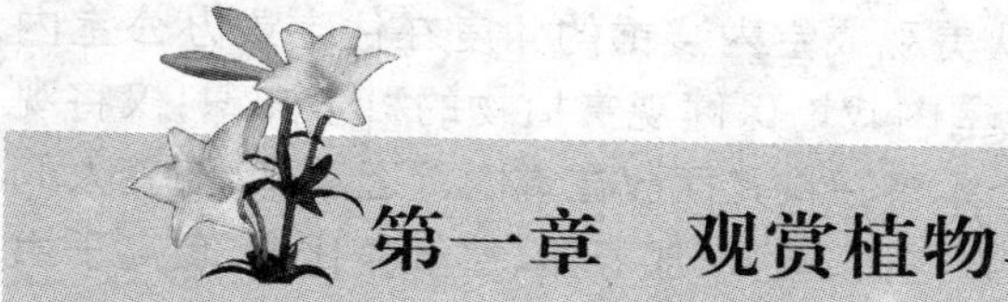

第一章 观赏植物与健康

第一节 概述

观赏植物是指包括木本和草本在内的具有观赏价值的植物。观赏植物除了可以绿化、美化环境外，还具有调节空气温、湿度，防尘杀菌，吸收有害气体等环保功能。

那么人们常说的花卉与观赏植物又是什么关系呢？实际上，两者是狭义观赏植物与广义观赏植物的区别。就字面意思来看，花卉是由“花”和“卉”构成；从植物学的角度来讲，“花”是被子植物的生殖器官，而“卉”是草的总称，《辞海》中将“花卉”注释为“可供观赏的花草”，说明花卉即为观赏植物，只不过特指观赏植物中草本的部分。本书所讲的观赏植物是包括木本和草本在内的广义观赏植物。

人的一生至少有三分之二的时间是在室内度过的，室内环境的好坏对人的身心健康产生重要影响。因居室内环境受人员密度大、通风不良、建筑材料散发的污染物质等有害因素的影响，导致室内环境变差，严重威胁到人的身心健康。而部分保健观赏植物在一定程度上可以缓解这种不良状况，因此在家居环境中养护一些保健观赏植物是一种既富有情趣又有利于健康的活动。

室内栽培观赏植物从物质和精神两个层面对人类身心健康有着积极的影响。物质层面，观赏植物可对室内环境，如温度、湿度、气体等进行改善或调节；精神层面，在室内栽培观赏植物是一种艺术，既要考虑多种颜色、形态和质感的搭配，又要选择适当的容器，设计不同的样式，通过植物装饰和插花等活动，以愉悦心情，舒缓压力，起到调节心理和恢复体力的作用。另外，通过室内栽培观赏植物的实践，人们需要了解各种观赏植物对居住环境的调节作用和对人身心健康的影响，从而获得科学知识。

目前绝大多数人是从美观或室内装饰的角度在住宅或办公室内放置一些绿色植物，缺乏室内栽培保健观赏植物的科学知识，仅将观赏植物作为布景或出于个人喜好将其摆放在室内。近年来，随着人们生活水平的提高，室内安装空调、暖气、加湿器、空气净化器、负离子生成器等各种家电设备，由于人们室内活动时间的延长和使用家电设备的方法不当，导致人们受到新房综合征、电器干扰综合征等疾病的困扰。引发这些疾病的原因有很多：如冷暖空调产生的空气污染物，为保持湿度封闭门窗而导致空气流通不畅，建筑装饰材料释放有害物质等。然而，人们往往忽略了用观赏植物来消除这些电器对人体健康带来的负面影响。其实观赏植物作为活生生的“绿色材料”，不仅能给人带来美的感受，同时具有消除室内污染、降温增湿、稳定调节情绪等作用。

第二节　观赏植物的保健作用

一、美容护肤

利用观赏植物美容，是古已有之的肌肤保养方法。埃及人将美容制品运用于宗教仪式的正式典礼中；古希腊人则由实践发展了美肤哲学，并沿习形成现代保养观；罗马人更是沉浸于芳香的洗礼中，用芳香观赏植物呵护四肢和躯体。公元1世纪的古罗马作家希特罗撰写了4本有关化妆品的书籍，载有各种芳香观赏植物的配方，内容包罗万象，其中含有护发、防皱乃至体味处理等。到了文艺复兴时期，人们对利用植物进行皮肤保养有了更深层次的认识，各种肥皂、乳霜及草药水配方等美容、保健品得到了广泛应用。

除了这些外用的化妆品、浴液和香皂等物品外，还有一些利于美容的内服物品，如各种美容酒、花粉和芦荟胶囊、调节人体健康的观赏植物制剂等，如我国著名的美容酒“桃花白芷酒”可美白皮肤，使面如桃花。

当今，琳琅满目化妆品中往往含有防腐剂、合成香水和人造色素等，使得用后患过敏症的人群不断增加，因此人们对含有较多天然成分的化妆品情有独钟。研究证实，许多观赏植物具有显著的美容护肤

功效，因此，许多厂家竞相研制含有观赏植物成分的化妆品，以满足市场的需求。

二、药用

（一）药用简史

观赏植物的药用在我国有着悠久的历史。我国最早的医学方书《五十三病方》中记载有芫花、辛夷花等植物的药用；《神农本草经》中记载有菊花、辛夷、款冬、旋复花等的药用方法；明代李时珍《本草纲目》中记载有药用观赏植物 30 余种；清代赵学敏在《本草纲目拾遗》中专门列出“花部”一节，记述药用观赏植物 30 余种。历代医学工作者对观赏植物药用的临床应用积累了丰富的经验。1949 年后，随着药理学研究的深入，为药用观赏植物的应用开辟了新的应用空间。《全国中草药汇编》中收集药用观赏植物 160 余种；《中药大辞典》中收集药用观赏植物 250 余种，约占药用植物的 5.3%。目前药用观赏植物广泛应用于内、外、妇、儿、皮肤、神经、肿瘤等科，而且发现有些观赏植物具有较高的药用价值和广阔的应用前景，如洋金花（即茄科的曼陀罗花）、闹羊花（即杜鹃花科的羊踯蠋花）可用作麻醉剂；洋金花的散瞳作用优于阿托品。深入探讨药用观赏植物的临床应用，对维护人体健康和填补中医药领域的某些空白具有重要意义。

在国外，观赏植物的药用也有着悠久的历史，如狭花天竺葵是南非土著居民祖祖辈辈流传下来的一味良药，它可以治疗肺结核、上呼吸道感染和其他肺部疾病等。在 20 世纪 20 年代初，一位名叫 Stevens 的英国商人患上当地无药可医的肺结核病，一位南非酋长就是用狭花天竺葵将其病治愈。

（二）药用功效

观赏植物的花能分泌出多种芳香物质，如柠檬油、百里香油、肉桂油等。这些物质含有的醇、醛、酮、酯等成分，具有杀菌和调节中枢神经的作用。

观赏植物药用的功效可归纳为以下六个方面。

（1）清热理气，治胃肠疾：若脾失于健运，湿热盘踞中脏，斡旋失调，气滞、气逆、气虚、气陷蜂起，或吐，或泻。药用观赏植物具有理滞

气,清湿热等功效,常用的观赏植物有木槿、木芙蓉、金银花、石榴花等。

(2) 疏风散热,清头目疾:凡头目为风邪所客,流涕、鼻塞、头痛、目眩、咽喉肿痛等,可选用菊花、辛夷花、栀子花、梅花等药用观赏植物进行辅助治疗。

(3) 化痰止咳,清呼吸道疾:以咳、痰、喘为主的呼吸道疾病,正谓"肺主宣气,肾主纳气","脾为生痰之源,肺为贮痰之器"。常用的药用观赏植物有款冬、千日红、杜鹃花、昙花等。

(4) 活血化瘀,治心血管病:菊花、番红花、鸡冠花等可用于治疗冠心病、高血压、高血脂等;洋金花、闹羊花用于治疗心律失常等。

(5) 凉血解毒,治皮肤杂症:药用观赏植物在皮肤科方面的应用比较广泛,如金银花、菊花、凌霄、鸡冠花、玫瑰花等。

(6) 引血止滞,理妇科疾症:药用观赏植物在行血、止滞、引产等方面均有调理作用。其中月季花、玫瑰花、番红花等对淤血之闭经、痛经、崩漏有良好的效果;玉簪、木槿花有避孕之功效。

三、食用

我国古代有食用观赏植物的记载。屈原在《离骚》中即有"朝饮木兰之坠露,夕餐菊花之落英"的佳句,可见古人早已把菊花当作食品了。唐代人们把菊花糕、桂花栗子羹、木香花粥作为宴席珍品;宋代《山家清供》收录的梅花粥、蟹酿橙、广寒糕、锦州羹等食品,就是用梅花、菊花、桂花等为配料所制成的;清代《养心录》中专立了"餐芳谱"一章,叙述了 20 多种鲜花食品的制作方法。一些观赏植物制作的食品芳香可口,在我国各大菜系中都有应用,如粤菜"蛇羹"中菊花是不可缺少的原料,沪菜中有白兰花炒鸡片、桂花栗子;京菜中的桂花鲜贝、茉莉鸡脯等都是菜谱中的上品。

观赏植物除了作菜肴外,还是制作食品的原料和佐料。玫瑰、桂花、茉莉等是制作糕点的重要原料和佐料;用菊花、木香、茉莉制成的花露,可代茶饮用。清代陈淏子的《花镜》中列有百花酿节,云"况园中自有芳香,皆堪采酿"。用花酿酒,自古有之,至今盛行不衰,如桂花酒、菊花酒、梅花酒、玫瑰酒等。近年来,在回归自然的感召下,各种观

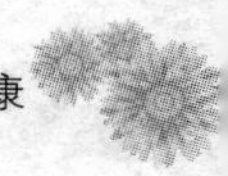

赏植物食品备受大众青睐，如莲花粥、菊花粥、合欢粥、玫瑰羹、百合粥、百合莲子粥等。

在国外，食用观赏植物亦应用广泛。在欧美一些国家和地区，被用来加工的观赏植物达数百种，如紫罗兰、万寿菊、秋海棠、旱金莲、南瓜花、春莴苣、金盏花、玫瑰等，可用来制成鲜花色拉，有的鲜花直接用做甜点。为了能提供更多的食用鲜花，当地还专门建立了观赏植物生产基地，并改良培育新品种，如美国用紫罗兰、玫瑰、旱金莲等花瓣拌色拉；法国用南瓜的雄花配菜；日本用樱花烹调“樱花宴”；保加利亚、土耳其用玫瑰花制成糖浆等。

第三节 观赏植物的环保功能

观赏植物是美化环境的活材料，它以千姿百态的风韵给人以视角和精神享受，它既反映出大自然的自然美，也反映出人类匠心的艺术美，同时极具环保功能。

一、调节室内温、湿度

研究表明，在室内养植一定数量的观赏植物，能在正午前后降温1℃～2℃，尤其是一些叶面积较大的多年生观赏植物。同时，观赏植物还能对室内空气的湿度、风速、空气对流起到很好的调节作用，对人的身心健康非常有益。

二、杀灭居室内的病菌

观赏植物能够杀死空气中的病菌。实验证明，大片种植花草的宁静区域比繁华闹市空气中的细菌要少得多，在城市繁华地段，每立方米空气中含有各种细菌 49 700 个，而公园绿地只有 1 046 个。绿化、美化好的环境，不仅细菌少，而且观赏植物能释放出许多有益于人体健康的物质，如松柏类植物中松节油散发的芳香物质能杀死呼吸系统中的致病细菌。国外森林医院采用天然芳香疗法，研制有各种观赏植物杀菌素。一个美化好的居室，可谓是一所促使人体健康长寿的保健疗养院。

三、防止和降低居室内环境污染

(一)吸收二氧化碳

空气中二氧化碳含量一般为0.03%。当其含量达到0.05%时,人就会感到呼吸不适;其含量达到0.2%,人就会头昏、心悸、血压升高;若其含量达到10%时,人就会停止呼吸而死亡。观赏植物白天进行光合作用吸收二氧化碳要比呼吸作用排出的二氧化碳多20倍。1平方米观赏植物每小时可吸收1.5克二氧化碳,一个成年人每小时要呼出38克二氧化碳。由此可知25平方米的观赏植物即能消耗掉一个成年人呼吸时所排出的二氧化碳,并足以供给所需的新鲜氧气。

(二)吸收有害气体

许多观赏植物能够有效吸收室内的有毒气体,合理配置观赏植物能长期保持室内空气清新。大多数观赏植物白天进行光合作用,吸收二氧化碳,释放氧气;夜间进行呼吸作用,吸收氧气,释放二氧化碳。仙人掌等多浆植物则恰恰相反,白天为避免水分流失,关闭气孔,光合作用产生的氧气在夜间气孔打开后才放出。将具有互补功能的观赏植物同养一室,既可使二者互惠互利,又可平衡调节室内氧气和二氧化碳的含量,保持室内空气健康、清新。此外,不光是叶子,观赏植物的根以及土壤里的有益微生物在清除有害气体方面功效显著。科学家们用活性炭、鼓风机和盆栽观赏植物制造了一种生命空气清洁器,在碳的作用下,观赏植物的根能将吸收的化学物质分解掉。不同观赏植物的功能不同,如果有针对性地选择,更可达到事半功倍的效果。

(1) 消除有害气体污染的观赏植物:①可消除甲醛的植物有吊兰、芦荟、虎尾兰、兰花、龟背竹、一叶兰;②可消除苯的植物有吊兰、常春藤、铁树、无花果、月季;③可消除氨的植物有绿萝;④可消除一氧化碳的植物有水仙、惠兰、芦荟、吊兰、木香、君子兰、发财树、百合、兰花、橡皮树;⑤可消除二氧化碳的植物有大丽花、水仙、仙人掌、蜀葵、芦荟、木香、君子兰、发财树、无花果、月季、一叶兰、橡皮树;⑥可消除氮氧化物的植物有水仙、紫茉莉、菊花、鸡冠花、一串红、虎耳草、金橘;⑦可消除二氧化硫的植物有紫藤、美人蕉、紫薇、水仙、木槿、菊花、蜀葵、夹竹桃、芦荟、石榴、丁香、棕榈、广玉兰、海棠、无花果、木芙

蓉、石竹、百合、杨梅、合欢、鸡冠花、腊梅、金橘、山茶、桂花、天竺葵、枸骨、爬山虎、黄杨；⑧可消除氯气的植物有含笑、紫藤、紫薇、木槿、夹竹桃、凤尾兰、棕榈、木芙蓉、石竹、合欢、鸡冠花、扶桑、月季、山茶、桂花、天竺葵、枸骨、黄杨；⑨可消除硫化氢的植物有蜀葵、菊花、大丽花、木香、君子兰、月季、山茶；⑩可消除氟化氢的植物有紫藤、一叶兰、菊花、蜀葵、夹竹桃、凤尾兰、木香、丁香、桂花、杨梅、合欢、鸡冠花、月季、山茶、天竺葵、枸骨、黄杨、橡皮树；⑪可消除氯化氢的植物有木槿、菊花、凤尾兰、木芙蓉；⑫可消除三氯乙烯的植物有常春藤、月季、蔷薇、芦荟、万年青。

(2) 消除放射性污染的观赏植物:紫菀属、鸡冠花。

(3) 吸附可吸入颗粒物、消除烟雾污染的观赏植物：鸭掌木、君子兰、广玉兰、桂花;木槿、夹竹桃、常春藤、无花果、桂花、爬山虎、橡皮树、蓬莱蕉、芦荟。

(4) 消除重金属污染的观赏植物：①可消除铬污染的植物有紫藤、金橘；②可消除汞污染的植物有菊花、腊梅、夹竹桃、棕榈、广玉兰、金橘；③可消除铅污染的植物有菊花。

(5) 消除光污染的观赏植物:海桐。

(6) 消除电磁辐射的观赏植物:仙人掌类、腊梅。

(7) 消除细菌污染的观赏植物：仙人掌、茉莉、丁香、金银花、牵牛花、桉树、天门冬、大戟、柑橘、迷迭香。

(8) 消除油烟污染的观赏植物:冷水花。

(三)监测空气质量

自然界中有不少观赏植物具有监测空气质量的作用,如您家里的观赏植物有异常变化,很可能就是因室内受污染的空气造成的。因此,可以把观赏植物作为既经济又环保的空气健康指数监测“仪”。例如:

(1) 虞美人:对有毒气体硫化氢反应极其敏感,如果周围有这类气体的存在,叶子便会发焦或有斑点。

(2) 美人蕉:能清除和监测二氧化硫、氯气等有害气体。如果发现其叶子渐渐由绿变白、花果脱落时,要当心氯气污染。

(3) 萱草:对空气中存在的氟很敏感,若萱草的叶子尖端变成褐红色,说明空气中存在氟污染。

(4) 梅花:有监测甲醛、氟化氢、苯、二氧化硫的作用,在受毒气侵害后,叶片即会出现斑点。

(5) 杜鹃:对臭氧和二氧化硫等有害气体有很强的抗性,对氨气也十分敏感。

(6) 秋海棠:可清除空气中的氟化氢,对氮氧化物也很敏感,一旦受污染,叶子会有斑点。

(7) 牵牛花:对二氧化硫有较强的监测作用,当叶子受到侵害时会出现斑点。

(8) 芍药:对空气中的氟化氢敏感,受到侵害,叶片上就会出现斑点。

四、调节人体生理机能

丁香、茉莉能使人安静、放松,放置卧室有利于睡眠;玫瑰、紫罗兰可使人精神愉快,焕发工作热情;薄荷对孩子的智力发育大有好处;夜来香、香叶天竺葵等等教发的气体有驱蚊除蝇作用;仙人掌、文竹、常春藤、秋海棠等散发的气体有杀菌、抑菌作用;丁香花含有丁香油酚,其香气可镇痛镇静;薰衣草的香气可治疗心率过快。居室中合理的放置一定数量的观赏植物能刺激人的呼吸中枢,从而加快吸氧和排出二氧化碳的速率,使大脑得到充足的氧。花香还能促进细胞发育,增强智力,对神经和心血管有很好的保护作用。

缤纷的色彩是观赏植物重要的特性。冬去春来,花开花落,一年四季不断变换的色彩,不但使人感受到动态的美,还使人深刻感到生命的活力。据心理学家分析认为:绿色是最宁静的色彩,能带给人以和平、安详的舒适感受,在任何时候都不会让人感到厌倦。因此,家庭植物装饰时多用观赏植物加以点缀是很有道理的。长期用眼和用脑的劳动者,若面对一丛脆嫩欲滴的观赏植物,会消除身心疲劳。红色系观赏植物给人以暖意,能激发人们的热情,使人精神亢奋、心旷神怡;黄色系观赏植物使人联想到向上、愉悦的感情;白色系观赏植物给人以纯洁的感觉;蓝色系观赏植物能使人心情沉静、稳重,如在发烧病人床头摆上一盆盛开的蓝色鲜花,能使病人镇静;紫色系观赏植物给人一种高贵、优雅、神秘的视角享受。居室主人可根据不同的情况及个人喜好配置不同花色的观赏植物,以满足不同的生活需求。

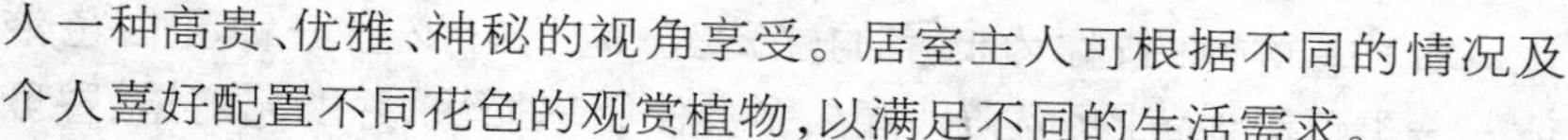

第四节　家居观赏植物种植注意事项

一、保持室内空气湿度

观赏植物可调节室内的温度和湿度,同时还能吸附灰尘,改善空气质量。

一般来说,室内的相对湿度不应低于30%,否则对健康不利,在冬季,室内如果不额外加湿的话,常常会低于此标准。空气湿度过低会使上呼吸道的鼻子、口腔、喉咙等干燥,引起黏膜发炎,对细菌和病毒的免疫力下降,更容易受感冒病毒的侵染。在室内种植蕨类植物、观叶植物等,可使室内的湿度增加,但室内空气湿度不能高于60%～70%,否则易导致室内发霉。

二、居室内忌放的观赏植物

据专家考证,在众多观赏植物中,一些看起来色泽鲜艳、枝繁叶茂的植物有致癌因素。在先后选取的1693种中草药和观赏植物测试中,共发现18个科中的52种植物含有致癌物质,它们分别是:细叶变叶木、石山巴豆、毛果巴豆、巴豆、麒麟冠、猫眼草、泽漆、甘遂、续随子、高山积雪、铁海棠、千根草、鸡尾木、多裂麻风树、红雀珊瑚、乌桕、圆叶乌桕、油桐、木油桐、火殃勒、芫花、结香、狼毒、黄芫花、了哥王、土沉香、细轴芫花、苏木、广金钱草、猪殃殃、黄毛豆腐柴、假连翘、射干、银粉背蕨、黄花铁线莲、金果榄、曼陀罗、三梭、剪刀股、坚荚树、阔叶猕猴桃、海南葵、苦杏仁、怀牛膝等。所以,当我们选择居室观赏植物时要谨慎,花香过于浓郁的不宜选,有毒、有过敏原的不能选,致癌的植物不能选。要根据观赏植物的生理特点合理选用家居观赏植物,使其环保功能得到最大限度的发挥。

(一)本身有毒的观赏植物

有些观赏植物有毒,对人体健康不利,须引起注意。

(1) 夹竹桃:被称为低度的迷幻药,它可分泌出一种乳白色液体——类似洋地黄的强心苷,闻久了会使心率加快,并引起幻觉、昏厥等中枢神经症状。因此虽然此花能吸收有毒气体,但也不宜作为家养植物。

(2) 黄色杜鹃:黄色杜鹃的植株和花内均含有毒素,误食会中毒。

(3) 白色杜鹃:白色杜鹃的花中含有四环二萜类毒素,人误食中毒后会引起呕吐、呼吸困难、四肢麻木等,重者会休克。

(4) 马蹄莲:马蹄莲的花有毒,内含大量草酸钙结晶和生物碱等,误食会引起昏迷等中毒症状。

(5) 一品红:一品红全株有毒,特别是茎叶里的白色汁液会刺激皮肤,引起过敏反应,如误食茎、叶,有中毒死亡的危险。

(6) 万年青:万年青的茎叶含有哑棒酶和草酸钙,触及皮肤会奇痒,误食会中毒。

(7) 紫荆花:人接触紫荆花的花粉过久,会诱发哮喘或使咳嗽症状加重。

(8) 含羞草:含羞草体内的含羞草碱是一种毒性很强的有机物,人体过多接触后会使毛发脱落。

(二)对人的嗅觉有刺激作用的观赏植物

有些观赏植物的香味对人的嗅觉有较强的刺激作用,香气过于浓郁对人体不利。这种观赏植物尤其不能在卧室中摆放。

(1) 夜来香:高血压和心脏病患者闻此花的香味后易感到胸闷,因此需慎重选择。

(2) 兰花:兰花虽然具有吸尘功能,但它的香气会令人过度兴奋而引起失眠,不宜在卧室中摆放。

(3) 月季:月季所散发的浓郁香味,久闻会使人失眠,不宜在卧室中摆放。

(4) 松柏:松柏类植物的芳香气味若过重时,会对人体的肠胃产生刺激作用,不仅影响食欲,而且会使孕妇感到心烦意乱,恶心呕吐,头晕目眩。

(5) 郁金香:郁金香花中含有毒碱,人和动物在这种花丛中呆 2～3 小时会头昏脑胀,出现中毒症状,严重者还会使毛发脱落,不宜在室内

栽种。

(三)"相克"的观赏植物

有些观赏植物种植在一处,会相互制约,影响生长发育。如丁香种在铃兰的旁边,会萎蔫,丁香的香味也会危及水仙的生命。将丁香、紫罗兰、郁金香、勿忘我养在一起,彼此都会受害。虞美人、兰花、石竹、紫罗兰、百合等草花和别的观赏植物难以共处,易造成植株死亡。

三、特殊人群居室内观赏植物种植宜忌

观赏植物的绿色对光线反射较弱,是一种柔和舒适的色调,有助于消除神经紧张和视觉疲劳。良好的绿色环境还能通过各种感觉器官作用于中枢神经系统,调整和改善机体各种功能,如可降低皮肤温度1℃~2℃,脉搏平均每分钟减少4~8次,使呼吸慢而均匀,血流减缓,心脏负担减轻。绿化区域空气中负离子积累较多,对高血压、神经衰弱、心脏病、呼吸道疾病能起到辅助治疗作用。然而并不是任何观赏植物都适合家庭种植,除了前面提到的致癌植物和有毒植物外,不同的人群也有观赏植物种植的禁忌。

(一)病人禁忌的观赏植物

病人室内最好不要养花,因为花盆中的泥土产生的真菌和细菌会扩散到室内空气中。一项细菌检验发现,鲜花插入花瓶1小时后,花瓶中一茶匙的水即含有细菌约10万个,3天之后可增至2 000万个。这些细菌多来自种植观赏植物的土壤。当将花枝插入盛自来水的花瓶后,细菌即以花茎和水中物质为养料进行繁殖,并会随水分的蒸发而飘浮于空气中。这些菌可能会引起人体表面或深部感染,还可能侵入人的皮肤、呼吸道、外耳道、脑膜及大脑等部位。这对原本就患有疾病、体质不好的患者来说,如雪上加霜,特别对白血病患者和器官移植者危害更大。

家中有呼吸道疾病、过敏性疾病、有伤口或免疫力低下的病人时,不要摆放鲜花或者种植正当季的花。鲜花是常见的过敏源,可能引发或加重呼吸道等器官疾病。如今卖花者常在花篮上喷洒香水,更容易诱发过敏性疾病,加重皮肤及呼吸道的病情。专家介绍,对花粉敏感的人群要比对青霉素过敏的人群多得多。目前已证明,至少有200多

种花粉可诱发人体出现异常变化。

(1) 过敏体质人群和心脏病患者应禁忌的观赏植物：①月季花所散发的浓郁香味，会使过敏体质者感到胸闷不适、呼吸困难。②人如果长时间接触紫荆花花粉，会诱发哮喘病。③人如果长时间接触洋绣球花散发出的花粉微粒，会出现皮肤过敏或瘙痒。

(2) 失眠症患者禁忌的植物：①兰花散发的香气如闻得过久，会使人过度兴奋，引起失眠。②长时间闻百合花香味，会使人的中枢神经过度兴奋，引起失眠。③水仙香气袭人，会令人的神经系统产生不适，睡眠时吸入其香，人会头昏。④夜来香晚上能散发强烈刺激嗅觉的香味，高血压和心脏病患者不宜久闻，否则会加重病情。

此外，观赏植物在夜间消耗大量氧气，与病人争夺室内氧气，直接影响到患者的康复

(二)孕妇宜忌接触或使用的观赏植物

(1) 孕妇禁止接触或使用的观赏植物：①怀孕1～3个月的孕妇应避免使用任何含有香精油的植物；迷迭香、薄荷、百里香、丁香、熏衣草、杜松、鼠尾草、洋甘菊、柠檬、柑橘只能适用于怀孕12周后的孕妇；玫瑰、茉莉则适合怀孕16周以上者使用。②孕妇久闻松柏类植物散发出的气味后，会出现心烦意乱、恶心欲吐等症状。

(2) 孕妇适宜接触或使用的观赏植物：①玫瑰具有美容疗效，可淡化细纹、保湿、促进细胞再生、美胸、消除黑眼圈、妊娠纹及疤痕、美白皮肤；具有情绪疗效，可催情、抗忧郁、舒解压力、愉悦心情。②茉莉具有美容疗效，可保湿、改善敏感皮肤、消除妊娠纹及疤痕；具有情绪疗效，可催情、促进活力、舒解压力。③肉桂具有美容疗效，可预防皱纹、治疗青春痘、减肥；具有情绪疗效，可抗抑郁、增加情欲、安抚沮丧心情。④香茅具有美容疗效，可净化皮肤、改善敏感皮肤、调理油性皮肤；具有情绪疗效，可愉悦心情。⑤广藿香具有美容疗效，可收敛毛孔、治疗青春痘、皮肤炎、疤痕、过敏；具有情绪疗效，可平抚沮丧、抗忧郁。

(三)儿童居室内禁忌的观赏植物

我国已明确规定了儿童室内环境指标：即二氧化碳应小于0.01%，如浓度增高，会使儿童感到恶心、头疼等不适；一氧化碳应小

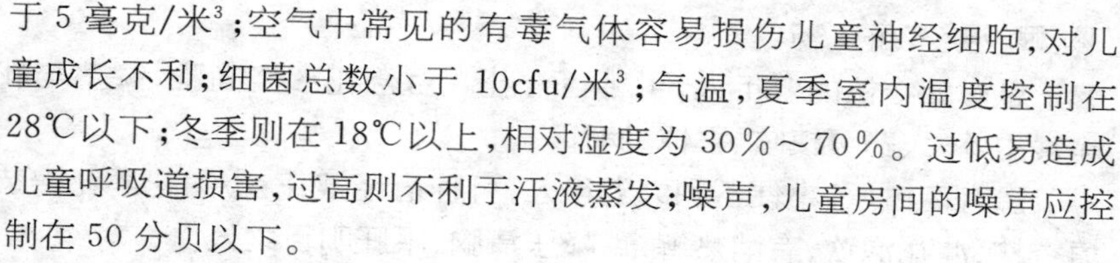

于 5 毫克/米³;空气中常见的有毒气体容易损伤儿童神经细胞,对儿童成长不利;细菌总数小于 10cfu/米³;气温,夏季室内温度控制在 28℃以下;冬季则在 18℃以上,相对湿度为 30%~70%。过低易造成儿童呼吸道损害,过高则不利于汗液蒸发;噪声,儿童房间的噪声应控制在 50 分贝以下。

儿童室内不宜摆放的观赏植物有:

(1) 夹竹桃:它所散发出的有毒气体会使人心郁气喘,易引发气管炎和肺炎。经常闻其味,会使人智力下降。

(2) 含羞草:其体内的含羞草碱是毒性很强的有机物,人体过多接触后会使毛发脱落。

(3) 黄花杜鹃:它的花朵含有毒素,一旦误食,轻者会引起中毒,重者会休克。

(4) 万年青:含有毒的酶,其茎叶的汁液对人的皮肤有强烈的刺激性,若婴幼儿误咬一口,会引起咽喉水肿,甚至令声带麻痹失音。

(5) 仙人掌:仙人掌类的毛刺既戳人又会引起过敏,除注意安放位置外,晾晒衣物时还要防止掉落其上,以免衣物沾上毛刺影响穿着。

(6) 月季、三角梅:为有刺观赏植物,要注意安放的位置,不要伤及小孩和老人。

(7) 虎刺梅:虎刺梅茎中的白色乳汁有毒,入眼会造成很大的伤害,需特别注意。

(8) 滴水观音:滴水观音茎内的汁液有毒,如果茎破损,误碰或误食其汁液会引起咽部和口部不适,并且会使胃部有灼痛感。

(9) 飞燕草:含萜类生物碱,全株有毒,种子毒性更大。误食会引起神经系统中毒,严重时会出现痉挛、呼吸衰竭而导致而亡。

(四)老年人居室内适宜的观赏植物

气虚体弱、患有慢性疾病的老年人,可种人参。人参一年可观赏三季。春季,人参萌发的嫩芽向下弯曲,犹如憨态可掬的象鼻从土中拉出;夏季,伞形的花序上开满白绿色诱人的花朵;秋季,粒粒红果衬着绿叶,悦目清心。人参的根、叶、花、种子皆可入药,对强壮身体、调理机能有很好的效果。

患有风湿、脾胃虚寒的老年人,可种五色椒。五色椒果实绚丽多彩，根、果、茎可入药。

患有肺结核的老年人，可种百合花。百合花形姿高雅，鳞茎与花除食用外，入药可镇咳、平惊、润肺。

患有高血压、小便不利的老年人，可种植金银花、小菊花。花瓣装填香枕，冲花泡饮，有消热解毒、降压清脑、平肝明目之效。

第二章 家居保健绿化

第一节 “健康住宅”15项标准

世界卫生组织关于“健康住宅”具体标准有：

1. 会引起过敏症的化学物质的浓度很低；

2. 为满足第一点的要求，尽可能不使用易散发化学物质的胶合板、墙体装修材料等；

3. 设有换气性能良好的换气设备，能将室内污染物质排至室外，特别是对高气密性、高隔热性来说，必须采用具有风管的中央换气系统，定时换气；

4. 在厨房灶具或吸烟处要设局部排气设备；

5. 起居室、卧室、厨房、厕所、走廊、浴室等温度要全年保持在17℃～27℃；

6. 室内湿度全年保持在40%～70%；

7. 二氧化碳要低于1 000PPM；

8. 悬浮粉尘浓度要低于0.15毫克/米^3；

9. 噪声要小于50分贝；

10. 一天的日照确保在3小时以上；

11. 有足够亮度的照明设备；

12. 住宅具有足够的抗自然灾害的能力；

13. 具有足够的人均建筑面积，并确保私密性；

14. 住宅要便于护理老龄者和残疾人；

15. 因建筑材料中含有有害挥发性有机物，住宅竣工后要隔一段时间才能入住，在此期间要进行换气。

第二节　室内环境污染与控制

一、居室内的主要污染源和污染物

室内空气污染包括物理、化学、生物和放射性污染，来源于室内和室外两部分。

(一)室内污染来源

室内污染来源主要有消费品和化学品的使用、建筑和装饰材料以及个人活动。

(1) 各种燃料燃烧、烹调油烟及吸烟产生的 CO、NO_2、SO_2、可吸入颗粒物、甲醛、多环芳烃(苯并芘)等。

室内吸烟产生的烟雾中除含有 CO、CO_2 等气体外，会产生烟焦油等上千种有害物质。厨房进行煎、炒、炸、烤等烹调菜肴时，产生大量的油烟，食用油和菜肴中的水分以及其他成分在高温下分解成多种成分混合物，其中一部分多环芳烃类化合物对人有致癌作用。此外，各种燃料会产生不同比例的其他燃烧产物，如煤燃烧产生大量颗粒物和 SO_2；液化石油气和天然气燃烧后产生大量的氮氧化物、部分甲醛，并依燃烧不完全的程度产生一定量的颗粒物，这些颗粒物的毒性远比燃烧充分的颗粒物大。

(2) 建筑、装饰材料、家具和家用化学品释放的甲醛和挥发性有机化合物(VOC)、氡及其气体等。

① 建筑材料：现代新型建筑材料为了增强某种性能，在原材料中添加有许多新的化学物质，其中有些物质具有挥发性，会对室内空气造成污染。如为了提高水泥的抗冻性，在原材料中加入了一定量的氨水以致室内氨气很浓；许多隔音、隔热的板材中含有石棉，有些塑料中含有氯乙烯、酚类等有害物质。所以即使建材本身无毒，但是各种添加剂毒性很强，再加上一些企业的化学分解、提纯设备不完全，选择的标准、度数等技术掌握不够好，使生产出的建筑材料含有毒性微量元素。

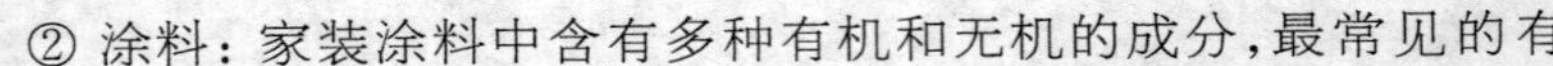

② 涂料：家装涂料中含有多种有机和无机的成分，最常见的有

苯、甲苯、乙苯、二甲苯等挥发性有机物。这类物质已被世界卫生组织确定为致癌物质，对眼睛、皮肤和上呼吸道有刺激作用，长期吸入易导致再生障碍性贫血。除此之外，还含有铅、锰、五氯酚钠等有害物质。

③ 人造板材：目前市场上比较流行的纤维板、胶合板、刨花板及颗粒板，其在生产过程中都需要使用大量的粘合剂，其中甲醛和挥发性有机物随着装修板材进入居室。

④ 装饰材料：塑料壁纸、地板革、化纤地毯等家居装饰材料均由化学合成材料加工制成，其原材料中含有氯乙烯、甲醛、苯、甲苯、乙苯等有毒物质。在室内铺设这类装饰材料的过程中，需要使用大量粘合剂，因此甲醛的释放量很大，其他有毒、有害物质也有不同程度的释放。

⑤ 放射性石材：一些天然的石材还会产生放射性物质污染。为使其表面看起来更加光洁美观，某些陶瓷产品上涂彩釉，釉面释放放射性物质。据西方学者测定，大约2%～3%的建筑物内有石棉和氡，人在室内受到氡照射剂量所产生的危害性要比接受X射线检查的危害性严重10倍。

⑥ 木制家具：家具产生的有害物质主要是游离甲醛，其来源于人造板的胶粘剂，粘合剂造成的苯污染也是比较严重的。长期接触这些有机物会对皮肤、呼吸道以及眼黏膜有刺激，引起接触性皮炎、结膜炎、哮喘性支气管炎以及一些变应性疾病。另外，制造家具中使用的一些胶、漆、涂料中含有大量的苯、甲苯和二甲苯，研究证明，慢性苯中毒会使骨髓造血机能发生障碍，引起再生障碍性贫血。油漆中含有的漆酚会腐蚀人体皮肤并中毒，一些家庭购置木制家具后，家中有的人易患接触性皮炎，一般接触1～4天后，接触部位的皮肤，如双手、前臂、双大腿后侧出现红斑、丘疹、丘疱疹，瘙痒难忍，严重者会出现肿胀、水疱、糜烂、渗液等症状。

(3) 家用电器及某些办公用品导致的电磁辐射等物理污染和臭氧等化学污染。

① 电磁污染：室内电磁污染主要来源于电脑及其他家用电器。微波炉产生的电磁辐射是家用电器中最强的电磁污染源，对人的大脑

有不良影响，易使人发怒或情绪沮丧，诱发白内障。使用时间越长、越频繁，对人体的危害越大。电热毯和电褥子的强电场会使使用者感到身体不适，可诱发孕妇流产及胎儿畸形。电视机、电脑产生的电磁波大体相当，会产生不同频率的辐射。研究证明，低频脉冲具有致畸作用。据专家介绍，长期处于高电磁辐射环境下，会对人体健康产生以下影响：

对心血管系统的影响：表现为心悸，失眠，部分女性经期紊乱，心动过缓，心搏血量减少，窦性心率不齐，白细胞减少，免疫功能下降等。

对视觉系统的影响：表现为视力下降，引起白内障等。

对生殖系统的影响：表现为性功能降低，男子精子质量下降，孕妇发生自然流产和胎儿畸形等。

长期处于高电磁辐射的环境中，会使血液、淋巴液和细胞原生质发生改变，影响人体的循环系统、免疫、生殖和代谢功能，严重的还会诱发癌症，并加速人体的癌细胞增殖。

② 噪声污染：家用电器直接造成室内噪声污染。随着人们生活的现代化，家用电器的噪声对人的危害越来越大。据检测，家庭中电视机、音响所产生的噪音可达 60～80 分贝；洗衣机为 42～72 分贝；电冰箱为 34～50 分贝。近年来，家庭卡拉 OK 娱乐活动很普遍，有些人沉醉于自我享受之中，无形中给别人造成了噪声污染。室内噪声污染对人的身心健康有着极大的危害。

③ 光污染：近年来，不少家庭在选用灯具和光源时往往忽视合理的采光需要，选择五颜六色的灯具，以求浪漫和豪华。殊不知，五颜六色的灯光除对人视力造成较大的危害外，还会干扰大脑中枢高级神经功能。光污染对婴幼儿及儿童影响更大，较强的光线会减弱婴幼儿视力，影响儿童视力发育。有关卫生专家认为，形成近视的主要原因是视觉环境，而不是用眼习惯。

④ 空调污染：一般家庭所安装的空调为分体式空调，使用时，居室处于封闭的环境里，室内空气与外界几乎隔绝，当人处的时间长了，室内的氧气由于不断消耗，而得不到补充，人体便会缺氧，从而导致人体器官不能够正常工作，引起内分泌紊乱。而且，传统分体式空调吹出的冷风最低温度为 7℃，会使人体表面的毛孔收缩，不能正常排汗，

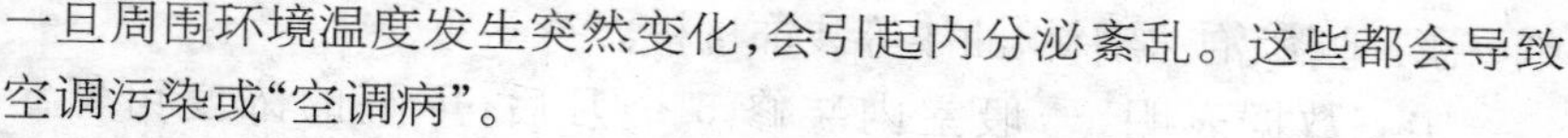

一旦周围环境温度发生突然变化,会引起内分泌紊乱。这些都会导致空调污染或“空调病”。

“空调病”的主要症状表现为头晕、发热、盗汗、身体发虚,人们往往将“空调病”误认为感冒。空调病已成为一种常见的夏日疾病。

(4) 通过人体呼吸、出汗、大小便等排出的CO_2、氨类化合物、硫化氢等化学污染;咳嗽、打喷嚏等产生的流感病毒、结核杆菌、链球菌等生物污染。

(5) 室内用具产生的生物性污染,如床褥、地毯中滋生的尘螨等。

(二)室外污染来源

(1) 室外空气中的各种污染物,包括工业废气和汽车尾气等。通过门窗、孔隙等进入室内,进入室内的污染物主要有二氧化硫、氮氧化合物、颗粒物、烟雾、油污、氯气、氨气、硫化氢等多种气体及花粉等,这些污染物主要来自各种生产、交通运输、集中供暖锅炉、垃圾堆、臭水坑、花丛等。这些污染物的污染程度与污染物的量、生产周期、排放方式、气象条件等因素有关。

(2) 人为带入室内的污染物。如干洗后带回家的衣服,会释放出残留的干洗剂四氯乙烯和三氯乙烯。将工作服带回家中,会使工作环境中的苯进入室内等。

(3) 随生活用水进入室内的污染物。水源被污染后,如果不能彻底净化,那么饮用水质会受到污染。另外,供水管如有裂缝,周围的污染物会通过裂缝进入管道,进而进入千家万户。高层住宅的2次供水设备如有污染,也会影响水质,人们饮用了受到污染的水,易引起消化道疾病,甚至中毒。如果受污染的水以喷雾的形式在室内使用,如淋浴、加湿空气、空调冷却以及浇花等,那么细小的雾滴会进入呼吸道,引起疾病。有堵塞物的下水道会有硫化氢等臭气溢出。

二、居室内环境污染的控制

(一)甲醛污染

室内空气中的甲醛主要来源于室内装修的人造板材和壁布、壁

纸、化纤地毯、泡沫塑料、油漆等装饰材料。

实测数据表明，一般室内装修5个月后，甲醛的浓度可低于0.1毫克/米^3；装修7个月后可降至0.08毫克/米^{3}以下。日本的研究表明，室内甲醛的释放期一般为3～15年。一般讲，室内甲醛浓度测试值如果超过国家控制标准，肯定会对人体健康造成伤害。

(1) 如何降低甲醛污染

① 合理确定装修方案。特别是房间的地面材料最好不要大面积使用同一种材料，合理计算房间里大芯板的使用量。严格掌握装饰和装修的材料质量。购买复合地板、大芯板要把甲醛释放量作为考量的重要指标，如条件允许，尽量选择天然板材。

② 科学选择施工工艺。除了特殊要求外，一般不要在复合地板下面铺装大芯板。用大芯板打的柜子和包暖气罩，里面一定要用甲醛封闭剂进行封闭，最好不要有裸露的地方，最好选用油膜比较厚、封闭性好的油漆。

③ 油漆、装修中使用的各种粘合剂等都属于胶漆涂料类，要坚持使用口碑好的品牌。

④ 适当延长入住时间。刚装修的房子，尽量让室内通风一段时间再入住，使室内甲醛尽量释放。新买的家具不要急于放进居室，最好放在空房间里，过一段时间再用。

⑤ 注意室内甲醛的检测和净化。在室内和家具内采取一些有效的净化措施及材料，可降低家具释放出的有害气体的污染，特别是家中有老人、儿童和过敏性体质人士的家庭，一定要严格控制室内甲醛的含量。

⑥ 尽量选用天然材料制作的壁纸和地毯，如麻草壁纸、纯羊毛地毯等。

⑦ 选购家具时，应选择刺激性气味较小的产品。新买的家具一定要注意甲醛和苯的释放量，最好通风一段时间再用，让家具里的有害气体尽快释放。

⑧ 保持室内空气流通。这是清除室内甲醛行之有效的办法，可

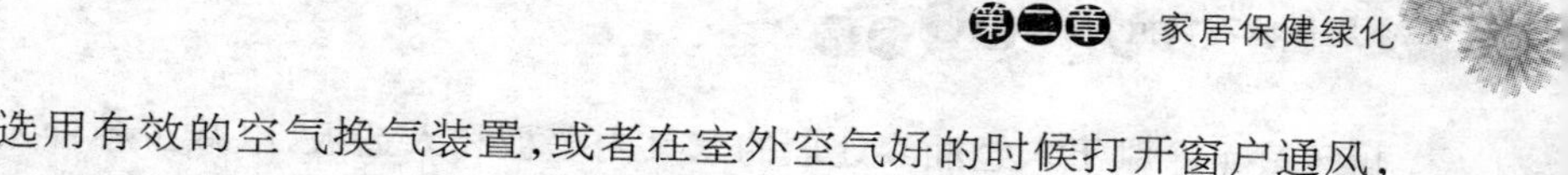

选用有效的空气换气装置，或者在室外空气好的时候打开窗户通风，以利于室内材料中甲醛排出和散发。

⑨ 合理控制与调节室内温度和相对湿度。甲醛是一种缓慢挥发性物质，随着温度的升高，挥发得会更快一些。

⑩ 在室内种花植草大有益处，会降低室内有害气体的浓度。

若室内甲醛含量比较高，可请室内环境检测专业人员进行检测。首先了解室内空气中甲醛的超标程度，然后根据室内空气污染情况采取相应的治理措施。

(2) 甲醛污染的治理

目前，市场上出现了一些净化室内空气中甲醛的设备和技术，消费者可根据室内空气污染情况选择使用。

① 物理吸附技术。主要是各种空气净化器，我国已有一些厂家生产净化器产品，如机械过滤、臭氧和空气负离子发生器；国外产品也多属于物理性能的。这类产品主要吸附空气中的悬浮物，对室内甲醛等污染物也有一定的吸附作用。

② 催化技术。催化技术以催化为主，结合超微过滤，从而保证在常温、常压下使多种有害气体分解成无害无味物质，由单纯的物理吸附转变为化学吸附，不会产生二次污染，而且吸附材料的寿命为普通材料的 20 倍以上，可对室内甲醛等有害气体进行催化分解。目前，市售的有害气体吸附器和家具吸附宝都属于这类产品。

③ 化学中和技术。目前，专家研制出了各种除味剂和甲醛捕捉剂。这类产品可破坏甲醛、苯等有害气体的分子结构，中和空气中的有害气体。结合装修工程使用，可有效降低人造板材中的游离甲醛。

④ 空气负离子技术。主要选用具有明显热电效应的稀有矿石为原料，加入到墙体材料中，在与空气接触中发生极化，并向外放电，起到净化室内空气的作用。

⑤ 材料封闭技术。对于各种人造板材中的甲醛，专家们研制了一种封闭材料，称作甲醛封闭剂，用于家具和人造板材内的甲醛气体

封闭。可涂刷于未经油漆处理的家具内壁板和人造板，以减少各种人造板中的甲醛释放量。

(二)挥发性有机物污染

挥发性有机物主要来源于有机溶剂、建筑材料、室内装饰材料、生活及办公用品。有机溶剂，如油漆、涂料、粘合剂、粘缝胶等；建筑材料，如人造板、泡沫隔热材料、塑料板材等；室内装饰材料，如壁纸、其他装饰材料等；纤维材料，如地毯、挂毯、化纤窗帘。办公用品，如油墨、复印机、打印机等也会产生苯污染，家用煤气中也有苯的存在。

因此，在家庭装修时一定要认准油漆涂料中挥发性有机物的含量，入住前要充分开窗通风，加速其挥发。

(三)氨污染

室内氨污染，主要来自于建筑结构施工中所用的含氨防冻剂。一些氨来自室内装饰材料，比如家具涂饰时所用的添加剂和增白剂大部分都用氨水，氨水已成为建材市场必备的产品。氨污染释放期较短，不会在空气中长期大量积存，对人体的危害相对小一些，但也应引起注意。

(1) 了解室内氨污染的情况。由于氨气是从墙体中释放出来的，室内主体墙的面积会影响室内氨的含量。所以，不同结构的房间，室内空气中氨污染的程度也不同，居住者应根据房间污染情况合理安排使用功能。如污染严重的房间尽量不要用做卧室，尽量不要让儿童、病人和老人居住。

(2) 条件允许时，多开窗通风，以尽量减少室内空气的污染程度。现专家们研制出一种空气新风机，可在不影响室内温度和不受室外天气影响的情况下，进行室内有害气体的清除。

(3) 选择一些正规厂家生产的室内空气净化器，注意一定要进行实地检验，也可向室内环境专家咨询。

(四)放射性物质污染

家庭装修引起的放射性污染主要来自石材和陶瓷制品。

(1) 石材：地球上几乎所有物质都含有放射性元素。石材取之于

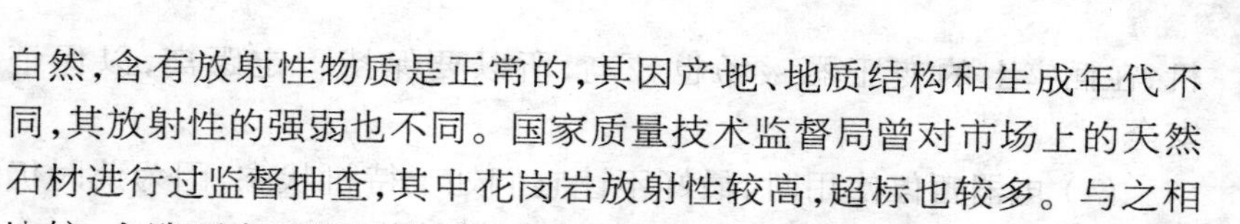

自然，含有放射性物质是正常的，其因产地、地质结构和生成年代不同，其放射性的强弱也不同。国家质量技术监督局曾对市场上的天然石材进行过监督抽查，其中花岗岩放射性较高，超标也较多。与之相比较，人造石由矿石粉等原料加入功能助剂，经特殊工艺加工制成，一般无毒、无放射性。

（2）陶瓷制品：家庭装修离不开陶瓷饰材，随着居住面积的扩大，卫生间、厨房间面积的增大，瓷砖的使用量越来越多，其大小、形状、色泽和图案的种类也越来越丰富，面对色彩缤纷的瓷砖，广大消费者在选购时尤其应关注其放射性问题。建筑装饰过程中使用的陶瓷（瓷砖、洗脸盆、抽水马桶等）主要由粘土、沙石、矿渣和工业废渣以及一些天然助料等材料，经成形、涂釉、烧结等工序制成。由于这些原材料中或多或少含有放射性元素，特别是陶瓷表面的釉料中含有放射性较强的物质。由于不同品牌的陶瓷饰材使用了不同的材料和釉料，其放射性的强弱也存在一定的差异，因此，在选购时一定要选择信誉良好的品牌厂家生产的产品，切勿“因小失大”。

（五）电磁辐射污染

（1）不要把家电摆放得过于集中，以免使自身暴露在超限量辐射的环境之中。特别是一些易产生电磁波的家电，如电视、电脑、冰箱、收音机等，最好不要集中摆放在卧室里。任何电器产品都应远离床铺。宾馆的客人总抱怨睡眠质量不好，其实是宾馆的床铺附近的电暖器、电风扇、空气清新机、空调等电器在作怪。一个小型电暖器的磁场强度可高达200mG以上。

（2）避免长时间使用家用电器、手机等，尽量避免同时启用多种家电。手机接通瞬间释放的电磁辐射最高，最好在铃声响过一两秒或两次铃声之后接听，使用时头部和手机天线的距离尽量远一些，最好使用分离耳机。

（3）与家电保持安全距离。距离越远，受电磁波侵害就越小。彩电的安全距离是荧光屏宽度的5倍左右；日光灯为2米～3米；微波炉开启之后要离开至少1米，孕妇和小孩应尽量远离微波炉。带变压器的低压电源一般磁场都很高，在接线的地方可以测到300mG以上，不过距离在30厘米远时可降到1mG以下。手机充电器、便携式单放

机、在插座上的变压器磁场也较高，所以要保持一定距离，以保证安全。

(4) 电器暂停使用时，最好不让它们处于待机状态，因为此时仍产生较微弱的电磁场，长时间也会产生辐射积累。

(5) 人们习惯将电脑主机放置在腿边的位置，以方便使用。主机前方磁场强度可超过 4mG，越靠后面磁场越高，所以尽量放远一些。电脑桌下方电线较多，要尽可能远离人的脚部。

(6) 去除冰箱散热管上的灰尘有助减低磁场。冰箱在运作、发出嗡嗡声时，冰箱后侧或下方的散热管线释放的磁场高出前方几十甚至几百倍(冰箱前后范围测得 1mG～9mG，后方正中央可高达 300mG)。如果冰箱的效率不高，嗡嗡声特别大，如果用吸尘器把散热管线上的灰尘吸掉，可降低磁场产生的辐射。

(7) 多食用胡萝卜、豆芽、西红柿、油菜、海带、卷心菜、瘦肉、动物肝脏等富含维生素(A、C)和蛋白质的食物，加强机体抵抗电磁辐射的能力。

(8) 适当使用防电磁辐射产品。

① 防护服：包括衬衫、内衣、西服、马甲、围裙、孕妇装、防护帽等。因其由特殊纤维制成，具有较好的防电磁辐射、抗静电、杀菌保洁作用。对于家庭主妇、孕妇、长时间操作电脑的人来说，很有必要。

② 防辐射屏：具有防辐射、防静电、防强光灯等多种作用，不影响视觉，若配上微波防护眼镜，对电视、计算机视频显示终端产生的电磁辐射有较好的保护作用。

③ 防辐射罩：使用屏蔽织物制成的计算机防辐射罩、电视机防护罩、微波炉防辐射罩等，可有效防止电磁辐射。

(六)尘螨污染

根据尘螨怕热的特点，将床垫、衣被在 40℃环境下暴露 24 小时；在 45℃环境下暴露 8 小时；在 50℃环境下暴露 2 小时；甚至在 60℃环境下暴露 10 分钟，均可将尘螨杀死。据此，可在炎热和严寒气候下曝晒衣被或用开水烫洗等办法去除尘螨。经常擦拭家具，勤洗衣被，保持室内干燥、清洁，减少杂物堆积，以及用塑料布围褥垫、椅垫等，可大

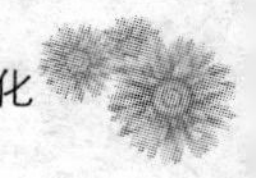

大抑制尘螨的繁殖和生长，室内每平方米的尘螨数量最好不超过20只。

家中贮放的米、面及其他粮食易生螨。应保持通风干燥，特别是不要贮存过多、过久，如发现粮食、面粉内有大量螨生长，应及时处理。

定期清洁室内布制物品，尽可能少用或不用地毯，经常对室内沙发、地垫进行吸尘处理。此外，可在空调机、空气清新机、冷气机等室内换气装置上安装静电空气滤网，如市售的3M净呼吸静电空气滤网等，可有效抑制细菌真菌等生长。其静电纤维能够强力吸附1微米以下的小分子，滤除肉眼看不到的尘螨，以及烟尘、霉菌、花粉、毛屑等易引起呼吸道疾病的过敏源。

一般来讲，只要安装了静电空气滤网，并且定期(约2个月)更换一次滤网，每日至少开放换气装置30分钟，就能够除掉室内的大部分尘螨。

以上列举了一些消除室内污染的物理或化学方法，但这些方法不仅费时、费力、费工，提高成本，而且使用不当会造成二次污染。要解决好室内污染问题，需多管齐下，采取综合措施加以治理。其中在室内培植养护保健观赏植物不失为一种行之有效的方法。在家养观赏植物中，部分植物不但极具观赏价值，而且还是净化、清洁室内空气的“健康卫士”，可有效避免、降低或清除各种室内污染，既经济安全，又实用有效。

第三节　家居保健绿化装饰方案

保健观赏植物不应在家居装修结束之后才考虑，而应与家居装修同步进行，下面为观赏植物的家居装饰实例。

一、客厅装饰观赏植物方案

客厅是家人活动及接待亲朋好友的主要场所。为了营造温馨、舒适、健康的家居环境，客厅美化必不可少。客厅的常见污染有家电的电磁污染、噪声污染；涂料挥发的苯、甲苯、乙苯、二

甲苯等挥发性有机物及铅、锰、五氯酚钠等有毒、有害物质污染；家具地板挥发的甲醛污染；光污染等。因此，根据客厅的面积、朝向、装修风格等，有针对性地选用具有不同抗污染功能的观赏植物。

客厅观赏植物的选择与搭配反映着主人的文化品位，因此应慎重对待。客厅绿饰的风格力求明快大方、典雅自然，营造温馨丰盈、盛情好客的氛围，可参考以下几个原则：

(一)客厅装饰观赏植物应依据客厅不同的风格来选择

如营造古朴典雅的氛围，可选树桩盆景为主景，在屋角放置一盆高大直立、冠顶展开的巴西铁、朱蕉、变叶木之类植物，再在矮几上放置一盆万年青，在茶几上置一款插花。如果您的居室气派豪华，则可选用叶片较大、株形较高大的橡皮树，或棕榈等，在房间墙壁或搁板上放一盆藤蔓植物，让枝叶飘然而下，给整个房间一种“粗中有细，柔中带刚”的感觉(图 1)。对于浪漫情怀的风格可选择一些藤蔓植物，如常春藤和吊兰等植物，另外沿边布置一盆千年木、万年青等，令气氛更加轻松、自然。客厅的朝向一般向南，光线在整个居室中应当是最佳的，也可以选择一些较喜光的、以赏花为主的观赏植物，如仙客来、报春花、瓜叶菊等。

图 1　在客厅搁板上悬挂盆花

图 2　在客厅窗前布置观赏植物

(二)设计观赏植物的摆放位置

大型观赏植物易吸引人们的视线，在家具较少的客厅里，可用其来填补空间、创造暖意。同时，枝叶浓密的大株盆栽还可遮挡那些凌乱的地方和呆板的死角，并用它来分割空间，如发财树(马拉巴栗)、垂

叶榕、散尾葵、南洋杉、橡皮树、苏铁、龟背竹、鹅掌柴及柱形喜林芋、巴西木、绿萝、龙血树、朱蕉、酒瓶兰、海芋等。中型观赏植物也是客厅不可缺少的,将它们摆放在家具、窗台上,显得大方、有格调。余下的空间可随意摆放小型观赏植物,这样布局才可使客厅显得活泼、有生气。

图 3 在客厅楼梯扶手处点缀的吊盆

为了不影响行走,客厅中,观赏植物一般摆放在柜顶、沙发边或角落垂吊,植物切勿居中,以稍偏一侧为佳。注意尽量丰富空间层次,大型植物放在地上,小型植物可放在台面上,垂盆植物可悬吊,显得错落有致、层次分明(图 2、图 3)。

(三)注意观赏植物的色彩和质感与室内色调搭配

如果环境色调浓重,则观赏植物色调应浅淡些,如南方常见的万年青,叶面绿白相间,在浓重的背景下显得非常柔和;如果环境色调淡雅,植物的选择就相对广泛一些,叶色深绿、叶形硕大和小巧玲珑、色调柔和的植物都可选用。

(四)根据客厅不同的朝向选择观赏植物品种

南窗客厅:是一天中光照时间最长(约 5 小时以上的日光照)、最充足的地方,可栽培大多数观花植物及彩叶植物,如茶花、杜鹃、孤挺花、龙吐珠、君子兰、三角梅、长寿花、米兰、圣诞花、天竺葵、红桑等。

东窗或西窗客厅:在早晨,东窗有 3～4 小时不太强烈的光照(这种光照对植物生长有利)。西窗的阳光光照时间与东窗差不多,但下午的西晒日照对植物有害,可养植仙客来、风梨类等;东窗通常可养植菖蒲、海芋、文竹、竹芋、秋海棠、花叶芋、银桦、鸟巢蕨、网纹草等。

如果你喜欢绿色盆栽,但没有过多的时间悉心培育它们,可养护银苞芋、广东万年青、吊兰、蜘蛛抱蛋、发财树、喜林芋、袖珍椰子、常春藤、椒草、宝石花及仙人掌等观赏品种。这类植物生命力极强、易于养护,定能为您的居室带来蓬勃生机。

二、书房装饰观赏植物方案

书房是人们阅读报刊杂志、撰写文稿、潜心思考问题的场所，需要营造一种优雅祥和、宁静安谧的气氛，追求一种清新、自然的品味。书房较严重的污染一是来自书架、地板的甲醛等挥发性气体；二是电脑造成的电磁辐射。书房一般情况不容易照射到阳光，所以在进行书房绿化装饰时，除了追求清静幽雅、减轻疲劳的氛围外，还应选择能净化空气且耐阴的观赏植物。

如书房中可放置矮小、常青的植物，如文竹、五针松等。书橱上可放置玲珑的小盆景，以丰富书房的色彩。当你在倦怠的时候，亲近一下葱郁的绿色植物，嗅闻花朵之芬芳，触摸凉润之碧叶，能够松弛神经，调节视力，解除困意，提高学习和工作的效率。

如果您的书房空间较小，可在写字台上放置小型精致的观叶植物，如文竹、菖蒲、黛粉叶(万年青)、虎尾兰、兰花、合果芋等，但不宜过多，以免显得杂乱。

书房的窗台上还可放置稍大一点的观赏植物，如兰花、蕨类、虎尾兰、君子兰等，用塑料盆或柳、竹编花篮盛装，显得质朴大方，同时还可点缀几盆小型且耐干旱、外形怪异、富有色彩变化的仙人掌类植物，以调节、活跃书房气氛。

书架上，一侧可配置一些小巧玲珑的松树盆景；另一侧则可搁放1～2盆枝条柔软下垂的观叶植物，如常春藤、天门冬、吊兰、吊竹梅等，形成一种具有动感活力的“绿色瀑布”，给书房以生动活泼的气息。

图4　在书房内摆放发财树

在靠近墙壁的地面上，可对称搁置大中型观叶植物，如橡皮树、散尾葵、巴西铁、绿萝、棕竹、发财树等，用以增加房间内的总体绿量(图4)。

此外，还可在不太显眼的位置搁中小型香花，如米兰、白兰、茉莉、兰花等，可使室内弥漫一种淡淡的清香，使人赏心悦目，神清气爽。

如书房面积较大，空间开阔，可采用多层面结合的配置，以丰富空间层次。窗台上

以观花赏果类植物为主,室内采用观叶植物,大型观叶植株放置地面,构成主景,以悬吊手法增加灵活度,或以小型盆景、精致盆栽植物点缀其间,以期获得满意的装饰效果。

三、卧室装饰观赏植物方案

卧室的主要污染来自家具和尘螨造成的生物污染。因此卧室观赏植物的选择即要美观、舒适又要具有杀菌、吸尘作用。

卧室是人们彻底放松身心的休息场所,卧室绿化装饰的原则是柔和、舒适、宁静,一般以观叶植物为主,并随季更换。矮橱低柜上可放小型观叶植物;高橱上可放常春藤;阳光充足的窗边可放四季秋海棠。室内用花以淡色为佳,花香不宜太浓,例如。

米兰:米兰能吸收空气中的二氧化硫和氯气,其散发出的具有杀菌作用的挥发油,对净化空气、促进人体健康有很好的作用。

含笑:含笑花开放时散出的挥发物能杀死空气中的结核杆菌及肺炎球菌。

非洲紫罗兰:其香气对结核杆菌、肺炎球菌和葡萄球菌有明显的抑制作用。

虽然卧室内种植观赏植物好处很多,但摆放时一定要讲究。因为有些观赏植物会对人的健康产生某些负面影响。

四、厨房装饰观赏植物方案

厨房内的煤气、液化石油气或天然气和炒菜时产生的油烟废气对人体健康有较大的危害。为了创造干净、整洁、舒适的厨房环境,需进行以下一些装饰。

(1) 在绿化艺术布置上,可选择能净化空气,特别是对油烟、煤气等有抗性的观赏植物,如冷水花、吊兰、红宝石、鸭跖草等,布置在离煤气灶具较远之处,或悬吊在没有油烟直熏处。厨房间的花草宜少而且体积不宜过大,以观叶植物为主,在远离灶具的墙壁放一盆中型的绿萝、棕竹或巴西铁。

(2) 绿化时,要选择一些生命力强的观赏植物,因为厨房产生的油烟和蒸汽对植物生长不利,一些娇柔脆弱的植物很难在厨房生存。

因此,可选择仙人掌类的观赏植物,如仙人球、仙人剑以及芦荟等生长较慢又耐旱的多浆植物(图 5)。有的人喜欢枝叶婆娑的观叶类植物,也可选择一些耐力强的常年生观叶类植物。

(3) 如果厨房的窗户较大,阳光又充足,还可以在窗前养植蔓性观赏植物,或将较小的塑料吊盆悬挂在窗前,里面种上各种向下倒垂的观赏植物。这样不仅实现了立体绿化,也点缀、美化了厨房,喜欢花草的朋友不妨一试。

图 5 在厨房窗台处装饰多浆植物

五、卫生间装饰观赏植物方案

普通住宅中卫生间的面积较小,采光不理想,又潮湿,给人一种阴冷的感觉,而且下水道会产生异味等污染。可在卫生间放置一些耐阴、喜湿的盆栽,这类观赏植物应以蕨类植物为主,如波士顿蕨、肾蕨或吊竹梅、网纹草等悬吊植物,在洗面台上可放置一小篮小型观叶蕨类或冷水花、花叶芋,色彩淡雅且有花纹,极醒目,十分漂亮。

卫生间的白色瓷砖与浓绿色观叶植物相映衬,更显眼悦目。摆放位置要避免肥皂泡沫飞溅玷污。某些陶瓷产品,尤其是表面看起来光洁美观的釉面会释放放射性物质,可放紫菀属、黄蓍、花烟草和鸡冠花,对吸收放射性物质有帮助。

此外,卫生间的下水道散发二氧化碳、氨类化合物、硫化氢等内源性化学污染物,可选用植绿萝、蜀葵、菊花、大丽花、木香、君子兰、月季、山茶等观赏植物,可改善卫生间的空气质量。

六、阳台装饰观赏植物方案

普通居室的阳台面积不大,堪称“弹丸之地”,人们在家居装饰中对阳台的绿化较为忽视,多数把阳台作为一个晒台,或是堆放杂物的

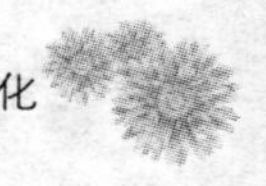

场地，稍微对阳台比较注意的家庭，也至多是将阳台封起来，摆上几盆花而已，阳台成了“被遗忘的角落”。

当你在一天紧张的工作之后回到家中，如果能在阳台上见到一盆盆娇艳欲滴、生机勃勃的花草，你一定会感到心情无比舒畅，这就是阳台美化与绿化的魅力。不仅如此，从健康角度讲，阳台绿化还可缓解夏季强烈阳光的照射，降温增湿、净化空气、降低噪音等，可谓益处多多。从提高生活品味的角度来讲，丰富人的业余生活，使人享受田园乐趣，从而达到怡情养性的目的。因此，阳台绿化可谓一举多得，其乐无穷。

阳台是居室的另一道房门，在阳台上种植草木，能减轻大气污染对室内环境的影响。一般进入室内的污染有二氧化硫、氮氧化合物、颗粒物、烟雾、油污、氯气、氨气、硫化氢等气体，如果您生活的环境某种污染严重，则可选择具有较强吸收或者减轻污染功能的观赏植物布置于阳台。

阳台也是阻击噪音的一个窗口，柏树是非常好的“噪音吸收器”，将其摆放在房间窗口或阳台处，可有效降低30%左右外来的噪音。

适合阳台绿化的观赏植物和装饰形式有很多，目前常见的几种形式有：

(1) 悬挂式：即悬挂于阳台顶板上，用小巧的容器栽种吊兰、蟹爪莲、彩叶草等，或是在阳台栏沿上悬挂小型容器，栽植藤蔓或披散型植物，使其枝叶悬挂于阳台之外(图6)。

图6　悬挂式植物

(2) 藤架式：在阳台的四角固定竖竿，在上方固定横竿，并在竖竿间缚竿或牵绳，扎成栅栏状。将葡萄、瓜果等蔓生植物的枝叶牵引至架上(图7)。

图7　藤架式植物

图 8 壁挂式植物

(3) 壁挂式:可在阳台栏杆内、外侧悬置爬山虎、凌霄等藤蔓植物,使其自然下垂,但要注意控制其高度,不要影响邻居的生活(图 8)。

(4) 阶梯花架式:在较小的阳台上,为了扩大种植面积,可利用阶梯式或其他形式的盆架,在阳台上进行立体盆花布置,也可将盆架搭出阳台之外,向户外延伸空间,从而加大绿化面积。

以上几种养护植物的方法,一定要注意花架及花盆的牢固度,以免花物掉下,发生意外。

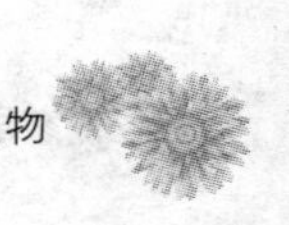

第三章　家居保健观赏植物

第一节　总论

一、家居保健观赏植物的种类和特性

观赏植物种类繁多，按植物科属、形态特征、生态习性、栽培方式、用途等有多种分类方法。在家居环境绿化中，将观赏植物按栽培和应用两种方式分类。

（一）盆栽植物

盆栽植物是指以观赏为目的，用容器栽培的植物。常用的容器是泥瓦盆和塑料盆，在家居环境中为了烘托植物造型，强化植物的装饰效果，亦常选用带有刻字和绘画的紫砂盆、陶瓷盆或陶盆等容器。其中，陶瓷盆由于透气性差，对植物的生长发育不利，往往作为套盆使用，起装饰作用。

盆栽植物按照主要观赏部位不同分为：

1. 盆栽观叶植物

观叶植物是指以叶片的形状、色泽和质地为主要观赏对象，具有较强的耐阴性，适宜在室内较长时间陈设和观赏。观叶植物从蕨类植物到种子植物、从草本到乔木种类繁多，而且形态奇异多变，可供周年观赏。在室内摆放盆栽观叶植物除具有美化居室环境的观赏功能外，还可增大空气湿度、吸收有害气体，起到净化和调节室内空气的作用，这对营造良好的生活环境具有十分重要的意义。因此，观叶植物应用非常广泛，常见种类有蕨类、绿萝、苏铁、一品红、红背桂等。

2. 盆栽观花植物

观花植物是指以植物花的形态、色彩、香味为主要观赏对象的各类植物。在室内摆放盆栽观花植物可欣赏到植物花朵的美丽与芬芳，

感受植物四季的变化，为家居生活增添情趣。传统的观赏植物主要以观花植物为主，如杜鹃、茶花、菊花、牡丹、兰花、水仙、凤梨类、仙客来、球根秋海棠等。

3. 盆栽观果植物

观果植物是指以植物果实的形状、色彩和果期变化为主要观赏对象的各类植物。其具有果实色彩丰富艳丽，观赏时间较长，而且富有季节变化特点，如橘红色的柿子、金橘；鲜红色的南天竹、枸杞；金黄色的佛手、乳头茄；紫红色的珊瑚豆、观赏辣椒等。在室内种植摆放盆栽观果植物可达到春天观花，秋天观果的双重效果，若种植的是可食用的盆栽观果植物，如盆栽葡萄、盆栽西红柿、盆栽橘子、盆栽辣椒等，更可感受到收获的乐趣。在家居环境中种植盆栽观果植物已成为国内外流行趋势。

4. 多浆及仙人掌类植物

是指以植物叶片和茎干的形状、色彩为主要观赏对象的各类植物。它们多数原产于热带、亚热带干旱地区或森林中。植物的茎、叶具有发达的贮水组织，呈现出肥厚多浆又奇异的变态形状。这类植物种类繁多，体态清雅奇特，花色艳丽多姿，极富趣味性，其特殊的抗旱、耐高温性，使养护管理简便，繁殖栽培容易。这类植物能在晚上吸收二氧化碳，放出氧气，特别适宜盆栽于室内观赏。目前这类植物的盆栽也十分流行，或用各式卡通容器作成微型盆栽摆放于室内案头小几，或组合盆栽成盆景陈设于客厅。常见的多浆植物有芦荟、仙人掌、蟹爪兰、景天、玉树等。

5. 芳香植物

芳香类植物有些虽然花型小，花色单调，姿态平淡无奇，但其香味浓郁、花期较长，如米兰、桂花等。有些植物植株本身具有芳香气味，整个生长周期都能散发出香味，有驱赶蚊虫的效果。近些年芳香类植物在家居绿化中日趋流行，如罗勒、薄荷、碰碰香、迷迭香、香叶天竺葵、薰衣草、百里香等。

(二) 切花

切花，指从植物体上剪切下来的花朵、花枝、果枝、叶片等供装饰应用的植物材料的总称。主要用于瓶插和制作花束、花篮、花圈等插

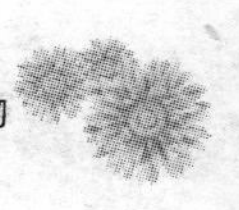

花装饰。

在家居中常用切花装饰的形式有：

1. **瓶插**

瓶插，即以瓶为容器蓄水，短时间养植切花，供人们摆放在居室案头观赏的一种植物造型艺术。

瓶插器皿的选择应以淡雅、朴素简洁为佳，注意与居室背景的和谐统一，容器以素雅、没有花纹和绘画的玻璃、塑料、陶瓷等器皿为佳，如白色、黑色、灰色，易与大多数花材及环境相协调。其形状应简洁大方，与插花造型相匹配。如直立式花型可选用阔口浅盘，下垂式花型可选狭口高瓶。选择容器时，不要一味追求高档、精致，应考虑其形状、色泽、质地、大小与使用目的、花材及周围的环境条件是否协调统一。除专用的花器外，还可用具有浓厚生活气息、外形简洁朴实的日用品，如碗、碟、杯、酒瓶、水壶、笔筒、烟灰缸、罐头瓶、水果盘等，凡能满足切花水养需要、并放置平稳，能容纳一些水的容器都可用于插花。

插花方式大致有两种。一种是图案式，着重人工安排，体现人工艺术美，如三角形插法、弧线形插法、曲线形插法、L形插法、放射形插法等；另一种是自然式，即取自然界最优美的姿势，略加人工修饰，体现自然美，如悬崖形插法、横斜态插法、清疏形插法等，不论采用哪种方式都要注意造型优美。有些人不注意插花的艺术性，常常是将弄来的枝花随手往花瓶里一插了事，这固然也能给居室增加一点美感，但艺术美就差多了。

插花需掌握花材搭配的一般常识，即颜色上，淡色的花材应插高，深色的花材宜插低，这样插花作品才有稳定感。花朵枝叶方面，一般上疏下茂，高低错落。花朵不要插在同一横线或直线上，位置要前后高低错开，疏密有致。花和叶不要等距离安排，应有疏有密，富于节奏感。花为实，叶为虚，有花无叶欠陪衬，有叶无花缺实体；既要有静态的对称，又要有动态的错落。

另外，在居室插花时要根据环境的需要来选择。比如，客厅是接待亲朋以及家人聚集的地方，插花需浓艳喜人，使人觉得美满、盛情；书房是看书和研究学问的地方，宜清静雅致，插花宜清淡简朴；卧室需雅洁、和谐、宁静、温馨，插花可选择雅致、协调并能散发香气的鲜花，但需注意居室插花的花材香味不宜过浓。

居室内适宜陈设插花的位置较多。例如五斗厨、茶几、床头柜、角隅处的角形花架或高低架等均可摆设插花。但要注意,插花体量的大小要与摆设位置的具体条件相适宜,如床头柜的插花宜小,以直立形为佳;花架上摆设的插花以下垂型为佳;博古架上可摆置小巧玲珑的微型插花等。

为了延长插花的观赏时间,下面介绍几种家庭实用的瓶插花的保鲜方法。

(1)水中剪切法:将花枝茎干的下部浸入水中,用剪刀在水中将其末端斜剪去 1 厘米～2 厘米。这样可防止空气侵入花枝基部导管而影响吸水,同时增大了切口的吸水面积。一般来说,吸水力强的花卉,如剑兰、姜花等可剪得高些,而吸水力弱的品种则应剪得矮些,如玫瑰、月季、茉莉等。之后,视花枝的状况每隔 2～3 天用剪刀修剪花材的末端,使花枝断面保持新鲜,可使花枝的吸水功能保持良好状态,延长插花寿命。

(2)烧枝法:把花枝末端用火烧一下,使花枝末端 2 厘米～3 厘米处变色后,及时浸入冷水中,再插入花瓶。这种方法既可起到消毒新鲜伤口的作用,又可增强吸水功能。烧枝法适用于花枝茎干较硬的花材,如梅花、桃花、月季花、芙蓉花、白兰花等。

(3)烫枝法:将花枝下端 2 厘米～3 厘米放入开水中浸烫 2 秒钟,立即浸入冷水中,再插入花瓶。这种方法适用于花枝茎干较柔软的花材,如郁金香、大丽花、芍药等。

(4)化学处理法:应用保鲜剂可使切花寿命延长 2～3 倍。保鲜剂的配方很多,因花而异,可在花店购买专用的保鲜剂,如可利鲜等,也可自己配制保鲜剂,下面介绍几种简易、通用的配方。

浸盐水法:先在花瓶内水中加少许食盐,搅拌均匀后,再将花材插入其中。这种方法适用于喜碱性的山茶花、水仙花等。

浸糖水法:先在盛水的花瓶中加入少许白糖,搅拌均匀后,再将花材插入其中。这种方法适用于富含糖质的百合花、桔梗花等。

洗洁精溶液法:取洗洁精少许,使其溶解在温水中,配成 2%～4% 浓度的溶液,将斜切好的花枝迅速浸入溶液中,可延长切花寿命

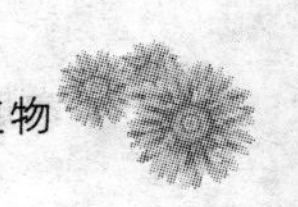

2～3 倍以上。

阿司匹林溶液法：阿司匹林具有使叶片气孔关闭和杀菌防腐的作用，用 1/3 000 的阿司匹林溶液插花，一般可延长各种切花的花期 7～10天。

维生素 C 溶液法：在 500 克水中加一片维生素 C，使其充分溶解，再将花材插入其中，也可有效延长花期。

2. 花篮

花篮，是以竹片、藤条或草编制成的篮状插花容器。花篮的功用甚多，为喜庆宴会、迎送宾客、庆贺开业和演出祝贺等活动的装饰佳品。家庭节日布置和艺术插花也常用，尤其在厨房和餐桌上摆放花篮可增添乡野气息。

市场上有专售的花篮，若有条件自己动手编制，则更富有情趣。花篮的形状多种多样，常见的有元宝篮、提篮、单体花篮、多层花篮等。造型上有单面观及四面观的，有规则式的扇面形、辐射形、椭圆形及不规则的 L 形、新月形等各种构图形式。花篮有提梁，便于携带，提梁上还可固定条幅或装饰品，成为整个花篮构图中的有机组成部分。

花篮不论是何种材料编制，依靠本身是无法保持水分的，一般采用以下两种方法保水：

(1)水具保水：一般是在花篮里放一水盆和花插，也可用空罐、茶杯、碗等代替，如果能按花篮本身特点设计制成专用水具更佳。

(2)插花泥保水：插花泥具有很强的吸水、保水能力，可根据需要随意切割，并且当花枝从不同方向插入时花泥不会松散，但不能反复使用。

3. 钵花

钵花，是指使用圆形、扁平的花钵作为容器，装饰于会议桌、接待台、演讲台、餐桌、几案等场所的花卉装饰形式。

从造型上看，钵花有单面观、四面观；构图形式多样，有圆形、球形、椭圆形等对称的几何构图，也有新月形、下垂形等各种灵活多变的不规则式构图。构图主要取决于桌子的形状、摆放的位置及需要营造的气氛。

(三) 庭院绿化

庭院绿化指在家庭居室房前屋后和屋顶上种植和养护观赏植物，

进行居室周围环境美化、绿化的形式。屋顶花园是近年来少数豪华居宅兴起的屋顶绿化形式。

可用于家庭庭院绿化的观赏植物有一二年生花卉、宿根花卉、球根花卉、水生花卉及木本花卉众多种类。

1. 一二年生花卉

这类植物从种子到种子的生命周期在一年之内，即春季播种，秋季采种，或于秋季播种至来年春末采种。一年生花卉多数原产热带或亚热带，故不耐寒。常在春季播种，夏秋季开花，在冬季来临之前即死亡，如鸡冠花、凤仙花、百日草等；二年生花卉多数原产温带或寒冷地区，耐寒性较强。常在秋季播种，翌春开花，如三色堇、金盏菊、紫罗兰等，常用于家庭庭院和屋顶绿化。

2. 宿根花卉

宿根花卉，是指地下根或地下茎没有发生变态的多年生草本观赏植物。该类花卉的优点是繁殖、管理简便，一次种植可多年生长开花。常见的有芍药、菊花、香石竹、荷兰菊、非洲菊、文竹等。宿根花卉具有广泛的生态适应性，有耐旱、耐寒、耐热、耐盐碱、耐湿等多种类型，在家居绿化中亦有切花、盆栽、庭院绿化等多种形式栽培应用。

3. 球根花卉

球根花卉，是指地下茎或地下根发生变态，膨大形成球状或块状贮藏器官的多年生草本观赏植物。这类花卉为了安全渡过寒冷的冬季或干旱炎热的夏季，地下器官形成休眠的习性，待环境适宜时再重新生长开花，并再度产生新的地下膨大部分或增生子球进行繁殖。常见栽培的有水仙、百合、郁金香、风信子、唐菖蒲、小苍兰、君子兰、仙客来、朱顶红等。球根花卉种类极其丰富，色彩艳丽，繁殖和栽培管理比较简便，在家居绿化中多以切花、盆栽、庭院绿化等形式栽培应用。

4. 水生花卉

水生花卉，是指生长于水体环境中的观赏植物，广义来说还包括沼泽地生和湿地生的观赏植物。这类花卉根据其生长的状态又可分为：

(1)挺水类：此类花卉根扎于泥中，茎干和叶片挺出水面，花开时直立于叶片之上，甚为美丽，如荷花、水生鸢尾、千屈菜、水葱、香蒲、菖蒲等。在家居绿化中常盆栽于室内或于庭院水池中，布置成小型

水景。

(2)浮水类:此类花卉根扎于泥中,叶片浮于水面或略高出水面,花开时亦贴近水面,如睡莲、王莲、萍蓬、芡实、菱、荇菜等。在家居绿化中常盆栽于室内或庭院水池中,布置成小型水景。

(3)漂浮类:此类花卉根漂于水中,叶片完全浮于水面,可随水流漂移,如凤眼莲、浮萍、水鳖、满江红等。在家居绿化中常种植于室内鱼缸中或庭院水池中,布置成小型水景。

(4)沉水类:此类花卉根扎于泥中,茎干和叶片沉没于水中,如玻璃藻、黑藻、莼菜、苦菜、眼子菜等。在家居绿化中常种植于室内、外鱼缸、鱼池中,有净化水质的作用。

5. **木本花卉**

木本花卉,是指以赏花为主的木本观赏植物。这些木本花卉,在我国南方地区为生长健壮、树体高大的灌木或乔木,多用于室外园林绿化;而在北方地区由于温度、湿度等环境条件的限制,一般进行矮化,盆栽于室内观赏,也可作室外庭院造景,如牡丹、杜鹃、茶花、茉莉、米兰、[illegible]花、桂花、白兰花、扶桑、栀子、一品红等。

自然式庭院绿化多以植物造景为主,庭院能否达到美观、经济实用,花木培植是关键。木本观赏植物种类选择要做到多样统一,既要统一基调,又要各具特色,注意季节变化和色彩搭配,多选择乡土树种、保健植物、芳香植物等花木,避免选择有毒、带刺及易引起过敏的植物。

二、家居常见植物的繁殖要点

(一)播种繁殖

也叫有性繁殖,即利用植物的种子繁殖植物的方法。特别是一二年生草花,皆用种子繁殖,对已经具有优良性状的品种,应尽量避免播种繁殖,特别是木本观赏植物,一定要进行无性繁殖。

图9 君子兰播种

家居绿化时,通常是在自家庭

院中采种或者到花店购买花卉种子，不管采用何种方式进行播种繁殖，应注意以下几个方面。

1. 种子的采收

采收种子的方法因草花种类的不同而异，要根据果实的开花结实期长短、果实的类型、种子的成熟期、种子的着生部位等选择不同的采收方法。

对开花结实期延续很长、果实为陆续成熟的草本花卉，必须从尚在开花的植株上陆续分批采收种子，如紫茉莉、波斯菊等边开花边结实，每天观察，随时采集陆续成熟的种子。以首批成熟的种子品质最佳，要选开花早或成熟早的种子留种。同时，应注意选择生在主茎或主枝上的种子为好。

开裂的干果，如蒴果、蓇葖果、荚果、角果等，在果实成熟前自然干燥，开裂散出种子或种子与干燥的果实一同脱落。这类种子应在果实成熟开裂或脱落前，于清晨空气湿度较大时采收。如果在强烈的阳光下采收，果实容易开裂，种子易散落，如凤仙花、花菱草、月见草等果实由绿转黄褐色时，应及时采收。

对不开裂的干果和不易散落的种子，以及成熟期比较一致的花卉种类，可当大部分果皮出现变黑、变黄、变褐等成熟特征时，一次性收割果枝采集种子，脱粒后经干燥处理，使其含水量下降到一定标准后贮藏。万寿菊、翠菊、孔雀草、百日草的种子是先四周成熟，待大部分果实成熟变色时，将整个干枯的头状花序一同采下。

浆果、柑果、梨果、瓠果等肉质果成熟的特征是，果皮颜色发生变化，一般由绿色变为红、黄、白、黑等颜色，果皮由硬变软，如君子兰、冬珊瑚、石楠等肉质果。肉质果成熟后要及时采收，过熟会脱落或被鸟虫啄食。如果在肉质的果皮干燥后采收，会加深种子的休眠或受霉菌的侵染。肉质果采收后，应先在室内放置几天，使种子充分成熟，腐烂前浸泡在清水里，搓洗去果肉或果浆，并去除浮于水面的不饱满种子，一定要把果肉洗净，否则易滋生霉菌，洗净后的种子，待其干燥后再贮存。

2. 优质种子的选择

草花种子保质期比较短，不论是购买散装种子还是市场上袋装种子，不管是论粒的还是论重量的，首先要看种子的生产日期、包装日

期。目前市场上大部分草本花卉种子保质期均为1年左右,如果时间过长,种子发芽率会降低很多。

最好购买袋包装的种子,这样的种子更有质量保证。①种子袋的整体包装美观大方;②种子袋上的图形和字迹清晰,袋上明确标注品种名称、重量、注册商标、质量指标、生产单位及联系地址、品种说明、生产日期、包装日期、检验日期、保质期等;③种子计量准确,封口严实平整。

凡是包装效果差,字迹模糊不清,袋上标注内容不明确的种子最好不要购买。同时最好购买杂种一代(F1代)的草花种子,这样的种子的品质更好,栽培出来的草花不论从花色、花量还是抗逆性来说都更优。

通过视觉和嗅觉可更为直观地判断种子质量。优质的草本花卉种子应籽粒饱满、均匀,无杂质,色泽正常,无虫害、菌瘿或霉变。

用鼻子判断种子有无霉烂、变质及异味。如发过芽的种子带有甜味,发过霉的种子带有酸味或酒味。这种气味在刚打开包装袋时最为明显。

3. 种子贮藏方法

草本花卉种子的自然寿命多数为2~3年,不同的贮藏方法对其种子寿命影响不同。各类种子均不宜暴晒,要晾干,否则会影响其发芽率。晾干后将种子贮存在低温、阴暗、干燥且通风良好的环境中。

家庭贮藏草本花卉种子可采用以下几种方法。

(1) 自然干燥贮藏法:主要适用于耐干燥的一二年生草本花卉种子,经过阴干或晒干后装入纸袋中或纸箱中保存。此种方法适宜次年播种的短期保存。

(2) 层积沙藏法:有些花卉种子,长期置于干燥环境下容易丧失发芽力,因此这类种子可采用层积沙藏法,即在贮藏箱的底部铺一层厚约10厘米的河沙,再铺上一层种子。如此反复,使种子与湿沙交互作层状堆积。休眠的种子用这种方法处理,可促进发芽。如将采收的牡丹、芍药等种子置于0℃~5℃的低温湿沙内。因为这类种子在自然条件下,有一段休眠期,经过休眠而后熟,在播前1个月取出，春天播种。

(3) 水藏法：王莲、睡莲、荷花等水生花卉种子必须贮藏在水中才能保持其发芽力，如睡莲等。水温为5℃左右，低于0℃时种子会受冻害，影响出芽。

4. 种子催芽

种子催芽就是促进种子萌发。一般花卉种子播后数天或半月即可发芽，有些种子要经数月或半年才能发芽。因此，对发芽困难、发芽迟缓和自然休眠期长的种子，在播种前可进行种子催芽处理。家庭用的种子催芽的方法主要有以下两种：

(1)水浸催芽：该法适用于强迫休眠的种子。先将种子用温水浸泡12～24小时，水温根据不同的植物种类而定，一般为30℃～80℃，然后放在一定的容器内进行催芽，要求环境温度为25℃～30℃，湿润，可放在花盆或培养器皿中，上、下用干净的纱布保湿，或在浸种后混沙进行催芽，一般10～15天即可萌芽。

(2)层积催芽：该法适用于深休眠的种子，一般需要时间较长(2～3个月，有的达半年)。大致方法是，将种子与湿沙混合，然后埋入地下背阴处，经常保持湿润、通气。前期低温(1℃～5℃)；后期高温(25℃)。

5. 播种

经过催芽的种子即可播种。露地播种一年生草花在春季；二年生草花在秋季播种；多年生草花一般在秋季播种；少数可在春季播种，如芍药、萱草等；木本观赏植物种子经过层积处理后一般在春季播种。

室内花卉的播种期不固定。室内的条件可人为控制，因此，四季均可播种，但以春、秋季播种为宜。

(二) 无性繁殖

也叫营养繁殖，即利用植物的茎杆、枝条、叶片、地下根或地下茎等营养器官繁殖植物的方法。无性繁殖出来的苗木称为无性繁殖苗或营养繁殖苗。无性繁殖方法最主要的特点是可保持优良品种的遗传性状。所以，繁殖好品种的观赏植物，特别是木本观赏植物时，必须进行无性繁殖。此外，无性繁殖还具有提早开花结实等特点。无性繁殖方法又分为扦插、嫁接、压条、分生繁殖和组织培养等。在家居绿化中常用扦插、嫁接、压条和分生繁殖。

1. 扦插繁殖

图 10 仙人掌扦插繁殖

图 11 月季硬枝扦插繁殖

1

2

3

图 12 橡皮树叶片扦插繁殖

1. 叶片 2. 叶片扦插生根 3. 整叶扦插生根

切取植物的一段枝条、根或一片叶，插入基质中培育苗木的方法，称为扦插。所用的繁殖材料称为插穗。扦插主要是枝插，另外，还有根插、叶插、芽插等。枝条扦插之后，成活与否的关键是能否较快生长足够的根系。从原理上讲，任何植物的枝条扦插都具有扦插成活的潜在可能性，但究竟能否成活或者是否容易成活，受到许多外界因素的综合影响，只有环境条件适合才能真正扦插成活。常用的扦插方法有：

(1)嫩枝扦插：即利用植株上半木质化枝条进行扦插。一般适宜于常绿和部分落叶木本观赏植物或草本花卉的繁殖，如月季、杜鹃、山茶、桂花、栀子、大叶黄杨、菊花、大丽花、一串红、荷兰菊、日本早小菊、橡皮树、龟背竹等。

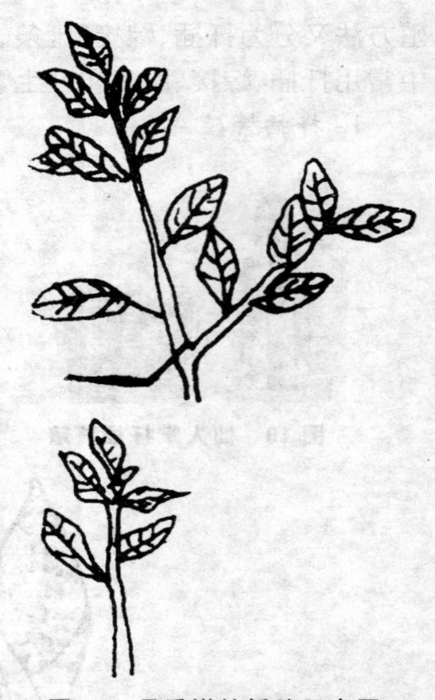

图 13 月季嫩枝插穗示意图

嫩枝扦插的适宜时间一般在雨季，具体操作方法因植物种类不同而异，但步骤大致相同。首先准备基质，最好是蛭石、珍珠岩、纯净的河沙或沙壤土，可露地扦插，也可室内扦插。选择生长发育健壮、长6 厘米～10 厘米(个别种类可 10 厘米～15 厘米)、无病虫害的半木质化枝条作为插穗，去掉下部的叶片，只保留最上部的少数叶片，基部用锋利的刀片削成楔形，扦插深度为 2 厘米～4 厘米。株行距根据具体的植物种类而定，一般为 3 厘米～5 厘米，或 5 厘米～10 厘米。插后用手稍按实基质。扦插完毕后，要灌透水，并用竹帘等覆盖遮荫，经常保持基质湿润，一般 15～20 天即可生根成活。

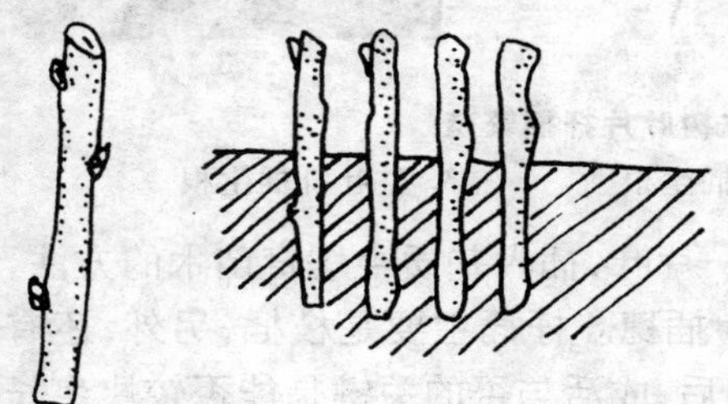

图 14 月季硬枝插穗与扦插示意图

(2)硬枝扦插：即利用植株上完全木质化的枝条进行扦插。该法适合于木本观赏植物的繁殖，时间一般在秋末或早春进行。

基质为沙壤土。选择生长良好、无病虫害的完全木质化枝条作为插穗，长度为 15 厘米～20 厘米，上切口平，下切口斜，一般不保留叶片。扦插的深度一般为插穗长度的 1/2～2/3，或只露出顶芽即可。株行距一般为 20 厘米×25 厘米，或 25 厘米×30 厘

米。插后稍按实土壤，灌透水。一般需用薄膜覆盖，以利保持水分，注意要适时灌水。一般1个月左右可生根成活，1个半月以后可撤去薄膜，进行常规管理(图11、图14)。

(3)水插：即用水作为基质扦插繁殖观赏植物(图15、图16)。与普通扦插相比较，水插法容易观察根的生长情况，移栽时根系易从水中取出，不易伤根，可置于室内培养，节省空间。水分充足，温度、光照时间、光照强度均可人为控制，不受季节限制，全年均可扦插，方法简便易行，成本低，卫生，特别适用家庭少量繁殖。

图15 月季水插示意图

图16 带花矮牵牛嫩枝水插

适合水插的花卉不下百余种。草本花卉有大丽花、龟背竹、凤仙花、石竹、牵牛花、三色堇、彩叶草、万寿菊、玻璃翠等；木本观赏植物有月季、橡皮树、夜来香、夹竹桃、迎春等。

水插一年四季均可进行，一般以夏季为好，此时气温高、空气湿度大，插穗发根快，成活率高。

扦插所选插条，要求生长健壮、无病虫害的半木质化枝条；叶插应选厚实、平整的壮叶。剪取插穗时，务求切口光滑平整，以利愈合与生根。插穗长度一般为8厘米～12厘米，除去基部叶片，保留顶端2～4枚叶片。

少量繁殖，容器可用玻璃缸或口径较大的玻璃瓶、塑料瓶，所用器皿先用洗衣粉水或洗洁净液浸泡，再用清水冲洗干净。水插深度为插穗长度的2/3。如果插穗较短，可用塑料泡沫作支持物，上面按一定间距钻孔固定材料，使之漂浮于水面，插穗基部露出塑料板下面3厘米～4厘米。水插用水必须用储存过2～3日的清水，不能用新鲜的自来水。清水经过贮存，使其温度与室温及原水插水温度相同，并能排除氯气等气体。

水插苗应培养在光照充足、空气流通、适当遮荫的环境中。培养期间注意及时清理腐烂死亡的苗，定时换水，待新根长出，即可视情况上盆或继续水培。如需上盆栽培，上盆初期，应保持盆土湿润，并注意遮荫，不可施肥，以后逐渐延长光照时间，以利植株进行光合作用。

2. 嫁接繁殖

将优良母本的枝条或芽嫁接到遗传特性不同的另一植株上，形成一个新的植物个体，称为嫁接繁殖。枝条称为接穗，承接接穗的植株称为砧木。嫁接的主要目的是保持优良植物品种的特性、提前开花等。影响嫁接成活的因素主要有：①嫁接亲和力，即接穗与砧木嫁接后能够生长成为一株植物的能力。嫁接亲和力一般受亲缘关系的影响，亲缘关系近的，嫁接亲和力强；反之，则弱。所以同种内不同品种之间嫁接最易成活，种间次之，属间较难，科间更难。对一般观赏植物来讲，温度在 20℃～30℃范围内比较适合嫁接成活，湿度一般要求在 80%以上。②嫁接时间影响嫁接成活，枝接一般在刚刚萌芽时嫁接成活率最高，芽接要求在枝条已充分木质化、腋芽饱满、树皮易剥离、气温尚高时嫁接最好。具体的嫁接方法很多，应用最多的是枝接、芽接和平接。

(1) 枝接：将一段枝条作为接穗，嫁接到砧木上。枝接多数在春季萌芽之前进行，有时可在生长季节进行。家居植物的枝接方法主要有切接、插皮接、靠接等。

① 切接：将接穗削成长 5 厘米～8 厘米，带有 3～4 个芽的枝段。选皮厚光滑、纹理顺的砧木一侧，用刀在皮层内略带木质部的地方垂直切下，然后将按穗插入砧木切口，用麻条或塑料条扎紧，使接穗枝条成活的方法(图 17)。

1

2

3

4

图 17 切接法

1. 接穗 2. 切开砧木 3. 插入接穗 4. 绑扎

② 插皮接：将接穗削成 3 厘米～5 厘米，且有 2～3 个芽的长削面。在削平的砧木口上选一光滑而弧度大的部位，通过皮层划一个比接穗削面稍短的纵切口，深达木质部，用刀将树皮两边切口轻轻挑起，将接穗对准皮层接入中间，然后绑扎(图 18)。

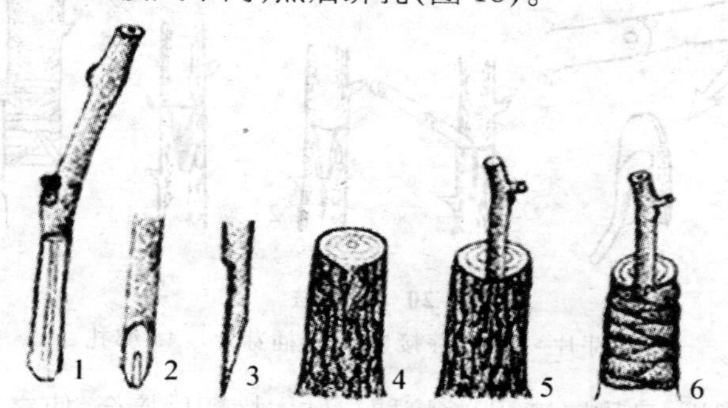

图 18 插皮接法

1. 长削面 2. 短削面 3. 侧面 4. 砧木削法 5. 插入接穗 6. 绑扎

③ 靠接：使砧木、接穗的切口靠紧，使双方切削部分形成层对齐，然后用塑料薄膜绑扎紧，使之成活的嫁接方法(图 19)。

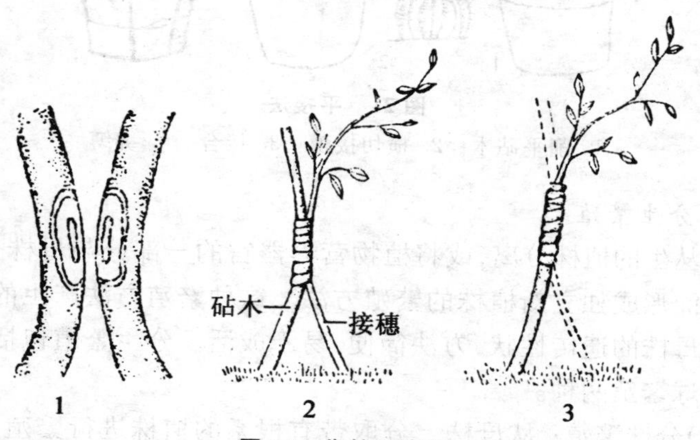

图 19 靠接示意图

1. 砧、穗切削 2. 结合绑扎 3. 成活后剪砧木和接穗

(2)芽接：将一个芽作为接穗嫁接到砧木上的嫁接方法。芽接一般在生长季节进行，应用最多的芽接方法是“T”字形芽接(图 20)。

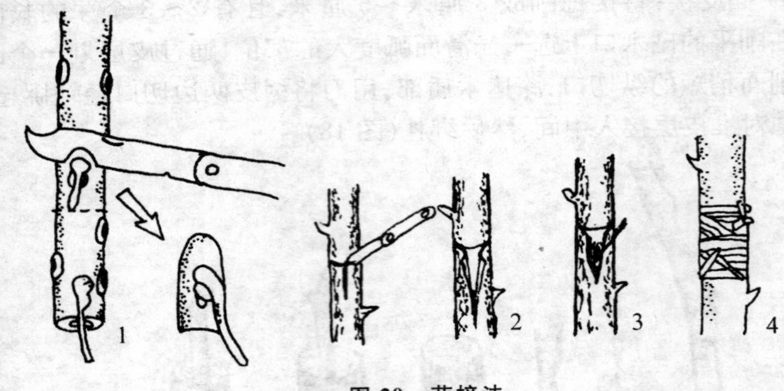

图 20　芽接法

1. 削芽片　2. 开芽接口　3. 插芽片　4. 绑扎

(3) 平接：又称置接，即将接穗与砧木横切后接合，使之成活的嫁接方法。是仙人掌类植物最常用的无性繁殖方法。

图 21　平接法

1. 削平砧木　2. 横切接穗　3. 接合　4. 绑缚

3. 分生繁殖

将丛生的植株分离，或将植物营养器官的一部分与母株分离，另行栽植而形成独立新植株的繁殖方法。这种繁殖方法产生的新植株能保持母株的遗传性状，方法简便，易于成活。分生繁殖包括分株繁殖和分球繁殖两种。

(1)分株繁殖：从母株上分取带有根系的植株进行繁殖，适合于丛生性强的花灌木及萌蘖性强的多年生草花，如牡丹、芍药、蜡梅、萱草、君子兰、一叶兰、鹤望兰、鸢尾、荷兰菊等。分株繁殖的时间随观赏植物的种类而异，春季开花的宜在秋季分株，秋季开花的宜在春季分株。分株方法是：将整个母株脱盆或将露地种植的整株挖出，抖掉根

上的泥土，自根茎处用手或用刀纵向劈开，分为若干小株丛。新株丛有的可1株小苗为一丛，如君子兰、鹤望兰、萱草等；有的可2～3株或3～5株小苗为一丛。然后对根系、枝叶做适当修剪，重新栽植即可。

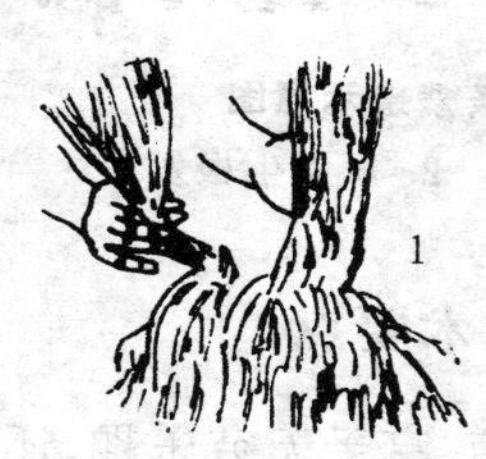

图22　分株繁殖

1. 整株起出后分株　2. 在盆内切割分株

(2)分球繁殖：分球繁殖就是利用球根类植物的地下部分进行分栽，可在秋、春两季进行。球根花卉的地下部贮藏器官每年会产生若干新球和籽球，秋季或夏季挖取新球和籽球重新栽植即可。根据地下部分的形态，球根花卉可分鳞茎，如郁金香、水仙、朱顶红、风信子、百合等；球茎，如唐菖蒲等；块茎，如马蹄莲、白头翁、海芋等；根茎，如美人蕉、鸢尾、睡莲等；块根，如大丽花等。

图23　唐菖蒲分球

4. 压条繁殖

压条繁殖就是将未脱离母体的枝条压入土壤，生根后剪离母株，重新栽植。压条繁殖适宜于扦插不易成活的木本观赏植物，如桂花、杜鹃、樱花、含笑、玉兰等。一般在植物生长旺盛的季节进行压条繁殖。

压条繁殖有低压高压之分。低压(图24)是将枝条压入地面土壤；高压是在空中将枝条埋入盛土的塑料袋中。方法是：在适宜季节选择生长发育健壮的1～2年生枝条，在一定部位环刻或环剥(深达木质部，宽1.0厘米左右)，将刻伤部位埋入土壤，经常保持土壤湿润，直至生根，然后自生根部位以下剪离母株，重新栽植。

图 24　低压压条繁殖示意图

1. 枝条压入地面　　2. 压条生根发芽

三、家居常见植物的养护技术要点

家庭养花，不仅可美化家居环境，享受无穷乐趣，还可陶冶情操，增添美的感受。但要养好花，并不是一件简单的事情，必须根据家庭环境科学地进行栽培管理，才能将花养好。

（一）不同类型观赏植物的养护方法

1. 观叶植物

刚买回家的观叶植物观赏效果很好，如不懂日常养护，叶子往往会很快发黄，植株枯死。下面介绍一些观叶植物的养护技术。

（1）光照：大部分观叶植物喜欢半阴的环境，但每周应有一天至一天半的时间放在室外给它“晒晒脸”，切忌长时间放在强阳光下，而有些观叶植物耐荫性很强，可长时间置于室内。因此，要根据观叶植物的特点给以适宜的光照，以利其生长健壮，增强抗逆能力，如鱼尾葵、棕竹、竹芋等在室内散射光条件下也能很好生长，只要有日光灯来补充光照即可；苏铁虽然有一定的耐荫性，但需要较充足的光照，在室内栽培时应放在光线充足的明亮处；另一类如变叶木、橡皮树及多浆类观叶植物，只有充分接受阳光，才能很好生长发育。

（2）水分：观叶植物在室内摆放，水分一般不宜过多，要掌握“不干不浇，浇则浇透”的原则，切勿浇拦腰水。土壤吸水后变黑，干燥则发白，可将这种变化作为大致的浇水标准，除向盆内浇水外，还可用喷壶或小喷雾器向叶面洒水，以增加叶面湿度，并可清洗叶面灰尘，以利于光合作用。冬天要等到土壤发白数日后再浇水，因为水分增多会降低植物的耐寒性。一天中的浇水时间一般以上午为好。

（3）温度：多数观叶植物的适宜生长温度为 15℃～30℃，低于

10℃则停止生长，进入休眠；越冬温度宜在15℃以上。一般观叶植物冬天都应保温，特别是绿萝、铁树、散尾葵、海芋、虎尾兰等喜欢较温暖的环境，要放在有取暖设备房间的向阳处，室内温度至少保持在12℃以上。在冬季，应减少水分的供给，并注意水温过低造成对根部的伤害。此外，冬季来临前应减少氮肥的供给，增施磷、钾肥，以提高植物的抗寒能力。

(4) 施肥：肥料通常分为有机肥料和化学肥料。有机肥料发霉、发臭，室内不宜施用；化学肥料分为速效肥料和缓释肥料两种。缓释肥料的肥效可长达2～3个月，并且清洁，适合观叶植物施用。施肥时，一般将肥料置于植物根部四周。速效化学肥料使用不当易伤根，应谨慎使用。应注意均衡施肥，以氮肥为主。

多数观叶植物在4～5月份开始生长，这时可施肥；8～9月份施最后1次肥；10月份以后不施肥。施肥时期注意观察叶色，如果植株缺肥，则叶色发淡，这时应施肥。

(5) 通风：室内通风不畅，观叶植物会受闷热之害。所以，夏季应将植物放在通风良好的地方；冬季，在天气晴好的日子里，中午应开窗通风换气，以减少病虫害的发生。

2. 观花植物

(1)土壤：一般南方花木多喜酸性土壤；北方花木则喜中性或微碱性土壤。

(2)水分：观花植物浇水的总原则是适时、适量，即根据季节气候、花木生长状况和盆土干湿程度及花木的生长发育特性来决定什么时候浇、浇多少。一般而言，置于阳台的观赏植物多浇，室内的少浇；气温炎热时多浇，气温凉爽时少浇；草本花卉多浇，木本植物少浇。具体操作是先看盆土的干湿程度，如盆土表面发黑，用手触摸有水湿感，说明盆土未干。如盆土表面发灰、有裂痕，即平素所说的"见干"，此时应浇水。浇水一定要浇透，以盆底能漏水为准，植物排出的有毒废弃物常积在根部附近土壤中，透水能使之淋洗出盆外，不再危害根系生长发育，即"见湿"。

(3)施肥：肥料是观赏植物生长发育的物质基础，施肥的目的在于补充植物生长发育过程中对营养物质的需求。家庭养花常采用盆栽,养护盆花与露地栽培观赏植物对肥料的要求有所不同。盆花除要求肥料的养分齐全外,还要求养分释放慢,肥效长和无毒、无臭味、无环境污染。

适时施肥,即发现花叶变浅或发黄、植株生长细弱时为施肥最适时期。此外,花苗发叶、枝条展叶时要追肥,以满足苗木快速生长对肥料的需求。花的不同生长时期对肥的需求也不同。施肥种类和施肥量也有所差别。如苗期多施氮肥,可促苗生长;花蕾期施磷肥,可促进花大而鲜艳,花期长。

盆栽观赏植物施肥应做到“少吃多餐”,一般每 7～10 天施 1 次稀薄肥水,“立秋”后 15～20 天施 1 次。随花木逐渐长大,施肥浓度逐渐加大,如尿素施用浓度由前期的 0.2%逐步加大到 1.0%;磷钾肥由 1.0%加大到 3.0%～4.0%。依季节掌握施肥,春夏季节观赏植物生长快,长势旺,可适量多施肥;入秋后气温逐渐降低,花木长势减弱,应少施肥。8 月下旬至 9 月上旬应停止施肥,防止出现第 2 个生长高峰,否则使观赏植物越冬困难。对于冬季处于休眠状态的观赏植物应停止施肥。

(4)光照:根据对光照强度要求的不同,可分为阳性、中性、阴性观赏植物。刚买来的花木如在盛开期,不能放在阳光充足的窗台上,否则会缩短观花期。如果大部分的花朵还未开,呈苞蕾状,则尽可能多给予光照。非洲紫罗兰、秋海棠等喜半荫的花木除外。

(5)温度:根据花木在其生长发育过程中对温度要求的不同,将花木分为耐寒(露地花木)、较耐寒、不耐寒(热带或亚热带引进的花木)3 种类型。一些常绿花木,如茶花、兰花、杜鹃等,遇炎热天气时会出现干边、焦叶。因此,一般都置于荫棚内过夏防暑,中午在附近地面喷水降温,增加湿度,以利于花木正常生长。家养盆花一般在日平均气温下降到 5℃左右时移入室内(君子兰应在气温降到 10℃时入室),否则易受冻害。原产热带、亚热带的米兰、茉莉、九里香、扶桑、含笑、一品红等,不仅在北方要入室越冬,就是在长江流域也要入室越冬。原产北方的梅花、石榴、碧桃、迎春花等耐寒花木,适宜放在室外过冬,让其充分冬眠,不仅能增强御寒抗病能力,而且有利于“养精蓄锐”,来年春季生长旺盛。如果将其搬入室内,冬季徒长,养分耗尽,反而会影

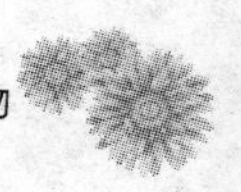

响春季生长。有些耐寒性强的花木,如蔷薇、金银木、玉兰,无论是在南方还是北方均可室外越冬。

3. 多浆植物

广义的多浆植物包含56科、上万种茎干和叶片发生变态的植物。其中仙人掌科植物的种类较多,有140余属,2 000种以上,且具有其它多浆植物所没有的器官——刺座,加之其形态奇特、花色艳丽,因此园艺上常将仙人掌科植物单列为一类,简称仙人掌类,是家居盆栽观赏植物中常见的种类。多浆植物(不含仙人掌科植物)通常按贮水组织在植株中的不同部位,分为叶多浆植物、茎多浆植物和茎干多浆植物三大类型:

(1) 叶多浆植物:贮水组织主要在叶部,茎一般不肉质化,部分茎稍带木质化,如景天科的八宝、百合科芦荟、龙舌兰科龙舌兰、番杏科生石花等。

(2) 茎多浆植物:贮水部分在茎部,之中的很多种类的茎和仙人掌类相似,呈圆筒状或球状,有的呈棱和疣状突起,尽管也有一些种类有刺,但没有刺座,如大戟科的麒麟、萝摩科的大花犀角、菊科的仙人笔等。

(3) 茎干多浆植物:植株的肉质部分主要在茎基部,形成膨大、形状不一的块状体、球状体、半球形、塔形、纺锤形或瓶状体。有叶或叶早落,多数叶直接从根颈处或从突然变细的几乎不肉质的细长枝条上长出。在极端干旱的季节,这种枝条和叶一起脱落,如薯蓣科龟甲龙和墨西哥龟甲龙、夹竹桃科的铁玫瑰等。

仙人掌科植物通常分为陆生(地生)和附生两大类。陆生种原产美洲热带或亚热带干旱沙漠或半沙漠地域,株体肥硕,表皮角质层厚,多棱、多刺。性喜强烈阳光及干燥环境,种类繁多,仅仙人球属就有400多个品种,如金琥、新天地、地图球,以及因形命名的仙人山、僧王冠、仙人鞭等。附生种原产热带林地,株体平面较大,表皮角质层较薄,茎无棱、无刺,根系一般不直接入土,扎在枯朽树洞或树木近旁堆积的腐殖质中,要求环境湿润,但无积水。常生出气生根攀缘,并吸收养料和水分,如令箭荷花、三棱箭(量天尺)、昙花、蟹爪兰、仙人指等,性喜温暖湿润和半阴环境。陆生种类因每年要度过漫长的旱季,大都具冬季休眠的习性(少数夏眠);附生种类产地有长时间的雨季,因而没有一年一度的休眠期，只在花期后有短时间的半休眠或生长稍缓。在栽培过程中，应对陆生和附生种两类不同习性植物的区别对待，适度管理。

多浆植物总体来讲，生性强健，适应性强，耐酷暑干燥，对环境条件要求不严，最适合家庭莳养，养护时应注意以下几点：

(1) 容器和土质：选择合适的容器对多浆植物的栽培相当重要。这类花卉根系在盆土表面略干、盆土内部仍然湿润的状态下吸收最好。最好使用紫砂盆或陶盆，这类盆透气、排水性好，不易烂根。附生型仙人掌类植物需要一定的腐殖质，而一些原产地土壤贫瘠、根系不发达的陆生型仙人掌类植物对腐殖质的要求没有前者高。优质的基质应疏松透气、排水良好、具一定团粒结构、能提供植物生长期所需养分的沙质壤土。通用配方如下：

① 园土 2 份，腐叶土 2 份，粗沙 2 份，石灰质材料 1 份，谷壳灰 1 份。适用于陆生型仙人掌和茎多浆植物。

② 园土、腐叶土各 3 份，粗沙 2 份，骨粉、草木灰各 1 份。适用于附生型仙人掌和叶多浆植物。上盆前盆土进行曝晒消毒或药剂消毒处理。

(2) 光照和温度：陆生型仙人掌耐强光，室内栽培中若光线不足时导致落刺或植株变细。夏季在露地放置的小苗应有遮荫设施。附生型仙人掌除冬天需要阳光充足外，以半阴条件为好，在室内栽培多植于北侧；陆生型仙人掌通常在 5℃以上即可安全越冬，也可置于温度较高的室内生长。附生型仙人掌四季均需温暖的环境，通常 12℃以上为宜，空气湿度也要求高些；但温度超过 30℃～35℃时生长缓慢。此类植物由于原产地的生态环境多是干旱而少雨，因此在栽培过程中盆内不应“窝水”，土壤排水良好，不致于造成烂根。

(3) 浇水：对于多毛、有细刺和顶端凹陷的仙人掌类植物等不能从上部浇水，可采用浸水的方法，否则上部存水后易造成植株溃烂，甚至死亡。这类植物休眠期多在冬季，因而冬季应适当控制浇水，使体内水分减少，细胞液渐浓以增强抗寒力，有助于翌年着花。由于陆生和附生型仙人掌的生态环境不同，在栽培中也应区别对待。陆生型仙人掌在生长季中可充分浇水，高温、高湿可促进生长，休眠期间宜控制

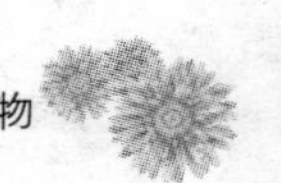

浇水;附生型仙人掌则不耐干旱,冬季又无明显休眠,适宜四季较温暖、空气湿度较高的环境,因而需多浇水和喷水。

(二)家居植物防治病虫害的方法

家居观赏植物的病虫害防治要本着“预防为主、防治结合、治早治疗”的原则。在家居环境中栽植的观赏植物常见虫害有介壳虫、红蜘蛛、蚜虫;常见病害有白粉病、叶斑病、锈病、褐斑病等。平时应以预防为主,注意使用充分腐熟的有机肥,以保持土壤环境的卫生和清洁。同时,要注意通风并定期检查叶背、叶基、枝梢等处。室内不能用剧毒农药,如发现个别枝条有病虫时,可用软刷轻轻刷去;过于严重的可移至室外喷药防治,虫害打药,应在幼虫爬行时期使用最有效,其他时间害虫抗性强,不易被杀死。药物可用辛硫磷乳剂1 000～1 500倍液喷杀;病害可选用75%的百菌清可湿性粉剂600～1 000倍液、50%的多菌灵可湿性粉剂1 000倍或70%的甲基托布津可湿性粉剂800～1 200倍喷雾防治。

下面列举一些家庭养花病虫害防治方法:

常见虫害的防治方法:

1. 蚜虫类

蚜虫,俗称腻虫、蜜虫,为害多种观赏植物。主要聚集在嫩梢、花蕾和叶背,刺吸植物汁液,使叶片卷曲、枯黄,植株生长缓慢,影响正常开花。同时,蚜虫排出的蜜露,易诱发煤污病,严重影响植物光合作用。

防治措施。①及时检查,发现少量蚜虫后可用毛笔蘸水刷除,避免刷伤嫩梢、嫩叶,刷下的蚜虫要及时处理干净。②取2～3片臭椿叶剪碎,加水10～15倍煮沸1小时,将其滤液用喷雾器喷杀蚜虫。③取一个鸡蛋或鸭蛋打碎,倒入瓶中,加1～2毫升食油,再加200毫升冷水,盖上瓶盖,上下振荡若干次,稍停片刻,待液面无油花浮起即可喷施,对蚜虫、叶螨也有一定效果。④取干辣椒20克,加水1千克煮沸,用其清液可喷杀蚜虫、螨类等害虫。

2. 白粉虱

又称小白蛾,可为害多种观赏植物,如倒挂金钟、扶桑、月季、瓜叶菊、兰花、牡丹、无花果等。常聚集叶背,刺吸汁液,尤以嫩叶受害最

重，严重时叶片枯死、脱落，成虫的排泄物易导致煤污病的发生。

防治措施。①将夹竹桃的枝叶切碎，加水煮沸半小时，过滤后可喷杀白粉虱和蚜虫、蚧壳虫。②取一根小木棍，一端捆上蘸敌敌畏药液的小棉球，将另一端插在受害植株的盆中，白粉虱、蚜虫等害虫很快会被杀死。如果虫害比较严重，再用一个塑料袋把花盆套上，经 4～5 小时后害虫会被熏死。③将洗衣粉用水稀释 400 倍，对虫体喷雾，每隔 5～6 天喷 1 次，连喷 2～3 次，可杀死白粉虱成虫、卵和幼虫，同时还可防治蚜虫、蚧壳虫。肥皂水和洗衣粉水不宜长期使用，以免造成盆土碱性，不利于花木生长。

3. 蚧壳虫类

俗称树虱子，种类繁多，为害多种观赏植物，如无花果、月季、牡丹、黄刺玫、绣球、茶花、扶桑等。受害植株生长缓慢、枝叶枯黄，同时蚧壳虫排出的大量蜜露易诱发煤污病。

防治措施。①及时检查，早期防治。虫量少时，可用毛刷或竹片进行人工刷除或剪掉被害枝叶，集中烧毁。②取烟灰缸内的烟头、烟灰各 1 份，加水 40～50 份，浸泡 1 昼夜，过滤后喷施，对幼小的蚧壳虫和蚜虫有一定的效果。③可参考白粉虱的防治措施。

常见病害的防治方法：

1. 白粉病

白粉病，是一种广泛传播的真菌性病害，在观赏植物叶和枝条上出现白色粘着物，受害叶片卷扭变形，干枯，不开花。

防治措施。①注意通风，控制湿度，加强光照，可防止白粉病发生。②加强日常管理，浇水时采用根灌，尽量少进行叶面淋水，以降低空气湿度。③发现病叶、病芽时及早摘除并深埋。④药剂保护，发病初期喷施 25％粉锈宁 1 000～2 000 倍液或 50％多菌灵 500 倍液。

2. 软腐病

对君子兰、仙客来、报春等草本花卉为害较重。在病株的叶面、叶柄、花茎上出现水浸状斑，进而萎软下垂，如不及时防治，全株死亡。

防治措施。①发现此病时要剪除烂叶、烂茎，在剪口处涂硫磺粉。②更换盆土，用农用链雷素 500～1 000 倍液或 150～200 倍波尔多液等灭菌药物预防。

3. 根腐病

根腐病引起植物根茎发黑，是土壤真菌的媒介物。在过度湿润、光照不足、通风不良、高温和植物体汁液过浓的情况下易发生根腐病。

防治措施。①根据观赏植物的特点，随时对植株进行修枝，保证营养液的供给，保持适温。②向土壤灌浇高锰酸钾溶液(1 升水中放 3 克)或喷洒葱汁(20 克碎葱放入 1 升水中，浸泡一昼夜，过滤)，一周2～3 次。

4. 叶斑病类

叶斑病，是常见真菌性病害，包括黑斑病、褐斑病等，为害月季、蔷薇、芍药、菊花、君子兰等多种观赏植物的叶片。被害叶片上有黑色或褐色的圆形或不规则形病斑及轮纹斑，潮湿时常出现黑色霉层、黑色小点等，降低花木的观赏价值。

防治措施。①结合日常养护管理，及时清除枯枝、落叶、病枝，将其烧毁或深埋，以减少病菌源。②注意室内通风，降低温度，盆距不宜过密，以利通风透光。③药剂保护，喷洒 70%的甲基托布津 1 000 倍液。

第二节 室内观叶植物

一、肾蕨(*Nephrolepis cordifolia*)

图 25 肾蕨

◆ **植物学知识**

肾蕨(图 25 彩图 1)，别名排草、蜈蚣草。骨碎补科，肾蕨属，多年生草本蕨类植物。叶羽状深裂，密集丛生，好似条条蜈蚣。叶丛生，一回羽状复叶，叶片紧密相接，鲜绿色。孢子囊群生于每组侧脉的上侧小脉顶端，囊群盖肾形。我国南方各省、各地温室也有栽培。肾蕨喜温暖潮湿和半阴环境，忌阳光直射，生长最适温度为20℃～30℃，能耐－2℃低温。

◆ **繁殖方法**

通常以分株繁殖为主，多于春季结合翻盆进行分株繁殖，分割母株后，每盆栽植 2～3 丛匍匐枝为宜。新翻盆植株浇足水后置于阴处，保持湿润，待根基上萌发出新叶时再移置半阴处养护。盆土以排水良好、富含腐殖质的肥沃土壤为好。花盆要放置在阳光直射不到的地方，如叶色发黄，往往是光线过强所致。生长季节必须保持较高的空气湿度。夏季高温时要充分浇水、喷洒叶面，并注意通风。冬季停止向叶面喷水，室温保持在5℃以上即可安全越冬。

◆ 栽培管理

栽培肾蕨不难，但需保持较高的空气湿度，夏季高温，每天早晚需喷雾数次，并注意通风。盛夏要避免阳光直射，浇水不宜太多，否则叶片易枯黄脱落。生长期每旬施一次稀释腐熟饼肥水。温度保持在20℃～30℃时新叶会不断萌发，昼夜温差不宜太大。当温度高于35℃或低于15℃时，生长受到抑制，越冬温度应保持在5℃～10℃，否则易受冻害。盆栽作悬挂栽培时，容易干燥，应增加喷雾次数，否则羽片会发生卷边、焦枯现象。

◆ 病虫害防治

室内栽培时，如通风不好，易遭受蚜虫和红蜘蛛危害。在浇水过多或空气湿度过大时，肾蕨易发生生理性叶枯病，注意盆土不宜太湿，并用65%代森锌可湿性粉剂600倍液喷洒。

◆ 功效及家居环境适宜摆放位置

肾蕨具有吸收甲醛、甲苯、二甲苯、烟雾，增加空气湿度的功能。肾蕨每小时能吸收大约20微克的甲醛，被认为是最有效的生物“净化器”。经常接触油漆、涂料，或身边有吸烟的人，可在工作场所放一盆肾蕨等蕨类植物。另外，肾蕨等蕨类植物还可吸收电脑显示器、复印机和打印机中释放的二甲苯和甲苯，同时可作为冬天检测室内相对湿度的植物。如果这种植物在室内保持健康良好的生长，表示室内环境也是适合人们生活居住的。

由于肾蕨喜温暖、阴湿环境，可摆放在客厅、卫生间的墙角或背面的窗台上，其叶片可作切叶与切花配置插花。

二、大银苞芋(*Spathiphyllum mauna*)

◆ 植物学知识

大银苞芋(图26)，别名绿巨人、一帆风顺。天南星科，苞叶芋属，常绿多年生草本花卉。株形似白鹤芋，但较硕大，高可达 1.2 米，且常单茎生长，不易长侧芽。叶墨绿色，有光泽，宽厚挺拔，叶长 40 厘米～50 厘米，宽20 厘米～25 厘米。品种有圆叶、尖叶之分，以圆叶种为佳。种植一年半至两年后开花，白色苞叶大型，宽10 厘米～12 厘米，长 30 厘米～35 厘米，有微香，花期可达两月余。大银苞芋原产南美洲热带地区，喜温暖湿润气候，最适宜的生长温度为20℃～25℃，相对湿度要求在 50%以上。喜半阴，且十分耐阴，喜富含有机质且通透性良好的土壤。越冬温度应保持在 8℃以上，注意冬季保暖。

图 26 大银苞芋

◆ **繁殖方法**

大银包芋常采用分株进行繁殖。当大银包芋产生的分蘖芽长出 4～6 枚小叶时，可将母株从盆中倒出，小心将小苗切离母体，单独种植于一个盆内。浇足定根水，放在半阴条件下养护，在未成活之前不应施肥。

◆ **栽培管理**

忌曝晒，光照过强会引起日灼现象，只需 1～2 天的日光曝晒就会使叶片变黄，时间稍长还会引起焦叶。在 5～9 月应将盆株移入半阴处，忌空气干燥，过干会引起新生的叶片发黄焦边，应经常向叶面及周围环境喷洒水分。大银苞芋生长迅速，叶片又大，对水分与养分的需求量较多，除在生长期充分浇水外，应每 10 天左右施 1 次以氮为主的肥料，但需防止积水。

◆ **病虫害防治**

大银苞芋易发生茎腐病和心腐病。茎腐病和心腐病均属于"土壤真菌病害"，栽培过程中，土壤消毒不彻底，土壤带菌，植株自身的抗病性下降，会造成病害发生。另外，在施肥过程中，偏施氮肥，或缺乏某种元素，也是引起病害发生的重要原因。可使用 50%的多菌灵可湿性粉剂 1 000 倍液防治。

◆ **功效和家居环境适宜摆放的位置**

大银苞芋能清除甲醛和氨等室内有害气体。资料显示,每平方米大银苞芋植株叶面积能清除 1.09 毫克的甲醛和 3.53 毫克的氨。

适宜摆放在客厅的角落或门廊两侧等光照不足的地方。

三、合果芋(*Syngonium podophyllum*)

图 27　合果芋

◆ **植物学知识**

合果芋(图 27),别名红粉佳人、箭叶芋。天南星科,合果芋属,多年生草本花卉。茎蔓生,绿色,光照好时略显淡紫色,茎节上有多数气生根,可攀附于它物上生长。叶互生,幼叶箭形,淡绿色,老熟叶常三裂似鸡爪状深缺,色深绿,因此同一株中有时有两种形状不同的叶片存在。花佛焰苞状,里面白或玫红色,背面绿色,花期秋季。原产中南美洲巴拿马至墨西哥热带雨林中。要求高温、多湿,不需要直射的阳光,十分耐阴。土壤以肥沃、疏松且排水良好的微酸土为佳。

◆ **繁殖方法**

多用扦插繁殖。扦插,3～10 月均可进行。生根的最适温度为22℃～26℃。插穗需有 3～4 个节,扦插于沙土或粗沙、膨胀珍珠岩、泥炭土等混合调制的床土中,保持湿润,很容易生根,也可将插穗直接插植于栽培盆土中。还可直接用水插繁殖,选择健壮、无病虫害的插穗直接插于清水中,经常换水,一个月生根后即可移栽上盆。

◆ **栽培管理**

盆栽合果芋的盆土,可用园土 3 份、泥炭和砂各 1 份混合。平常养护要避免烈日直射,只能给予明亮散射光,家庭养育可放置在窗户附近或房屋的北侧。此植物对水分要求较高,全年浇水要掌握宁湿勿干的原则,并要经常喷水,保持周围环境湿润,这样既有利生长,又会使叶片清新光亮,富有生机。在生长季,每月要施肥2～3次,北方地区要避免施用碱性的肥水,适合定期施用硫磺或在肥水中加入少量的硫酸亚铁溶液。

合果芋不耐寒，10 月下旬入室时，应放置在室内向阳处，室内温度不低于 10℃，否则叶片会泛黄。在冬季，要特别注意保持土壤和环境有较高的温度和湿度。

合果芋除一般形式的盆栽外，还宜作垂吊或立柱形式的栽培，以形成不同的观赏效果。

◆ 病虫害防治

常见有叶斑病和灰霉病危害。可用 70％代森锌可湿性粉剂 700 倍液喷洒。虫害有白粉虱和蓟马危害茎叶，一般可人工刷除。

◆ 功效和家居环境适宜摆放的位置

合果芋能吸收甲醛、氨气等多种室内有害气体，其宽大漂亮的叶片还能提高空气湿度，改善室内空气质量。

适合摆放在室内茶几、餐桌上，亦可放在电脑桌旁。

四、绿宝石喜林芋（*Philodendron erubescens* cv. ‘Green Emerald’）

◆ 植物学知识

绿宝石喜林芋（图 28），别名绿宝石、长心叶蔓绿绒。天南星科，喜林芋属，为蔓生性植物。茎粗壮，节上有气生根。叶长心形，长 25 厘米～35 厘米、宽 12 厘米～18 厘米，先端突尖，基部深心形，绿色，全缘，有光泽，嫩梢和叶鞘均为绿色。绿宝石喜林芋大多原产于美洲热带和亚热带地区，攀缘生长在树干和岩石上。绿宝石喜林芋性喜温暖湿润和半阴环境，生长适温为 20℃～28℃，越冬温度为 5℃。

图 28　绿宝石喜林芋

◆ 繁殖方法

绿宝石喜林芋多用扦插繁殖，在高温季节易生根。一般于 4～8 月间切取茎部 3～4 节，摘去下部叶，将插条插入腐叶土和河沙掺半的基质中，保持基质和空气湿润，经 2～3 周即可生根上盆。也可直接用水插，剪取带 3～4 节的健壮茎，插入清水中，生根后移栽上盆。

◆ **栽培管理**

绿宝石喜林芋盆栽基质以富含腐殖质且排水良好的壤土为佳，一般用腐叶土 1 份、园土 1 份、泥炭土 1 份和少量河沙及基肥配制而成。种植时可在盆中立柱，在四周种 3～5 株小苗，让其攀附生长。其喜高温多湿环境，尤其在夏季不能缺水，需经常向叶面喷水，但要避免盆土积水，否则叶片容易发黄。一般春夏季每天浇水一次，秋季可 3～5 天浇一次，冬季则应减少浇水量，但不能使盆土完全干燥。生长季要经常注意追肥，一般每月施肥 1～2 次。秋末及冬季生长缓慢或停止生长，应停止施肥。其喜明亮的光线，忌强烈日光照射，一般生长季需遮光 50%～60%，亦可忍耐阴暗的室内环境，不过长时间光线太弱易引起徒长，节间变长，生长细弱，不利于观赏。

◆ **病虫害防治**

绿宝石喜林芋一般不易感染病虫害，但不正确的养护会使绿宝石喜林芋受到介壳虫的侵袭，一般可人工刷除。

◆ **功效和家居环境适宜摆放的位置**

绿宝石喜林芋通过它那开张的大叶子每小时可吸收 4 微克～6 微克有害气体，并将之转化为对人体无害的物质，被誉称为“高效空气净化器”。由于其能同时净化空气中的苯、三氯乙烯和甲醛，因此非常适合在新装修的居室中摆放。此外，它还能提高房间湿度，有益于我们的皮肤和呼吸。

适合摆放在客厅，阴面阳台等半阴的环境中。

图 29　龟背竹

五、龟背竹(*Monstera deliciosa*)

◆ **植物学知识**

龟背竹(图 29)，别名蓬莱蕉、电线兰。天南星科，龟背竹属，常绿藤本植物。茎绿色，粗壮，生有深褐色气生根，长而下

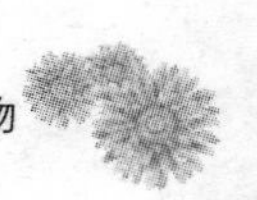

垂。叶厚革质，互生，暗绿色或绿色，幼叶心脏形，无孔，长大后成矩圆形，具不规则的羽状深裂，叶脉间有椭圆形穿孔，极像龟背。叶柄深绿色，有叶痕，叶痕处有黄白色革质苞片。肉穗花序，佛焰苞厚革质，白色，花蕊柱淡黄色，花期8～9月。浆果淡黄色，长椭圆形。原产墨西哥，喜温暖、潮湿的环境，忌阳光直射，忌干旱。耐阴，不耐寒。

◆ 繁殖方法

龟背竹的繁殖方法主要有压条和扦插两种。

压条繁殖：压条在5～8月份进行，经过3个月左右可切离母株，成为新的植株。

扦插繁殖：扦插在4～5月份进行，从茎节先端剪取插条，每段带2～3个茎节，去除气生根，带叶或去叶插于沙床中，保持一定的温度和湿度，待生根后移入盆钵。还可在春、秋季将龟背竹的侧枝整体劈下，带部分气生根，直接栽植于花盆中，成活率高，成型快。

◆ 栽培管理

盆栽时，可立支柱于盆中，让它攀附。土壤以腐叶土为好，也可以水苔种植。北方温室越冬，要求温度在5℃以上。夏季移至室外，宜半阴，避免阳光直射。夏季生长期间，需每天浇水2次，叶面常喷水，保持较高的空气湿度。生长季节，每隔半个月施1次稀薄饼肥水。

◆ 病虫害防治

危害龟背竹的主要病虫害是介壳虫和灰斑病。

介壳虫：危害室内栽培龟背竹，若通风不良，茎叶上易出现介壳虫，少量发生时，可采取人工剔除。

灰斑病：多从叶边缘伤损处开始发病，低温、烟熏、受虫害后发病较重。受害后，病斑初为黑色斑点，扩大后呈椭圆形或不规则状，边缘黑褐色内灰褐色。应加强植株养护，及时除虫，剪除部分病叶。发病时，用70%托布津1 000倍液喷洒。

◆ 功效和家居环境适宜摆放的位置

龟背竹被称为"天然的清道夫"，在居室空气过于干燥，许多奇异的观叶植物无法适应的情况下，龟背竹以其较强的适应性，为广大普通居民所青睐。它不仅能吸收空气中的甲醛，同时它还具有夜间吸收

二氧化碳的奇特本领，吸收二氧化碳的能力比其他植物高 6 倍以上。

适宜摆放在客厅，门廊等半阴的环境中，其叶片可作切叶配置大型切花装饰。

图 30　花叶芋

六、花叶芋(*Caladium bicolor*)

◆ 植物学知识

花叶芋(图 30)，别名彩叶芋、粉蝴蝶。天南星科，花叶芋属，多年生草本花卉。块茎扁圆形，黄色。叶卵状三角形至心状卵形，呈盾状着生，表面绿色，具白色或红色斑点。佛焰苞舟形，外侧淡绿色，内侧白色，基部稍带紫晕。肉穗花序黄至橙黄色，雄花在上，雌花在下，浆果白色。花叶芋原产美洲亚马逊河沿岸，喜高温、高湿、半阴环境。不耐寒，生长适温为 30℃，最低不可低于 15℃。当气温 22℃时，块茎开始抽芽长叶，气温降至 12℃时，叶片开始枯黄。要求土壤疏松、肥沃、排水良好。

◆ 繁殖方法

花叶芋的繁殖以分球为主，也可进行扦插繁殖。

分球繁殖：在块茎开始抽芽时，用利刀切割带芽块茎，阴干数日，待伤口表面干燥后即可上盆栽种。室温应保持在 20℃以上，否则栽植块茎易受湿而难以发芽。

叶柄水插繁殖：是近年发展起来的一种技术，可在春秋生长期繁殖花叶芋，操作简便。繁殖时选择成熟的叶片，带叶柄一起剥下，插入事先准备好的盛有清水的器皿中，叶柄入水深度为叶柄长度的 1/4 左右，水插后需每隔一天换一次清水，保持水质清洁即可。约 1 个月，花叶芋叶柄基部开始膨大并逐渐形成块茎，最后萌发形成新植株。

◆ 栽培管理

栽培时，首先要为块茎催芽，并将块茎放入铺有介质的大口径花盆里，给水保温，发根后上盆，覆土 2 厘米厚。初期不要给水太多，发根后再增加给水量，保持温度在 25℃左右，4～5 周后出叶。若种植在

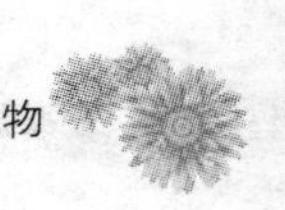

室外，注意夜间最低气温要在15℃以上，而且需半阴的生长环境。土壤排水性一定要好，每月施肥一次，氮、磷、钾要均匀搭配，氮素不可太多。

◆ 病虫害防治

花叶芋在块茎贮藏期会发生干腐病，可用50%多菌灵可湿性粉剂500倍液浸泡或喷洒防治。生长期易发生叶斑病等，可用80%代森锰锌500倍液、50%多菌灵可湿性粉剂1 000倍液，或70%托布津可湿性粉剂800～1 000倍液防治。

◆ 功效和家居环境适宜摆放的位置

花叶芋是天然的"除尘器"，其纤毛不仅能吸附带入室内的细菌和其他有害物质，甚至可以吸附吸尘器难以吸到的灰尘。

花叶芋叶色鲜艳，适合摆放在卧室、客厅、厨房等半阴环境中。

七、绿萝(*Scindpsus aureus*)

◆ 植物学知识

图31 绿萝

绿萝(图31)，别名绿萝吊兰、青苹果、黄金葛。天南星科，绿萝属，蔓生性多年生草本花卉。茎叶肉质，以攀缘茎攀附其他物体上，茎节有气生根。叶广椭圆形，蜡质，暗绿色，有的镶有金黄色不规则斑点或条纹。原产印尼所罗门群岛，喜温暖湿润的气候，耐阴性强，但在北方的秋冬季，为补充温度及光合作用的不足，应增大它的光照度。生长适宜温度，夜间为14℃～18℃；白天为21℃～27℃。

◆ 繁殖方法

扦插繁殖：可采用茎插和叶插繁殖。春或秋季剪取长15厘米～30厘米带两节的茎段作插穗，将基部叶片去掉，修平切口，插入素沙床中即可生根；叶插法，用洁净锋利的小刀片切取上部健壮叶片，用清水洗净后放阴凉处数小时，使切口稍干，然后将叶柄基部插入清洁的水中，插后放遮荫处，一般每隔3～5天换1次水，约1个月左右便可生根；用沙土做扦插基质较易生根，扦插前将沙土消好毒，经常保持土壤和空气湿润，在温度25℃以上和半阴的环境中，约3周生根、发芽，成为新的植株。家庭中可采用水插法繁殖，繁殖时选择带两节茎的健壮茎段，插入盛有清水器皿中，茎段入水深度为总长度的1/3左右，水插后只需每隔一天换一次清水，保持水质清洁即可，约1个月生根后，可移栽上盆或继续水培。

压条繁殖：可在沙盆内进行，将盆内的绿萝匍匐茎压上土或沙，气生根入土后即可生根，待长出新叶后，可剪断分栽。

◆ 栽培管理

盆栽宜选用疏松、透气、排水性好的土壤，以腐叶土为主，加2～3成园土混合或以泥炭土和珍珠岩混合调制。绿萝生性强健，可四季在室内盆栽，置于室内阳光明亮处，可长期摆放。若长期置于阴暗处，会使其叶片变小，节间变长而影响观赏价值，也可在春暖后搬至室外半阴处，秋末再移入室内管理。在室内宜置于明亮而直射阳光很少的地方。在光线暗的房间，生长的叶片小而节间长，通常2～4周就应移至光线较强的地方恢复生长。绿萝喜湿热的环境，需经常向叶面和地面洒水并保持盆土湿润。夏季需在半阴环境中度过；冬季室温不宜低于15℃，否则生长不良。北方地区春冬两季气候较干燥，除保持盆土湿润外，需经常向叶面喷水，擦洗叶面尘土。为保持植株生长旺盛，一般3～4个月施一次氮磷钾完全肥即可。每年5～6月，应对绿萝进行修剪更新，促使基部茎干萌发新枝。

◆ 病虫害防治

主要有线虫引起的根腐病和叶斑病。虫害主要有红蜘蛛、介壳虫，危害不严重时可人工刷除，用大水冲洗多次。

◆ 功效和家居环境适宜摆放的位置

绿萝能吸收空气中的甲醛和氨。实验证明：每平方米绿萝叶面积24小时内可吸收0.59毫克甲醛和2.48毫克氨。

绿萝叶色浓绿，在家居环境中常作垂吊装饰，适宜摆放在客厅角落，书架顶部等光照不足的地方。

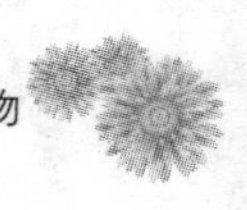

八、万年青(*Rohdea japonica*)

图 32 万年青

◆ 植物学知识

万年青(图 32),别名黛粉。百合科,万年青属,多年生常绿草本花卉。茎直立,不分枝,株高 50 厘米～80 厘米。叶亮暗绿色,椭圆状卵形,叶缘波状,叶先端渐尖,叶柄为叶长的 2/3。花梗长,青绿色,肉穗花序,佛焰苞长 6 厘米～7 厘米,白色至淡绿色,花期夏秋。球形浆果红色。万年青原产于我国南部、马来西亚和菲律宾等地。喜温暖湿润的半阴环境,宜种植在疏松肥沃、微酸性的沙壤土中。江南地区可露地越冬,北方需室内越冬。

◆ 繁殖方法

万年青的常规繁殖常用分株繁殖和扦插繁殖,以扦插为主。

分株繁殖:可利用基部的萌蘖进行分株繁殖,一般在春季结合换盆时进行。操作时将植株从盆内托出,将茎基部的根茎切断,涂以草木灰以防腐烂,或稍放半天,待切口干燥后再盆栽,浇透水,栽后浇水不宜过多,10 天左右可恢复生长。

扦插繁殖:以 7～8 月高温期扦插最好。剪取茎的顶端 7 厘米～10 厘米,切除部分叶片,减少水分蒸发,切口用草木灰或硫磺粉涂敷,插于沙床或用水苔包扎切口,保持较高的空气湿度,置半阴处。遮光度约 50%～60%,在室温 24℃～30℃下,插后 15～25 天生根,待茎段上萌发新芽后移栽上盆。也可将老茎段截成具有 3 节的茎段,直插土中 1/3 或横埋土中诱导生根长芽。亦可水插繁殖,具体方法是,将插穗插于盛有清水的器皿中,浸没茎干的 1/3,隔天换水一次,直至生根。

扦插操作时不要使汁液接触皮肤,更要注意不能沾汁入口,否则会使皮肤发痒、疼痛或出现其他中毒现象,操作完后用肥皂水洗手。

◆ 栽培管理

盆栽万年青,宜用含腐殖质丰富的沙壤土作培养土。土壤的 pH

值为 6～6.5，有利于充分发挥养分的有效性，适于植株开花结果。每年 3～4 月或 10～11 月换盆一次。换盆时，要剔除衰老根茎和宿存枯叶，用加肥的酸性栽培土栽植，上盆后放遮荫处待几天。

万年青夏季生长旺盛，需放置在蔽荫处，以免强光照射。否则，易造成叶片焦边，影响观赏效果。万年青为肉根系，最怕积水受涝，因此，不能多浇水，否则易引起烂根。盆土平时浇适量水即可，做到不干不浇，宁可偏干，也不宜过湿。除夏季须保持盆土湿润外，春、秋季节浇水不宜过勤。夏季每天早晚应向花盆四周地面洒水，以形成湿润的小气候，还应注意防范大雨浇淋。

生长期间，每隔 20 天左右施一次腐熟的液肥。初夏生长较旺盛，可 10 天左右追施一次液肥，追肥中可加对少量 0.5％硫酸铵，促其生长更好，叶色浓绿光亮。在开花旺盛的 6～7 月，每隔 15 天左右施一次 0.2％的磷酸二氢钾水溶液，促进花芽分化，以利于其更好地开花结果。开花期不能淋雨，要放置在荫燥通风、不受雨淋的地方。

冬季，万年青应放在室内阳光充足、通风良好的地方，温度保持在 6℃～18℃。室温过高，易引起叶片徒长，消耗大量养分，以致翌年生长衰弱，影响正常的开花结果。万年青若冬季出现叶尖黄焦，甚至整株枯萎的现象，主要是根系吸收不到水分，影响生长而导致的。所以冬季也要保持空气湿润和盆土略潮润，一般每周浇 1～2 次水为宜。此外，每周还需用温水喷洗叶片一次，防止叶片受烟尘污染，以保持茎叶色调鲜绿，四季青翠。

◆ 病虫害防治

万年青生长期间易受叶斑病、炭疽病、介壳虫、褐软蚧等危害。

叶斑病：发生在万年青的叶片上，湿度大的天气较易发生。病斑最初为褐色小斑，周边呈水浸状，并呈轮纹状扩展，圆形至椭圆形，边缘褐色内灰白色。后期病斑中心出现黑褐色霉斑，潮湿条件下变成黑褐色霉层。防治此病的方法是，及时清除病残叶片，发病初期或后期均可用 50％多菌灵 1 000 倍液喷洒。

炭疽病：发生在万年青的叶片上，严重时可蔓延至叶柄上。病斑初期呈水浸状小黄斑，扩展后呈椭圆形至不规则状的褐色或黄褐色，稍显轮纹状，后期病斑连成一片呈干枯状，并产生轮纹排列的小黑点。

这种病主要在通风不良、有介壳虫危害时诱发。防治方法是,加强养护,增施磷、钾肥。发病初期可用60%代森锌800~900倍液,或70%托布津1 500倍液喷洒。

褐软蚧:食性复杂,危害很多观赏植物。褐软蚧危害植物时,一般群集在叶面或嫩叶上,刺吸植株液汁,同时排泄黏液,其排泄物易引起煤污病菌大量繁殖,使茎叶变黑,影响植株的光合作用,造成生长势弱,叶片枯黄,有碍观赏。发生严重时,枝茎上布满虫体,造成植株枯黄,影响生长。防治方法是,如果被害植株少,或虫数不多,一般用竹片等物将虫体刮除即可,还可喷洒5%亚胺硫磷乳油1 000倍液杀除。

◆ 功效和家居环境适宜摆放的位置

万年青可净化空气中的甲醛等有害气体,特别对三氯乙烯有很好的净化作用。

万年青适合摆放在客厅、书房、厨房,或阴面的阳台等无阳光直射的环境中,其叶片可作切叶配置切花装饰。

图33 孔雀竹芋

九、孔雀竹芋(*Calathea makoyana*)

◆ 植物学知识

孔雀竹芋(图33),别名蓝花蕉、银皇后。竹芋科,肖竹芋属,多年生草本花卉。高可达60厘米,有根茎,长而窄的矛状的叶直接从根部长出,植株呈丛状。叶上褐色斑块犹如开屏的孔雀,色彩清新、华丽、柔和,叶背部多呈褐红。叶片有"睡眠运动",即在夜间其叶片从叶鞘部向上延至叶片,呈抱蛋状折叠,翌晨阳光照射后又重新展开。孔雀竹芋原产巴西,性喜半阴和高温多湿环境,不耐寒,生长适温为20℃~30℃,超过35℃或低于7℃均对生长不利。宜在土壤疏松、富含腐殖质且排水良好的环境中生长。

◆ 繁殖方法

孔雀竹芋用分株繁殖。一般多于春末夏初气温为20℃左右时结合换盆换土进行。气温太低时分株容易伤根，影响成活或使生长衰弱。分株时将母株从盆内扣出，除去宿土，用利刀沿地下根茎生长方向将生长茂密的植株分切，使每丛有 2～3 个萌芽和健壮根。分切后立即上盆充分浇水，置于阴凉处，一周后逐渐移至光线较好处。初期宜控制水分，待发新根后再充分浇水。

◆ **栽培管理**

孔雀竹芋盆栽宜用疏松、肥沃、排水良好、富含腐殖质的微酸性土壤。一般可用腐叶土 3 份、泥炭或锯末 1 份、沙 1 份混合配制，并加少量豆饼作基肥，忌用粘重的园土。上盆时盆底先垫上 3 厘米厚的粗沙作排水层，以利排水。

生长期要给予充足的水分，尤其夏秋季，除经常保持盆土湿润外，还需经常向叶面喷水，以降温保湿。它要求有较高的空气湿度，最好能达到 70%～80%。忌空气干燥、盆土发干，但不能积水。秋末后应控制水分，以利抗寒越冬。冬季保持干燥的环境，过湿则基部叶片萎黄枯焦，影响其观赏价值。

◆ **病虫害防治**

孔雀竹芋的病虫害较少，但在空气干燥、通风不良的环境下易生介壳虫、白粉虱等。可用 25%亚胺硫磷乳剂 1 000 倍液喷杀。

◆ **功效和家居环境适宜摆放的位置**

孔雀竹芋对甲醛和氨都有较强的净化能力。孔雀竹芋消除甲醛的功效不及吊兰，但相比普通植物要高很多。此外，它还是清除空气中氨污染的高手。实验证明，每平方米孔雀竹芋植株叶面积 24 小时可清除 0.86 毫克的甲醛和 2.91 毫克的氨。

孔雀竹芋花纹美丽，可置于客厅或书房茶几、餐桌、卫生间中。其叶片可作切叶配置切花装饰。

十、龙血树(*Dracaena angustifolia*)

◆ **植物学知识**

龙血树(图 34)，别名万年兰、巴西铁树。百合科，龙血树属，常绿灌木类观赏植物。株高可达 4 米，皮灰色。叶无柄，密生于枝茎顶部，厚纸质，宽条形或倒披针形，长10厘米～35厘米，宽1厘米～5.5厘米，基部扩大苞茎，近基部较狭，中脉背面下部明显，呈肋状。顶生大型圆锥花序，长达60厘米，1～3朵簇生，花白色，芳香，浆果球形，黄色。龙血树原产非洲西部，喜高温多湿、光照充足的环境，叶片色彩艳丽。不耐寒，最低温度为5℃～10℃。喜疏松、排水良好、富含腐殖质的土壤。

图34 龙血树

◆ **繁殖方法**

龙血树以扦插繁殖为主。插穗可用多年生茎干，也可采用嫩枝，将插穗插于粗沙或蛭石为介质的插床上，插床适温为21℃～24℃，带叶片的嫩枝生根快，约2～4周，茎干生根较慢，有时需2～3个月才能长出新芽和根，生根后移入盆中。

◆ **栽培管理**

盆栽可用腐殖土、泥炭土、河沙各1份混合作基质。生长季节每月施复合肥1～2次，保持土壤湿润，夏季应多喷叶面，提高空气湿度，叶质会更加肥厚，叶色亮丽，不易干尖。整个冬季，最好将室温控制在10℃～20℃。同时，应把盆花置于向南的窗台上，使阳光直接照在植株体上，并定期转动方位，使之受光均匀。冬季休眠期要停止施肥，控制浇水，一般置于室内越冬，可每隔10～15天浇水一次，维持盆土略为湿润即可，使之安全越冬。

◆ **病虫害防治**

龙血树一般不易发生病虫害，但当所处环境通风不良时，会引发介壳虫、红蜘蛛等虫害。平时应适时打开窗户，使阳台或室内通风良好，以防虫害发生。当发现有虫害时，可用2.5%溴氰菊酯2 000倍液或40%三氯杀螨醇1 000～1 500倍液进行防治。

◆ **功效和家居环境适宜摆放的位置**

龙血树叶片和根部能吸收二甲苯、甲苯、三氯乙烯、苯和甲醛，并将其分解为无害物质。龙血树分解三氯乙烯的效果突出，三氯乙烯为复印机和激光打印机所释放的物质，洗涤剂和粘合剂中也含有三氯乙烯。

龙血树适宜摆放在客厅和书房窗边、向阳面的阳台等有阳光直射的地方。

图 35　吊兰

十一、吊兰（*Chlorophytum capense*）

◆ 植物学知识

吊兰（图 35），别名桂兰、挂兰、折鹤兰。百合科，吊兰属，常绿宿根草本花卉。根状茎短，具簇生的圆柱形肉质须根。叶条形至条状披针形，基部抱茎，较坚硬。花葶从叶腋抽出，弯垂，花后变成匍匐枝，顶部萌发出带气生根的新植株，花白色，花期春、夏间，冬季室内温度适宜也能开花。蒴果三圆棱状扁球形。吊兰原产南非，喜温暖、半阴和空气湿润的环境。适宜肥沃、排水良好的沙质土壤。夏季忌强光直射，温度为 15℃～25℃时生长较快，冬季气温不低于 5℃可安全越冬。

◆ 繁殖方法

吊兰适应性强，成活率高，易繁殖。可采用扦插或分株法进行繁殖，从春季到秋季可随时进行。

扦插繁殖：只要取长有新芽的匍匐茎 5 厘米～10 厘米插入土中，约一个星期即可生根，20 天左右可移栽上盆，浇透水，放荫凉处养护即可。

分株繁殖：可将吊兰植株从盆内托出，除去陈土和朽根，将老根切开，使分割开的植株上均留有三个茎，然后分别移栽培养。也可剪取吊兰匍匐茎上的簇生茎叶（实际上是一棵新植株幼体，上有叶，下有气根），直接将其栽入花盆内培植即可。

◆ 栽培管理

冬天，注意室内保温；春天可移出室外，置于半阴处；夏秋季要避免强光直射。生长期需给予适当的水肥。吊兰生性强健，莳养简便，

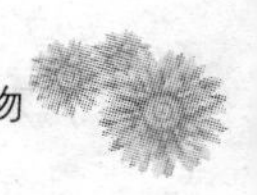

平时见干浇水，经常保持盆土湿润，干燥季节可向叶面喷水或喷雾，防止叶尖干枯或叶色泛黄。在生长旺盛期，每月可施薄肥2～3次。北方盆栽，冬季宜吊挂室内15℃～20℃的环境中。盆土宜偏干，禁肥，控水，防止盆土久湿积水，以致叶色泛黄、根系腐烂。叶片对光线反应非常敏感，室内栽培时，要防止光线不足；室外栽培时，要防止光线过强。光线不足时，叶浅淡绿色或黄绿色；光线过强，叶枯黄，严重时会枯萎死亡。

◆ **病虫害防治**

吊兰不易发生病虫害，但如盆土积水且通风不良时会导致烂根。吊兰的病虫害有半球灰蚧等，主要造成叶片发黄，叶片高度硬化，生长不良，形成许多圆形或卵圆形网眼。防治方法，主要是摘除病叶和扑杀成虫，枯叶、黄叶要随时摘去。

◆ **功效及家居环境适宜摆放的位置**

吊兰能在弱光条件下进行光合作用，吸收有害气体。研究证明：吊兰能在新陈代谢中将可致癌的甲醛转化成像糖或氨基酸那样的天然物质，也可分解复印机和打印机排放的苯，并且能“吞食”尼古丁。有研究表明，吊兰可吸收室内80%以上的有害气体，吸收甲醛的能力超强，一间15平方米的居室，栽两盆吊兰就可保持空气清新，不受甲醛危害。因此吊兰有“绿色净化器”的美称。吊兰还有养阴清肺，润肺止咳及活血作用。

吊兰适宜悬挂观赏，可悬挂在室内窗前，放置于门厅、书架的高架上，或者悬挂在无阳光直射的室外门廊下。

图36 文竹

十二、文竹(*Asparagus plumosus*)

◆ **植物学知识**

文竹(图36、彩图2)，别名云片竹、山草、新娘草。百合科，天门冬属，多年生草本花卉。根稍肉质，茎长、光滑、攀缘状。叶状枝纤细，多数为6～12枚成束簇生，水平排列，鲜绿色。主茎叶小，鳞片状，白色，下部有三角形刺。花小，两性，近白色，1～4 朵生于短柄上。浆果球形。文竹原产非洲南部，不耐寒，好半阴。喜湿润，不耐干旱。喜排水良好、肥沃、疏松的沙质土壤。冬季温度应保持在 12℃～15℃，不低于 8℃。

◆ **繁殖方法**

文竹可用播种和分株方法繁殖，但多用播种繁殖，分株繁殖的文竹株形不如用种子繁殖的美观。

播种繁殖：前先搓去浆果外皮，取出种子，在温室内播于浅盆中。盆土可用 4 份细炉渣、3 份壤土、2 份粪土、1 份河泥混合配制。种子播下后，覆土不要太厚，浇透水，室温保持在 15℃～20℃，每天喷水 1～2 次，使盆土保持湿润，约一个月左右，芽苗高 5 厘米左右时移栽上盆。

分株繁殖：春季，将文竹植株带土从原盆中倒出，用刀将根部分割开，使每株具有 3～5 个丛生枝，尽量保存一些根上原土，然后分别移栽于备用的花盆中，浇透水，置于遮荫处，7～10 天内忌晒太阳，以利成活。

◆ **栽培管理**

盆栽时可用壤土、腐叶土、厩肥土各 1 份作为基质。春季进行翻盆，放室外阴凉通风处，常浇水。每 2 周施稀薄肥水一次，以氮、钾肥为主。冬季室温应保持在 10℃左右，并给予充足光照，同时减少浇水量，来年 4 月以后可移至室外养护。如让其结籽，应在室内地栽。这样它生长旺盛，枝条长，应搭牵引架，使枝条攀附。栽植地点应向阳，以利开花结籽。

文竹管理的关键是浇水。浇水过勤、过多，枝叶容易发黄，生长不良，易引起烂根。浇水量应根据植株生长情况和季节来调节。冬、春、秋三季浇水要适当控制，一般是盆土表面见干再浇，如果感到水量难于掌握，可采取大小水交替进行，即经 3～5 次小水后，浇 1 次透水，使盆土上下保持湿润而含水不多。夏季早晚都应浇水，水量稍大些也无妨碍。

文竹虽不十分喜肥，但盆栽时，尤其是准备留种的植株，应补充较多的养料。文竹的施肥，宜薄肥勤施，忌用浓肥。生长季节一般每15～20天施腐熟的有机液肥 1 次。文竹喜微酸性土壤，所以可结合施

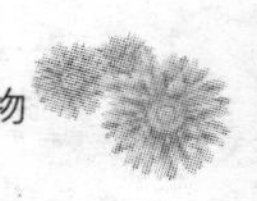

肥,适当施一些矾肥水,以改善土壤酸碱度。

南方地区地栽文竹,枝叶繁茂,新蔓生长迅速,必须及时搭架,以利通风透光。对枯枝老蔓适当修剪,促使萌发新蔓。开花前增施一次骨粉或过磷酸钙,以提高结实率。

◆ **病虫害防治**

文竹的病虫害较少,夏季偶尔有蚜虫危害,可人工捕捉,不宜用化学杀虫药防治。其他病虫害发生时,采用多菌灵、托布津等杀菌剂在室外防治。营养缺乏、黄叶等生理性病害发生时,可通过加强肥水来调节。

◆ **功效和家居环境适宜摆放的位置**

文竹可吸收二氧化硫、二氧化碳、氯气等有害气体,还能分泌出杀灭细菌的气体,减少感冒、伤寒、喉头炎等传染病的发生,对人体健康大有好处。

文竹体态清秀文雅,适宜放置于通风、向阳、不受强烈阳光直射的客厅窗边、客厅、书房、卧室的桌儿上。其叶片可作切叶配置切花装饰。

十三、富贵竹(*Dracaena sanderiansa*)

图 37　富贵竹

◆ **植物学知识**

富贵竹(图 37、彩图 3),别名开运竹、万青竹。百合科,龙血树属,为常绿木本观赏植物。茎干直立,株态玲珑,茎干粗壮,高达 2 米以上。叶长披针形,叶片浓绿,生长强健,水栽易活。其品种有绿叶、绿叶白边(称银边)、绿叶黄边(称金边)、绿叶银心(称银心)。一般多用于家庭瓶插或盆栽护养,特别是从台湾流传而来的“塔状”造型,又名“开运竹”,观赏价值高,颇受国内外市场欢迎。富贵竹原产于非洲西部的喀麦隆,19 世纪 70 年代后期被大量引进我国,现为常见观赏植物。性喜阴湿,高温,耐阴,耐涝,耐肥,抗寒力强,喜半阴环境。

◆ **繁殖方法**

富贵竹长势、发根长芽力强，常采用扦插繁殖。只要气温适宜，一年四季都可进行。一般剪取不带叶的茎段作插穗，长 5 厘米～10 厘米，最好有 3 个节间，插于沙床中或半泥沙土中。在南方，春、秋季一般 25～30 天可萌生根、芽，35 天可上盆或移栽大田。水插也可生根，还可进行无土栽培。

◆ **栽培管理**

富贵竹既可单株盆栽，亦可采用多株分层次进行组合式盆栽。随着花文化发展和人们审美情趣的高雅化，近年来，采用不同长度、不同株数、不同层次进行的组合式盆栽艺术日渐风靡。例如，畅销市场的“富贵竹塔”就是采用高低不同的三组或多组富贵竹茎组成的。其方法就是把富贵竹顶尖剪成一定长度的插条，通过扦插生根后进行盆栽。由于富贵竹容易生根成活，目前市场上盛行水栽。其水栽技术要点是保持花盆或花瓶始终有适量的水，而且要经常加水，不使干燥，每两个月施少量花肥于水中。黄河以北地区，每月向盆中加 10 滴食用醋。富贵竹适宜生长温度在 5℃以上，放置背北向阳的阳台较好。春、秋季要适当多光照，每天光照 3～4 小时，以保持叶片的鲜绿色泽。夏秋季适当遮阳，每天喷水一次，清洗叶面灰尘，使生长更旺盛，叶色更青绿。

◆ **病虫害防治**

富贵竹常有蜘蛛、天牛、叶螨、介壳虫等害虫蛀心或咬皮、咬叶心、咬叶尖，并传播炭疽病。少量可人工防除，严重时可用辛硫磷乳剂 1 000倍液喷杀。叶片上出现炭疽病、叶斑病时，应及时剪除病叶销毁，严重时可用 75%百菌清 800 倍或 70%甲基托布津每 5～7 天喷洒一次，连续 3～4 次，防治效果较好。

◆ **功效和家居环境适宜摆放的位置**

富贵竹是少数能长期摆放在室内的观赏植物之一，它能有效吸收室内废气，具有“消毒”功能。

富贵竹适宜放置在不受阳光直射的地方，比如咖啡桌或厨房的长桌上，也可在客厅、书房等处做插花装饰。

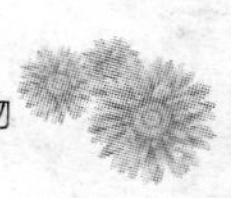

十四、一叶兰(*Aspidistra elatior*)

图 38 一叶兰

◆ **植物学知识**

一叶兰(图 38),别名蜘蛛抱蛋、箬兰。百合科,蜘蛛抱蛋属,为多年生常绿草本花卉。根状茎粗壮匍匐,具节和鳞片。叶单生,深绿色,矩圆状披针形,质硬,基部楔形,狭窄成沟状,长叶柄,叶长可达 70 厘米。花单生,开短梗上,紧附地面,花径 2.5 厘米,花被钟状,褐紫色。蒴果球形。花期 4～5 月。一叶兰原产我国南方各省,喜阴湿、温暖的环境,忌干燥和阳光直射,要求疏松且排水良好的土壤。

◆ **繁殖方法**

主要采用分株繁殖,通常在春季气温开始回升、新芽尚未萌发之前,结合换盆进行。分盆时,用利刀将母株劈开,分成数丛,分别重新栽植,每丛都要带有几个新芽,每枚叶片都要栽直。

◆ **栽培管理**

常用直径为 25 厘米以上的大盆栽培。用肥沃、疏松土在春季换盆,2～3 年换盆一次。栽培以冬季全阳、夏季遮阳的半阴环境为好,这样的叶色比较好,欣赏价值较高。耐阴性较强,长期光照易黄叶。生长期间需充足的水分,保持盆土湿润。施肥以氮肥为主,可每月施 2 次稀薄液肥。夏秋干燥时,要经常向叶面喷水增湿。冬季在 0℃以上即可安全越冬。在室内摆放时,要注意擦拭叶面灰尘,保持叶片光泽鲜亮,以提高观赏效果。

◆ **病虫害防治**

一叶兰病虫害少,仅易发生介壳虫害,一旦发现可人工刷除,也可用煤油乳剂 30 倍或 40%乐斯本乳油 1 000 倍液喷施。

◆ **功效和家居环境适宜摆放的位置**

一叶兰能清除空气中的许多有害气体,尤其对甲醛有很强的吸收能力,同时对氟化氢有较强的抗性。此外,其叶对氯气敏感,可作为氯气的监测植物,根茎可入药。

一叶兰喜阴,可放置于室内北窗边栽培,叶片可作切叶配置切花装饰。

图 39 常春藤

十五、常春藤(*Hedara nepalensia* var. *sinensis*)

◆ **植物学知识**

常春藤(图 39、彩图 4),别名三角风、追风藤。五加科,常春藤属,常绿藤本花卉。茎枝有气生根,幼枝被鳞片状柔毛。叶互生,2 裂,革质,具长柄,营养枝上的叶三角状卵形或近戟形,长 5 厘米～10 厘米,宽 3 厘米～8 厘米,先端渐尖,基部楔形,全缘或 3 浅裂。花枝上的叶椭圆状卵形或椭圆状披针形,长5～12 厘米,宽 1 厘米～8 厘米,先端长尖,基部楔形,全缘。伞形花序单生或 2～7 个顶生。花小,黄白色或绿白色。果圆球形,浆果状,黄色或红色。花期 5～8 月,果期 9～11月。常春藤原产欧洲,性喜光,亦耐阴、耐寒。喜温暖湿润环境,畏曝晒。对土壤要求不严,但在肥沃的沙壤中生长更旺盛。

◆ **繁殖方法**

家庭栽培多用扦插和压条繁殖。

扦插繁殖:在生长季节,用带气生根的嫩枝扦插繁殖最易成活,插后搭塑料薄膜拱棚封闭,并遮荫,空气湿度为 80%～90%,但土不宜太湿,以免插条腐烂,约 30 天左右即可生根。

压条繁殖:多在春、秋季进行,埋土部位环割后,极易生根。

◆ **栽培管理**

常春藤栽培管理简单粗放,但需栽植在土壤湿润、空气流通之处。移植可在初秋或晚春进行,定植后需加以修剪,促进分枝。南方有庭院的家庭多地栽于蔽荫处,令其自然匍匐在地面上或者攀附藤架之上。北方家庭

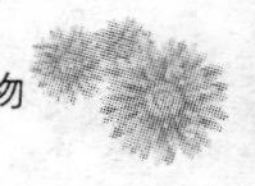

多盆栽,盆栽时可绑扎各种支架,牵引整形。夏季在荫棚下养护,冬季放入室内越冬,室内要保持空气湿度,不可过于干燥,但盆土不宜过湿。

◆ **病虫害防治**

常春藤易发生虫害,主要是介壳虫,尤以叶的背面和叶柄为多。加强通风透气,可减少虫害的发生。如害虫少,可用牙刷蘸肥皂水刷除。害虫多的情况下,可用化学药剂防治(同一叶兰)。

◆ **功效和家居环境适宜摆放的位置**

常春藤能清除甲醛、苯等有害气体。常春藤通过叶片上的微小气孔吸收有害物质,并将之转化为无害的糖分与氨基酸。实验证明,一盆常春藤在24小时光照下能吸收1立方米空气中90%的苯。它还能吸附空气中的灰尘和烟雾,抑制香烟中尼古丁等致癌物质,净化室内空气。据测,10平方米左右的房间,只要摆放2~3盆常春藤即可有效净化室内空气。

常春藤最好放置于漫射光下,可放在室内客厅、书房、卧室、厨房的茶几、写字台或花架上。

十六、发财树(*Pachira macrocarpa*)

图40 发财树

◆ **植物学知识**

发财树(图40),别名马拉巴栗、瓜栗。木棉科,瓜栗属,常绿木本观赏植物。自然状态下株高可达十余米。茎的基部自然膨大如鼓槌,甚为奇特。掌状复叶互生,小叶4~7枚,椭圆状披针形,全缘,先端尖,长9厘米~20厘米、宽2厘米~7厘米,羽状脉。新叶淡绿色,成熟叶墨绿色并有革质。花单生叶腋,花期7~8月,小苞片2~3枚,花朵淡黄绿色。蒴果长圆形,5瓣裂。发财树原产于墨西哥,性喜高温、湿润和阳光照射,不能长时间荫蔽。膨大的茎能贮存养分和水分,因此具有较强的抗逆性,耐旱,耐阴,对土壤要求不高,容易栽培。

◆ **繁殖方法**

可用扦插或播种繁殖。

扦插繁殖:春季利用植株截顶时剪下的枝条,扦插在蛭石或粗沙中,保持一定的温、湿度,约 1 个月左右,可生根成活,但扦插苗的基部不会膨大。

播种繁殖:宜用新鲜种子,其种子如板栗,秋天成熟后采摘,将壳去除即播下,在上面覆盖约 2 厘米厚细土,然后放置在半阴处保持一定的湿度。播后 1 周左右可发芽。种子发芽率高,且实生苗生长迅速,干基部会自然膨大,十分美观。

◆ 栽培管理

发财树盆栽养护也较简单,一般用疏松的园土加少量复合肥作为基质。小苗上盆或地栽种植后,由于它的顶端优势明显,如不摘心就会单杆直往上长。但只要剪去顶芽,很快就会长出侧枝,茎的基部也会明显膨大起来。发财树适应性强,喜光又耐阴,入夏时予以遮荫,保持 50% 的光照即可。如在烈日下曝晒,则叶尖叶缘易枯焦、叶色泛黄。在室内栽培观赏宜置于有一定散射光处。如光线过暗,则抽长的新梢及新叶易老化,从而出现黄化或枯烂。其生长适温为 20℃～30℃,温度低至 10℃ 也能适应,但温度不宜低于 5℃,否则容易发生冷害,轻者造成落叶,重者可能造成植株死亡。生长期要保持盆土湿润,不干不浇。如水分过多或积水,则生长不良或根茎腐烂。但土壤也不宜太干,尤其晴天空气干燥时还需适当喷水,以保证叶片油绿而有光泽。生长季每月施饼肥水或复合肥 1～2 次,同时追施适量磷钾肥,以促进茎干基部膨大。

盆栽发财树多将树干"编辫"种植。具体做法是:待播种苗长高至 2 米左右时,约在 1.5 米处截去上部,使其成光杆,然后从地下掘起,在半阴条件下让其自然晾干 1～2 天,使树干弯得柔软,接着用绳子捆紧同样粗细的植株的基部,并将其树干编成辫状,放倒在地上,用重物压住,使其形状固定,这样将来能直立向上。编好后可将植株继续种于地上,让它生长一段时间,使茎干生长粗壮、辫状充实整齐。也可直接上盆种植,让其生长枝叶。目前市场上销售的"三龙"、"五龙","七龙"等即是用 3 株、5 株、7 株发财树植株经编成辫状后种植于盆中,使其身价倍增。这些产品目前大多从台湾整好型后直接运进大陆销售。

◆ 病虫害防治

发财树抗性强,病害较少。常见病害有黄化病、叶斑病。栽培中

如发生黄化病，可用0.2%硫酸亚铁溶液进行叶面喷施，连续喷2～3次，每次间隔10天。如发生叶斑病可用75%百菌清可湿性粉剂1 000倍液喷施，连续喷2～3次，每次间隔15天。常见虫害有介壳虫和红蜘蛛，多发于夏季潮热期，虫害不严重时可人工用刷子蘸酒精刷除。

◆ 功效和家居环境适宜摆放的位置

发财树是联合国推荐的国际环保树种之一。它能吸收多种有害气体，尤其对氮化合物、氟化氢及家装残留的甲醛有很强的吸收能力。种子成熟后可供食用。

发财树可放置于室内光线充足或阳面的位置，如客厅、书房和阳面的窗边。

十七、棕榈类(Arecaceae)

◆ 植物学知识

棕榈类植物为棕榈科常绿乔木、灌木或藤本植物。多直立单干，不分枝。并具坚挺大叶聚生干顶。叶掌状或羽状分裂，多具长柄，叶柄基部常扩大成一纤维状鞘。花小而多，两性或单性，雌雄同株或异株，密生于叶丛或叶鞘束下方的肉穗花序，常为大型佛焰苞所包被。浆果、核果或坚果，外果皮常呈纤维状。种子1粒，胚小而富胚乳，含油。棕榈类植物广泛分布于热带、亚热带地区，喜温暖、湿润和阳光充足的环境，比较耐阴、耐旱、耐寒，忌盆土积水。喜排水良好、肥沃疏松的中性或微酸性粘质壤土。

主要的种类有：

1. 散尾葵(*Chrysalidocarpus lutesens*)

散尾葵(图41)，棕榈科，散尾葵属，丛生常绿灌木或小乔木。茎干光滑，黄绿色，无毛刺，嫩时披蜡粉，上有明显叶痕，呈环纹状。叶面滑细长，羽状复叶，全裂，长40厘米～150厘米，叶柄稍弯曲，先端柔软，裂片条状披针形，左右两侧不对称，中部裂片长50厘米，顶部裂片仅10厘米，端长渐尖，常为2短裂，背面主脉隆起。叶柄、叶轴、叶鞘均淡黄绿

图41 散尾葵

图 42　鱼尾葵

色。叶鞘圆筒形，包茎。肉穗花序圆锥状，生于叶鞘下，多分枝，长 40 厘米，宽 50 厘米。花小，金黄色，花期 3～4 月。果近圆形，长 1.2 厘米，宽 1.1 厘米，橙黄色。种子 1～3 粒，卵形至椭圆形。基部多分蘖，呈丛生状生长。

2. 鱼尾葵(*Caryota ochlandra*)

鱼尾葵(图 42)棕榈科，鱼尾葵属，多年生常绿乔木。株高 50 厘米～200 厘米，茎干直立不分枝。叶大型，羽状二回羽状全裂，酷似鱼尾，叶厚而硬，叶缘有不规则的锯齿。肉穗花序下垂，小花黄色。

图 43　棕竹

3. 棕竹(*Rhapis excelsa*)

棕竹(图 43、彩图 5)棕榈科，棕竹属，丛生灌木。茎干直立，高 1 米～3 米。茎纤细如手指，不分枝，有叶节，包以有褐色网状纤维的叶鞘。叶集生茎顶，掌状，深裂几达基部，有裂片 3～12 枚，长 20 厘米～25 厘米、宽 1 厘米～2 厘米。叶柄细长，8 厘米～20 厘米。肉穗花序腋生，花小，淡黄色，极多，单性，雌雄异株。花期 4～5 月。浆果球形，种子球形。

4. 袖珍椰子(*Chamaedorea elegans*)

图 44　袖珍椰子

袖珍椰子(图 44)，棕榈科，墨西哥棕属，常绿小灌木。盆栽时株高不超过 1 米，其茎干细长直立，不分枝，深绿色，上有不规则环纹。叶片由茎顶部生出，羽状复叶，全裂，裂片宽披针形，羽状小叶20～40 枚，镰刀状，深绿色，有光泽。植株为春季开花，肉穗状花序腋生，雌雄异株，雄花稍直立，雌花序营养条件好时稍下垂，花黄色呈小珠状。结小浆果，多为橙红色或黄色。

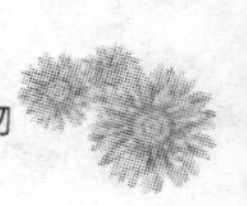

◆ **繁殖方法**

通常用分株繁殖，约 3 年分株一次。春季换盆时，将分孽较多的植株去掉旧土，用利刀从茎部连接处切划分成 2～3 丛，每丛至少带有苗两株以上，并注意保持优美的株形，分别上盆，置放在 20℃左右的室内，经过 1～2 年的精心培养，即可成为新株。

◆ **栽培管理**

棕榈科植物要求水分充足，空气湿度大。适于室内装饰用的棕搁科植物种类通常产于热带雨林，极少有干旱地区品种。盆土存水不宜过多，否则会使盆土酸性过高导致烂根。管理中最好使用沙床供水，即将碎瓦石或其它吸水材料铺在水平台或沙床内，并使之经常保持湿润，将花盆置放在沙上，利用毛细管作用从盆底吸水。这样一方面可使植物获得持续的湿润环境，同时也可避免花盆中水分过多，增强棕榈植物的生长力。经常性的叶面喷水有利于棕榈植物的生长。

管理中要定期施用多元复合肥（如氮磷钾复合肥）或持效性化肥（如尿素、磷酸二胺）。持效性化肥肥效可持续 1～6 个月。施肥过量或过勤都会对棕榈植物产生危害。最佳施肥时间是在植物生长季节，棕榈植物通常在暖季生长旺盛，这一时期植物对肥料利用率最大，施肥量要相应增加。在阴天或雨天，将棕榈植物移到室外用清水冲洗，可排除由于连续追肥而积累的过量盐分。这一过程中不要忘记对株体进行保护，防止植物株体或其叶片被阳光或强风损害。

使用空调容易使室内空气干燥，所以，应定期对盆栽棕榈植物叶片进行喷水，以保持一定的湿度，同时也可清洁叶表。

◆ **病虫害防治**

病害主要为叶斑病。叶尖和叶缘最易受害，产生干枯卷缩，发病初期用 50％托布津可湿性粉剂 500 倍液喷洒防治。如果环境干燥、通风不良，容易发生红蜘蛛和介壳虫危害，一经发现虫害，可用有机磷进行防治，量少时用刷抹去即可。

◆ **功效和家居环境适宜摆放的位置**

棕榈科植物对氯气、二氧化硫、氟化氢、汞蒸气等有害气体有很好的净化能力，尤其对氯、硫的吸收能力最强。棕榈叶片宽大，有很强的

滞尘能力。

袖珍椰子被称为“高效空气净化器”，它能净化空气中的苯、三氯乙烯和甲醛，非常适合摆放于刚装修的居室中。

棕榈科植物的摆放位置要选择阳光尽可能充足的地方，也可在光线较弱的房间内连续放置4～6周。适于摆放在客厅、书房、卧室、庭院花园和阳台等处，叶片可作切叶配置大型切花装饰。

十八、苏铁(*Cycas revolut*)

◆ 植物学知识

图45　苏铁

苏铁(图45、彩图6)，别名铁树、凤尾蕉。苏铁科，苏铁属，常绿棕榈状木本植物。茎干粗壮，暗棕褐色，有的高达5米，一般不分枝，叶羽状深裂，厚革质而坚硬，羽片条形，螺旋状排列，茎顶簇生大形羽状复叶，形似凤尾，故又名凤尾蕉。叶边缘显著反卷，雌雄异株，花单生枝顶，雄球花长圆柱形，小孢子叶木质，扁平鳞片状或盾形，雌球花略呈扁球形，大孢子叶宽卵形，有羽状裂，密被黄褐色绵毛，种子红色卵形，微扁，花期6～8月，果10月成熟。苏铁原产我国南部，为世界上生存最古老的植物之一，我国福建、台湾、广东各省均有，日本、印尼及菲律宾亦有分布。苏铁性喜强光、温暖干燥和通风良好的环境，土壤以肥沃、微酸性的沙质壤土为宜。不耐寒，生长缓慢。

◆ 繁殖方法

多用播种或分蘖繁殖，用分蘖芽培育最为常见，且从春到秋均可进行，以春季效果为最好。具体操作：当老株茎部长出鸡蛋大的蘖芽时，在早春3～4月用利刀切离母株，切割时尽量少伤茎皮，并剪去叶片，置阴凉处放7天左右，待伤口流液稍干后，再移栽到培养土中，然后浇一次透水，放半阴处，温度保持在27℃～30℃，45天即生根，同时长出叶片。

◆ **栽培管理**

盆栽苏铁,盆底需多垫瓦片,以利排水。苏铁一般每年长二轮新叶,第一轮在5月份,第二轮在8月份,长出第三轮新叶的情况极少。苏铁的叶片以短小粗壮者观赏价值高。要使叶片短小粗壮,水分和光照的作用极为重要。每年当苏铁茎顶茸毛绽开,新叶将要抽出时,要停止浇水施肥,并保证充足的光照,待到叶片全展、叶柄全部抽出后才能浇水,期间应防雨。浇水时,第一次浇水应少,以后逐渐增多,并施以适量的氮、钾肥,有条件的可用堆沤腐烂过的豆饼水冲稀后,每隔10天浇一次。若新叶出现黄化,可施入硫酸亚铁或烂铁、铁钉等,以补充苏铁喜铁的习性。苏铁怕涝,春、秋、冬三季要控制水分,水分过多易烂根。苏铁喜光照,但夏季阳光过强,温度过高,叶片易被灼伤,出现黄白斑。因此,夏季盆栽的苏铁应置于通风良好、光线充足处,高温时应常向叶面喷水。

◆ **病虫害防治**

苏铁抗性强,很少有病虫害。但对植株下部通风透光差的叶片,会有介壳虫危害,使叶片老化,失去光泽。如有发生,可剪除并烧毁病叶,置植株于阳光充足通风处,用辛硫磷乳剂1 000～1 500倍液喷杀。

◆ **功效和家居环境适宜摆放的位置**

苏铁能吸收空气中的二氧化硫、过氧化氮、苯、氟、汞蒸气、铅蒸气等有毒、有害气体。苏铁中含有苏铁苷,此苷有毒,但有抗癌作用。

苏铁应置于通风良好、光线充足处,如向阳面的阳台上,不适合置于室内。叶片可作切叶配置大型切花装饰。

十九、红背桂(*Excoecaria cochichinensis*)

◆ **植物学知识**

红背桂(图46),别名青紫木、红背桂花。大戟科,土沉香属,常绿灌木。分枝多,叶对生,矩圆形、倒披针形或长圆

图46　红背桂

形，长8 厘米～12 厘米，表面绿色，背面红紫色，先端尖锐，缘有小锯齿。花单性，雌雄异株，仅长 5 毫米，穗状花序腋生。花初开时黄色，渐变为淡黄色。花期6～8 月。红背桂原产我国广东、广西及越南，喜温暖湿润环境，不耐寒，耐半阴，忌阳光曝晒，要求肥沃、排水好的沙壤土，冬季温度不低于 5℃。

◆ **繁殖方法**

常用扦插繁殖。以 6～7 月梅雨季节扦插最好，成活率高。剪取成熟枝条 15 厘米，去除下部叶片，插入素沙床，30 天左右生根，50 天后可上盆。

◆ **栽培管理**

盆栽以种植在通透性较好的土陶盆中生长为最佳，如置于室内欠美观，可外套一个瓷盆，或直接用宜兴盆、塑料盆或瓷盆栽种，在盆底垫一层 5 厘米～8 厘米厚的碎砖或碎硬塑料泡沫，增强其透气滤水，以防烂根。培养土宜选用疏松肥沃的微酸性沙质壤土，可用腐叶土和菜园土等量混合后，加 10%～20%的河沙或珍珠岩。两年翻盆换土一次，并随植株的长大而换用大一号的盆，忌用大盆种小苗，否则不仅生长不好，还易烂根。红背桂喜湿润，但忌涝。生长期要常浇水，保持盆土偏湿润，但忌积水，以增加空气的湿度而降低温度。室内栽培可用一只较大的盘子托在盆下，常向盘中注水，使之自然蒸发，达到小范围增湿、降温的效果。冬季 7～10 天浇一次水即可，以偏干一些为好，过湿易烂根，过干植株失水，叶黄脱落，甚至死亡。种植或翻盆换土时，可适时施些复合肥作底肥，生长期 15 天左右施一次含氮磷钾的复合肥即可，花期可加喷两次 0.2%的磷酸二氢钾溶液，盛夏和冬季不施肥。

◆ **病虫害防治**

栽培管理不善，易导致炭疽病或叶枯病发生，可喷洒 65%的代森锌可湿性粉剂 500 倍液防治。此外，若发生根结线虫危害根部，可用辛硫磷乳剂 800～1 000 倍液灌根，有较好的效果。

◆ **功效和家居环境适宜摆放的位置**

红背桂对二氧化硫、氯气的抗性及吸收能力较强，可置于室内有散射光处或较明亮的客厅、书房的窗台附近。置于与视线平行或略高一点的地方，能同时看到叶的两面，则观赏效果更佳。

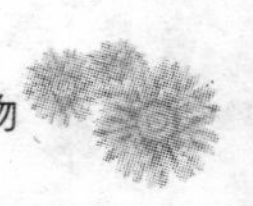

二十、鹅掌柴(*Schefflera octophylla*)

图 47 鹅掌柴

◆ **植物学知识**

鹅掌柴(图 47、彩图 7),别名手树、鸭脚木。五加科,鹅掌柴属,常绿乔木。盆栽条件下株高 30 厘米～80 厘米,在原产地高达数十米。小枝幼时密被星状毛。掌状复叶互生,小叶 5～9 枚,椭圆形或倒卵状椭圆形,长 9 厘米～17 厘米,宽 3 厘米～5 厘米,全缘,端有长尖,叶革质,浓绿,有光泽。圆锥花序顶生,被星状短柔毛,花白色,芳香,花期冬春。浆果球形。鹅掌柴原产大洋洲及我国广东、福建等亚热带雨林。性喜阳光充足、温暖湿润的环境,宜生于深厚肥沃的酸性土质中,稍耐瘠薄。

◆ **繁殖方法**

家庭多用扦插繁殖,也可播种繁殖。

扦插繁殖:在鹅掌柴的生长季节均可进行,但以雨季进行扦插最为理想。也可剪取 1 年生 8 厘米～10 厘米长枝条,扦插在河沙或蛭石做成的插床上,覆盖塑料薄膜,4～6 周生根即可盆栽。

播种繁殖:在 4 月下旬,用腐殖土或沙土盆播,覆土深度约为种子直径的 1～2 倍。盆土要保持湿润,种子发芽适温为 20℃～25℃,18 天左右出苗,苗高 5 厘米～10 厘米时分苗移栽到小盆中,以后根据生长情况逐步换较大的花盆。

◆ **栽培管理**

鹅掌柴夏季最适宜半阴的生长环境,防止烈日曝晒,以免叶片灼伤、叶色暗淡。冬季不需遮荫,每天有 4 小时以上的直射阳光即可生长良好,生长适温为 20℃左右,生长期浇水做到“干透浇透”,避免盆土缺水,生长季节每 1～2 周施一次液体肥或复合肥。冬季移至阳光充足的地方,0℃以下叶片受冻脱落,5℃以上可安全越冬。当植株长到高 80 厘米、直径 50 厘米时,要设立支架支撑,防止向外侧倒伏。在植株生长过程中要随时修剪，以保持株形美观，提高观赏价值。

◆ **病虫害防治**

空气过于干燥时，病害主要有叶斑病和炭疽病，可用 50% 的多菌灵可湿性粉剂 1 000 倍液喷洒。虫害主要有介壳虫、红蜘蛛、蓟马和潜叶蛾等危害鹅掌柴叶片，少量时可用酒精人工刮除，也可用 10% 二氯苯醚菊酯乳油 3 000 倍液喷杀。

◆ **功效和家居环境适宜摆放的位置**

鹅掌柴能吸收吸烟后空气中的尼古丁和其他有害气体，特别是净化甲醛能力超强，每小时可吸收约 9 毫克的甲醛。

鹅掌柴可放置在光线充足的客厅、书房、门廊或窗台案头处作装饰。

图 48　十大功劳

二十一、十大功劳(*Mahonia fortunei*)

◆ **植物学知识**

十大功劳(图 48)，别名黄天竹。小檗科，十大功劳属，常绿灌木。茎干丛生直立。奇数羽状复叶，伞形开展，小叶 7～15 枚，顶生小叶较大，有柄，侧生小叶无柄，卵形，厚革质，端渐尖，基部广楔形或近圆形，边缘有 2～8 个刺锯齿，缘反卷，叶面蓝绿色，有光泽，叶背黄绿色。7～10 月开花，总状花序，直立簇生，花鲜黄色，有香味。浆果卵形，暗蓝色。

十大功劳原产日本及我国湖北、四川、浙江等省，长江流域各地有栽培。同类的阔叶、狭叶十大功劳均产于我国。十大功劳喜温暖、湿润气候，不耐严寒，耐阴，生性强健，对土壤要求不严，可在酸性土、中性土至弱碱性土中生长，但以排水良好的沙质壤土为好。

◆ **繁殖方法**

繁殖以分株为主，也可扦插或播种。

分株繁殖：可在 10 月中旬至 11 月中旬，或 2 月下旬至 3 月下旬进行。将地栽丛状植株掘起，或将盆栽大丛植株从花盆中脱出，从根

茎结合薄弱处剪开或撕裂,每丛带 2～3 个茎杆和一部分完好的根系,对叶片稍作修剪后,进行地栽或上盆。

扦插繁殖:宜在 2～3 月份进行,剪取 1～2 年生健壮硬枝条,截成长 15 厘米左右的穗段,2/3 插入沙壤苗床里,保持苗床湿润,5 月份开始搭棚遮荫,晴天每天进行喷雾保湿,插后约过 2 个月即可生根。嫩枝扦插可在雨季进行,选择当年生充实的枝条,或用一年生枝条,长 15 厘米～20 厘米,苗床温度控制在 25℃～30℃,一个月后即可生根。

播种繁殖:于 12 月份进行,也可沙藏至翌年 3 月播种。移栽于春、秋两季均可,应带土坨上盆。

◆ **栽培管理**

盆栽时,在培养土中应多掺沙,以防盆内积水,可两年翻盆换土一次,施加少量基肥,要保持盆土湿润,但不能积水,见干见湿就行。夏季最好见柔和充足的阳光,不必追肥,并及时剪去枯枝败叶,保持株姿清新丰满。随着根蘖条的抽生和株丛不断扩大,逐渐换入大盆。生长旺季可追肥 3～4 次,春、夏两季适当蔽荫。冬季应移入室内越冬,注意控水,保持盆土微潮与光照充足,并适时通风,防止介壳虫孳生为害。

◆ **病虫害防治**

十大功劳的病虫害较少,通风透光不良时易发生介壳虫危害。危害较轻时,可用毛刷蘸洗衣粉水刷除。

◆ **功效和家居环境适宜摆放的位置**

十大功劳对二氧化硫抗性较强。宜置于客厅、书房等无阳光直射的半阴处。

二十二、鸭跖草(*Commelina communis*)

◆ **植物学知识**

鸭跖草(图 49),别名紫露草。鸭跖草科,鸭跖草属,一年或多年生草本花卉。植株高 20 厘米～60 厘米,茎多分枝,基部匍匐而节上生根,上部直立。单叶互

图 49 鸭跖草

生，披针形或卵状披针形，长 4 厘米～9 厘米，宽 1.5 厘米～2 厘米，叶无柄或几乎无柄。佛焰苞片有柄，心状卵形，长 1.2 厘米～2 厘米，边缘对合折叠，基部不相连，有毛，花蓝色。果椭圆形，花果期 6～10 月。

鸭跖草原产南美洲，喜温暖、湿润、耐阴和通风环境，要求土壤疏松、肥沃、排水良好，但对各类土壤均能适应。

◆ 繁殖方法

分株、扦插、压条均可繁殖。扦插繁殖极易成活。

扦插繁殖：春、夏、秋三季均可进行，以夏季生根最易。剪取生长健壮的匍匐茎 2～3 节为一段，插入装有素沙土或培养土的盆中，深 3 厘米～4 厘米，喷透水置于荫处，保持湿润，生长旺季一般 10～15 天即可生根。也可直接用水插，生根后再上盆养护。因其匍匐茎多节，节处易生根，故分株繁殖时只需将其已生根的膨大茎节剪下，另行栽入盆中即可，全年均可进行。

压条繁殖：鸭跖草压条繁殖简便易行，只需在茎节上覆土，生根快。

◆ 栽培管理

夏季盆栽应适当蔽荫，忌阳光直射，否则会灼伤叶片，冬季应置于阳光充足处。鸭跖草可于阴处培养，但长期光照不足，易使茎节变长，细弱瘦小，叶色变浅。冬季越冬温度不能低于 5℃，以 10℃ 为宜。平时应保持土壤湿润，还应经常喷水，增加空气湿度。冬季可节制浇水，但应经常喷洗枝叶，以防烟尘沾污叶面，影响观赏效果。生长季节应每隔 2 周左右施一次以氮肥为主的复合化肥。盆栽时对土壤要求不严格，以疏松、肥沃、排水良好为宜，常用等量的腐叶土、泥炭土和粗砂混合作为基质。鸭跖草的茎常匍匐，开展下垂，因此宜选用高盆或将盆吊起。养护一段时间后，下部叶片易干，影响观赏效果，此时可从脱叶处短截，令其重新发枝。如出现黄叶，应及时剪除。

◆ 病虫害防治

鸭跖草生性强健，病虫害较少。病害主要有炭疽病和叶斑病，可用 70％托布津 800～1 000 倍液或代森锌 600 倍液喷洒。

◆ **功效和家居环境适宜摆放的位置**

鸭跖草可吸收居室内的油漆、涂料、粘合剂、干洗剂等释放出的甲醛、苯等有害气体。美国宇航局在为太空站研制空气净化系统的实验中,发现在充满甲醛气体的密封室内,吊兰、鸭跖草和竹能在 6 小时后使甲醛减少 50% 左右,24 小时后即减少 90% 左右。

鸭跖草适于放置在卧室、书房、客厅等处,可放在花架、橱顶或吊在窗前自然悬垂,枝条飘曳,独具风姿,观赏效果极佳。

二十三、冷水花(*Pilea cadierei*)

图 50 冷水花

◆ **植物学知识**

冷水花(图 50),别名花叶荨麻、白雪草。荨麻科,冷水花属,多年生常绿草本花卉。株高 15 厘米～40 厘米。地上茎丛生,细弱,肉质,半透明,上面有棱,节部膨大,幼茎白绿色,老茎淡褐色。叶对生,椭圆形,长 4 厘米～8 厘米,先端渐尖或长渐尖,基部圆形或宽楔形,基出脉 3 条,3 条主脉之间有灰白至银白色斑纹,叶脉部分略下凹。叶缘上部具疏钝锯齿,下部常全缘。

冷水花原产越南,喜温暖湿润气候,具有较强的耐阴性。对土壤要求不严,能耐弱碱,较耐水湿,不耐旱。

◆ **繁殖方法**

繁殖可用扦插或分株法。

扦插繁殖:可在 5 月上旬剪取一年生的充实枝条,按 3 节一段截开,保留先端 2 枚叶片,并剪掉 1/3,自基部一节的下方 0.5 厘米处削平,用干净的素沙土作基质,入土深度不超过 2 厘米,放在室内蔽荫处养护,20 天左右即可生根,40 天后分苗上盆,成活率约 75% 左右。

分株繁殖:冷水花的丛生性很强,可结合翻盆换土把整墩株丛分成几份分别上盆,同时对老茎进行短截,保留茎秆基部 2~3 节,成活后腋芽会很快萌发而抽生新的侧枝。

◆ **栽培管理**

冷水花作为室内观叶植物可用普通培养土或直接用沙上盆,每年翻盆换土一次。春、夏、秋三季应放在荫蔽下养护,室内陈设应放在南窗附近,夏季应避开直射阳光,或放置在荫棚下。要保持盆土湿润,每天应向叶表喷雾或淋水。冬季应充分见光。盆土应间干、间湿,切勿积水,5~6 月追施 3 次液肥,以后不再追肥。冬季放在有供暖设备的室内可安全越冬。

要想使植株保持圆浑、紧凑的株形,应定期进行修剪。无论主枝还是侧枝,如不短截则不断生长,长到 40 厘米左右时茎开始向外围倒伏,这时应进行短截,促使下面的腋芽萌发抽枝,使株丛稠密而紧凑。

◆ **病虫害防治**

夏季高温季节易发生介壳虫、蚜虫等虫害,应及时刮除或用肥皂水清洗,严重时可喷药防治。此外,管理不善,会有叶斑病发生,应及时防治。

◆ **功效和家居环境适宜摆放的位置**

据报道,冷水花吸收二氧化碳的能力比一般植物高出 2.5 倍,对苯、甲醛等有害气体具有一定的消解作用。在新建和刚装修好的室内摆设数盆冷水花,可消散建筑材料散发的异味,使室内空气清新,被人们称为经济实惠的“天然清新剂”。它还有个独特的功能就是能吸附厨房烹饪时产生的油烟,是理想的厨房环保植物。

冷水花宜种植于小盆之中,摆放在茶几、书桌上,或用吊盆、吊篮悬挂于室内观赏。

二十四、榕树类(*Ficus* spp.)

◆ **植物学知识**

榕树类植物为桑科,榕树属,常绿乔木或灌木。树汁呈乳白色,顶芽的一枚叶片都有一片合生的托叶将幼叶苞被保护起来,托叶脱落后

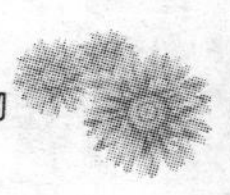

在小枝上留有一环状痕迹。叶丛常青、光亮,或大或小,形态各异。花很小,整个花序被包裹在一个中空的花托中,特称之为隐头花序。榕树的树干多分枝,树冠扩大,枝上常密生气根,丛生如须,逐渐肥大并下垂及地,则入土成根,长粗后又成为树干,是热带植物特有景象。原产于热带和亚热带地区,性喜温暖湿润、阳光充足的环境。生长适温为25℃～35℃,15℃左右休眠,5℃以上可安全越冬。耐干旱,也稍耐湿。喜阳光,也耐半阴。栽培宜用疏松肥沃、排水良好的微酸性沙壤土。

室内盆栽常见栽培种有:

1. 垂叶榕(*Ficus benjamina*)

垂叶榕(图51),又称垂枝榕、细叶榕。为木本观叶植物,原产于美洲热带地区。树冠开阔,枝条下垂且茂密,茎、枝上都有气生须根,树姿优美,在我国引种栽培广泛。茎幼时为淡绿色,成熟时为灰白色或棕褐色。叶卵圆形,较小,革质,叶色浓绿、光亮,长5厘米～10厘米、宽3厘米～5厘米,叶柄长,托叶合生包被顶芽;全株具白色乳汁。垂叶榕为雨林大型扼杀性乔木,高可达24米,但种植于空旷处,高度常不到2米;而作盆栽时,高度一般为30厘米～50厘米。

图51 垂叶榕

2. 小叶榕(*Ficus microcapa*)

小叶榕(图52),又称细叶榕,常绿大乔木。株高可达20厘米～25厘米,有许多气生根。革质,椭圆形至倒卵形,长4厘米～10厘米,宽2厘米～4厘米,浓绿色,有光泽。花序托无梗,单生或成对生于叶腋,球形,直径8～10毫米,成熟时黄色或红色,常制作成盆景。

图52 小叶榕盆景

图 53　琴叶榕

3. 琴叶榕(*Ficus pandurata*)

琴叶榕(图 53、彩图 8)又称扇叶榕、琴叶橡皮树，常绿灌木或小乔木。茎干直立，分枝少，尤其幼年时很少分枝，高可达1 米～2 米。叶互生，纸质，呈提琴状，故名琴叶榕。长可达 40 厘米～50 厘米，宽 20 厘米～30 厘米，浅绿或深绿，叶缘稍呈波浪，有光泽。

◆ **繁殖方法**

多采用扦插、压条繁殖方法，最好在春夏之交结合修剪整形进行。

扦插繁殖：带叶的枝条应剪成 1 叶 1 节进行叶芽插，不带叶的枝条以 2～3 节为宜，将插穗埋于湿润的砂床中，用薄膜覆盖，以利保温、保湿。室温 25℃左右，1 个月可生根，45 天左右上盆。或采用水插法，将枝条剪成 20 厘米长的段，插入水中，25℃～35℃条件下很快即可生根，但需勤换水，以防腐烂。

压条繁殖：在 5～7 月份进行，选择健壮的枝条离顶端 15 厘米处进行环状剥皮(宽 1.5 厘米)，剥后用腐叶土和塑料薄膜包扎，在 25℃条件下 15～20 天生根，30 天后剪离母株直接盆栽。

◆ **栽培管理**

盆栽榕树用园土为主，掺 1/5 的腐叶土及少量河沙，同时配少量腐熟有机肥作基肥。垂叶榕生长较快，一般生长季节每月施 1～2 次液肥，促进枝叶繁茂。斑叶品种施肥时应减少肥料中的氮素含量，以免氮肥过多使斑纹变浅或消失，影响观赏效果；秋季减少施肥；冬季室内温度低，应停止施肥。生长期需经常浇水，夏季需水量更多，应经常喷叶面水。春、秋季保持盆土湿润；冬季待盆土干燥时再浇水，盆土过湿易烂根。垂叶榕喜光，平时应尽量使其接受充足的阳光，保证正常生长及叶面浓绿。斑叶品种若光线太弱，易使斑纹不清晰，甚至造成落叶。一般品种耐寒力强，越冬温度为 3℃～6℃。斑叶品种耐寒力差，越冬温度要求为 7℃～8℃，温度太低易引起落叶。

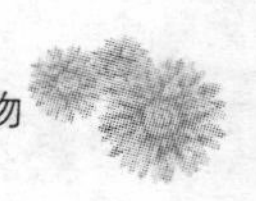

◆ **病虫害防治**

榕树类易于6～9 月间发生叶斑病。发现病叶要及时摘除销毁。发病初期,用70%的甲基托布津可湿性粉剂1 000倍液或50%多菌灵可湿性粉剂 800 倍液交替喷洒枝叶,每隔 7～10 天一次,连续 2～3 次。

在高温高湿、光照不良、通风较差的情况下易发生介壳虫为害。若在虫卵孵化盛期,可用 25%的扑风灵可湿性粉剂 1 500 倍液喷洒植株。

◆ **功效和家居环境适宜摆放的位置**

榕树类植物的叶片与根部能吸收二甲苯、甲苯、三氯乙烯、苯和甲醛,并将其分解为无毒物质,可提高房间湿度,有益于我们的皮肤和呼吸。

适宜放置于室内散射光处,如客厅、书房、卧室的门边等处,叶片可作切叶配置切花装饰。

二十五、橡皮树(*Ficus elastica*)

◆ **植物学知识**

橡皮树(图 54),别名印度榕、印度胶树。桑科,榕树属常绿乔木。全株光滑,有乳汁。叶宽大具长柄,幼芽红色,幼叶内卷,叶厚革质,有光泽,椭圆至长随圆形,叶面暗绿色或红绿色,背面浅绿色;托叶红褐色,初期包于顶芽外,新叶伸展后托叶脱落,并在枝条上留有托叶痕。

图 54 橡皮树

橡皮树原产印度、马来西亚。喜温暖、湿润气候。要求肥沃土壤,喜光,亦耐阴,不耐寒冷,适温为20℃～25℃,冬季温度低于5℃～8℃时易受冻害。

◆ **繁殖方法**

用扦插或高枝压条法繁殖。

扦插繁殖：5 月份气温转暖后，剪取 1～2 年生枝条，每 3 节为一插穗(也可单芽插)。去掉下部叶片，上部两叶片合拢起来用细绳捆在一起插在沙床上。为防止倒伏，可另立一支棍。插床用塑料膜密封保湿，温度在 25℃左右，4～6 周可生根盆栽。

压条繁殖：家庭中使用高枝压条法繁殖比较方便，成功率也高。选择当年生的枝条，先在枝条上环状剥皮，宽 1 厘米～15 厘米，再用潮湿的苔藓、泥炭等包在伤口周围，最后用塑料膜包紧并捆好上下两端。6 月份压条，7～8 月份生根后剪下盆栽，亦可叶插(见第 43 页图 12)。

◆ **栽培管理**

盆栽用泥炭土、腐叶土加 1/4 河沙及少量基肥配成培养土，也可用细沙土。橡皮树生长较快，喜肥，每周施 1 次肥。通常春季新梢生长之前换盆或换土，幼苗高 80 厘米～100 厘米时，根据需要摘心，促进侧枝萌发，一般留 3 个主枝，其他多余的去掉。若栽培好，3 年左右可长成 2 米的大型植株。

橡皮树喜强阳光，春至秋整个生长季节全部在阳光下地栽，冬季应放入室内阳光最强的地方。若放在室内观赏，一般 2 周左右更换 1 次，不可过久。橡皮树在高温、潮湿的环境中生长甚快，每 5～7 天生出一枚叶。这期间必须保证充足的肥料和水分，每隔 10 天施一次肥，以氮肥为主。秋季逐步减少施肥和浇水，促使枝条生长壮实。停止生长或休眠期不施肥。由于橡皮树对干旱环境有较强的抗性，在华北地区栽培较易。应放在 10℃以上的房间内越冬，长期低温和盆土潮湿易造成根部腐烂。每年 4 月底至 10 月初搬至室外栽培。

◆ **病虫害防治**

病害主要有炭疽病、叶斑病危害，用 5%代森锌 500 倍液喷洒。虫害有介壳虫和蓟马危害，可利用刮除、刷除、擦拭的方法防治，也可喷施专用杀虫剂防治，如辛硫磷、国光蚧必死等。

◆ **功效和家居环境适宜摆放的位置**

橡皮树能吸收空气中的氮、二氧化硫等有害气体，对苯也有较好的吸收能力。同时宽大的革质叶片有很强的滞尘作用。

橡皮树喜光，可置于客厅或书房阳光能照射到的窗边或阳台上。

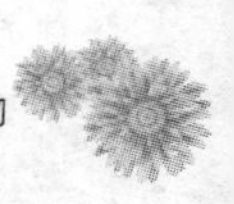

二十六、松树类(*Pinus* spp.)

图 55 松树盆景

◆ **植物学知识**

松树类植物为松科,松属,常绿针叶乔木。松树种类繁多,叶形大多细长似针,针叶多数由一枚叶或几枚叶成束生在一起。每束针叶基部有叶鞘,早期脱落或宿存。球果由多数种鳞组成,成熟后木质化,成熟时种鳞张开,种子脱落,少数树种的种鳞关闭,每个种鳞具种子 2 粒,种子上部具一长翅,少数为短翅或无翅。用作制作盆景的树种主要有黑松、华山松、罗汉松、五针松等。在室内绿化装饰中,此类植物主要制作成盆景。

◆ **繁殖方法**

种子繁殖:制作盆景的松树主要通过种子繁殖获得苗木,用这种方法繁殖可一次获得较多苗木。

扦插繁殖:扦插繁殖存在嫁接不亲和、费事费力、投资大,生根困难等问题。

◆ **栽培管理**

养护场所必须阳光充足,通风良好,地势高燥。夏季最好予以遮荫,遮荫率约 30%,冬季需放室内或阳台背风向阳处越冬。

松类一般都喜燥恶湿,有较强的耐旱性。所以浇水不能过量,要润中带干,特别是新芽生长时,稍干可抑制松针徒长。

松树也耐瘠薄,一般新上盆的松树 1 年内不必施肥,以后可在每年的 5～6 月和 9～10 月两个阶段施几次淡肥水,太多太浓会引起新梢加速生长,破坏树形。

松树每年春天发一次新芽,如不加以控制,会破坏原有树形,所以一般在 3～4 月份进行摘芽处理。不同松树的摘芽轻重应有所不同:黑松的萌发力强,主芽可全部去掉,侧芽也可剪去 2/3;五针松芽的萌发力弱一些,一般在放针前去掉主芽的 1/2,侧芽的 1/3。各种松树到底去多少合适,要看其长势。

另外，多数松树盆景在休眠期内要进行一次整形工作，俗称“复片”，即通过对大枝条进行吊扎，小枝进行绑扎，使其向上翘起的枝片复位，恢复分明的层次和平整的枝片。

松树盆景虽耐瘠，但也要翻盆，中小型盆景3年左右翻1次，大型的5年左右翻1次。

◆ **病虫害防治**

松树病虫较少，主要有红蜘蛛和介壳虫危害，可用常规方法防治。一般只要环境通风良好，很少有病虫害发生。

◆ **功效和家居环境适宜摆放的位置**

松树等针叶树种能释放负离子，有消除人体疲劳，促进睡眠及增进食欲的功效。松树还可作为二氧化硫的指示植物，其遇二氧化硫后针叶会发黄干枯。其分泌的松油具有杀菌作用，可保持室内空气清新。

盆景是活的艺术品，用盆景来美化环境，装饰厅堂、居室，可使室内增添情趣。如一盆造型优美的盆景配上一副工艺考究、韵味古雅的几座，使生活环境的格调更加高雅。随着人们物质文化生活水平的提高，盆景这种高雅艺术已进入寻常百姓家。

宜将松树盆景置于通风透光处，如阳台或近窗边的几架上。

第三节　室内观花植物

一、月季(*Rosa chinensis*)

图56　月季

◆ **植物学知识**

月季(图56)，品种很多，变种也多，如月月红等。蔷薇科，蔷薇属，落叶灌木。枝干特征因品种而不同，有高达100厘米～150厘米的直立向上直生型；有高度60厘米～100厘米的枝干向外侧生长的扩张型；有高不及30厘米矮生型或匍匐型；有枝条呈藤状依附它物向上生长的攀缘型。月季的枝干除个别品种光滑无刺外，一般均具皮刺，皮刺的大小、形状、疏密因品种而异。叶互生，由3～7枚小叶组成奇数羽状复叶，卵形或长圆形，有锯齿，叶面平滑具光泽，或粗糙无光。花单生或丛生于枝顶，花形及瓣数因品种不同而有很大差异，色彩丰富，有些品种具淡香或浓香。月季原产我国，有一定的耐寒力，喜阳光充足、空气流动的环境，忌蔽荫。最适生长温度为，白天15℃～26℃；夜间10℃～15℃。低于5℃时休眠，持续高于30℃时半休眠。喜肥沃、疏松、微酸性土壤。

◆ **繁殖方法**

月季的繁殖可用扦插、嫁接、分株、压条等方法，以扦插、嫁接应用最多。

扦插繁殖：主要用于扦插容易生根的种类和品种，如丰花月季、微型月季中的大部分种类。扦插一般使用河沙、蛭石或河沙与蛭石的混合基质，厚度20厘米。

硬枝扦插：一般在落叶前后结合冬季修剪进行，也可在春季萌芽前利用上年冬季沙藏的木质化枝条进行扦插，或春季萌芽前采枝扦插。选用生长健壮、发育充实、无病虫害的1年生枝，剪成8厘米～12厘米带有2～4个芽的接穗(上剪口距上芽0.5厘米～1.0厘米，下剪口距下芽2厘米～3厘米)，有条件的可用生根粉处理，之后立即插入基质中，深度约4厘米～5厘米。插后浇1次透水，加盖塑料薄膜保湿。冬季气温降至0℃以下时，覆盖草帘保温防寒。春季气温回升后，撤去草帘并逐渐打开薄膜。平时注意喷水，否则会因缺水使插穗枯萎，甚至已生根的小苗也被干死。待插穗生根后即可分栽下地或上盆。

嫩枝扦插：在生长期6月前后或第1次花后。截取生长健壮、组织充实，稍带木质化的当年生枝，或结合花后修剪截取开过花的当年生枝，剪成长10厘米左右、带2～4个芽的插穗，保留上部2片复叶，每片复叶保留基部2枚小叶，插入深度2厘米～3厘米。插后注意保湿，待1～2月生根后即可移栽或上盆。

嫁接繁殖：主要用于扦插不易生根的种类和品种。如大花月季、杂种茶香月季中的大部分种类，多采用丁字形芽接。砧木北方多用白玉棠、粉团蔷薇和野蔷薇，法国蔷薇更好。时间北方宜在8～9月进行，以接芽当年不萌发为好。选取生长健壮、发育良好的需要繁殖的芽作接穗，剪去叶片，保留叶柄。在芽上方0.5厘米处横切一刀，深达木质部，再从芽下方1厘米左右处向上斜削，与芽上方的切口相交，削成盾形芽片。在砧木距地面5厘米～10厘米的平滑部分切一“T”形切口，宽度略大于芽片。用芽接刀骨柄撬开砧木切口，嵌入芽片，使其横切面与砧木横切口皮层紧密相贴。用1厘米宽的塑料条紧密绑扎接口，只露出接芽和叶柄即可(见第48页图20)。

◆ **栽培管理**

月季露地栽培管理比较简单，新栽植株需重剪，以后每年初冬要根据当地气候情况适当重剪。一般老枝仅留2～4芽，弱枝、枯枝、病枝及过密枝则齐基剪除，这样来年就可发枝粗壮，形成丰满株形。淮河流域及其以南地区可安全越冬，不必埋土；华北地区须在初冬先灌冬水，重剪后埋土保护越冬。但在小气候良好处或希望长成较高植株时，可不重剪和埋土，而采用适当包草、基部培土的方法越冬。月季在生长季中发芽开花多次，消耗养料较多，因此要注意多施肥。一般入冬施一次基肥，生长季施2～3次追肥，平时浇水也可掺施少量液肥。这样即可助长发育，使叶茂花大，又可增强对病虫害的抵抗力。

月季上盆所使用的培养土配比为腐殖土、有机肥、砂壤土、草木灰为3∶2∶4∶1。使用前需消毒，盆底的孔用瓦片支盖，盆底铺垫1～3厘米厚的粗沙作排水层。小苗要带土坨上盆，栽后把土压实，上盆后浇透水。

盆栽月季的浇水原则是“见干见湿”，同时应该考虑到不同生长发育阶段的需要，在其萌芽和展叶长枝的营养生长期，浇水量要逐步增加。在开花期应适当少浇水，防止落花。花谢后恢复浇水量，进入休眠期也应少浇水。

施肥要掌握勤施、少施、淡施的原则。3月开始萌芽展叶前，可追施稀薄液肥，使枝壮叶茂，4～6月、9～10月是月季生长旺盛期，应每周施肥1次。除施饼肥水外，在花芽分化至孕蕾期，还需施磷、钾肥。月季畏炎热，在7～8月高温期(气温在30℃以上)，不宜施肥或少施肥。秋末应停止施肥，以免催发秋梢。冬季可施1次浓度大的饼肥，整个冬季休眠期不需再追肥。

◆ **病虫害防治**

病害有白粉病、锈病、黑斑病等。可清除病枝、病叶，集中深埋

或烧毁。改善栽培条件，增加通风透光。在月季发病初期喷 70%甲基托布津河湿性粉剂1 000倍液，或喷 15%粉锈宁可湿性粉剂 1 000 倍液。主要虫害有红蜘蛛、蚜虫等。应加强栽培管理，增强通风透光。发现虫害叶片及时摘除烧毁，并可用 50%辛硫磷乳剂加 1 200 倍液喷杀。

◆ **功效和家居环境适宜摆放的位置**

据试验，月季对二氧化硫、硫化氢、氟化氢、苯、苯酚、乙醚等对人体有害气体具有很强的吸收能力，对氯气、二氧化氮也具有相当的抵抗能力，是抗空气污染的理想观赏植物。

月季花瓣中含有各种人体必需的氨基酸，是一种营养丰富的食用花卉。

月季花还可泡茶。夏秋季节摘月季花朵，以紫红色半开放花蕾、不散瓣、气味清香者为佳品。将其泡之代茶，每日饮用，具有行气，活血，润肤功效。

室内盆栽月季，应置于通风良好、光照充足的窗台或阳台上。月季也是国际上著名的切花用材。

二、菊花(*Chrysanthemum morifolium*)

图 57 菊花

◆ **植物学知识**

菊花(图 57)，别名寿客、金英、黄华、帝女花等，品种繁多。菊科，菊属，多年生宿根草本花卉。株高20 厘米～200 厘米，通常 30 厘米～90 厘米。茎色嫩绿或带褐色，被灰色柔毛或绒毛，除悬崖菊外多为直立分枝，基部半木质化。花后茎大多枯死，次年春季由地下茎发出蘖芽。单叶互生，卵圆至长圆形，边缘有缺刻或锯齿。头状花序顶生或腋生，一朵或数朵簇生。花序上着生两种形状的花：一为筒状花，俗称“花心”，花冠连成筒状，为两性花；另一类为舌状花，生于花序边缘，俗称“花瓣”，舌状花为雌花，分为平、匙、管、畸四类，色彩丰富。筒状花发展成为具各种色彩的“托桂瓣”。菊花原产我国，喜凉爽，较耐寒，生长适温为 18℃～21℃，地下根茎耐低温极限为－10℃。喜阳光充足，稍耐阴。较耐旱，最忌积涝。喜地势高、土层深厚、富含腐殖质、疏松肥沃、排水良好的壤土。在微酸性至微碱性土壤中皆能生长。

◆ **繁殖方法**

菊花适应性强，生长力旺盛，栽培容易，管理简单。繁殖以扦插、嫁接为主。正像人们所说：3 月分株，4 月插，5 月嫁接，6 月压。其方法分别是：

分株繁殖：将其植株的根部全部挖出，按其萌发的蘖芽多少，根据需要以 1～3 个芽为一丛分开，栽植在整好的花畦里或花盆中，浇足水，遮好荫，5～10 天即可成活。用这种方法繁殖的株苗强壮，发育快，不变种。

扦插繁殖：可分为芽插、枝插两种。

芽插繁殖：在秋冬季，切取菊花母株根旁萌发的脚芽，当叶片初出尚未展开时，作为插穗进行芽插，极易生根成活，且同分株法一样，生命力强，不易退化。选芽的标准是距植株较远，芽头丰满。扦插后保持7℃～8℃室温，春暖后栽于室外。

枝插繁殖：在 4～5 月间，在母株上剪取有 5～7 枚叶片，约 10 厘米长的枝条作插枝。将插枝下部的叶子去掉，只留上部 2～3 枚，插枝下端削平，扦插时不要用插枝直接往下插，可用细木棍或竹签扎好洞，然后再小心地将插枝插进去，以免刺伤插枝的切口处或外皮。插枝入土的深度约为插枝的 1/3 或 1/2。插好后压实培土，浇透水，在 15℃～20℃的湿润条件下，15～20 天可生根成活。待幼苗长至 3～5 枚叶片时，即可移苗栽植在苗圃或花盆里。

嫁接繁殖：人们通常多用根系发达、生长力强的青蒿、白蒿、黄蒿为砧木，把需要繁殖的菊花株苗作接穗，用劈接法嫁接。其劈接的方法是：先选好砧木和接穗，然后将砧木根据需要的高度处切掉，切面要平整，并在切面纵向切割；接穗下部入砧木处两侧各削一刀，使接穗成楔形，插入砧木纵切口处，但必须注意将接穗和砧木的外侧形成层对齐，劈接成功与否的关键就在此举，然后绑扎即可。一般一株上可接 1～6 个或 8 个接穗，要视砧木粗细来定。接好后要适当遮荫，以防接穗萎蔫而失败。待接穗成活后，切口已全部愈合好，才可取掉绑扎带，

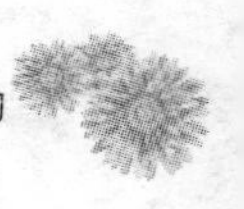

同时应抹去砧木上生长的小枝叶。

◆ **栽培管理**

家庭盆栽菊的方式,以成品“品字菊”为好,即一株三分枝,开三朵花。这样可避免养一株一花会出现的损伤而造成失败,及花头过多(分枝多)而造成的营养供给不足,出现弱枝花小现象。养多头菊需要在定植后摘心处理,如养品字菊一般需进行1~2次摘心,但要掌握摘心的最适时间:距开花期90~110天,北方的摘心大多选在7月上、中旬;南方可以选在7月下旬。

盆栽菊花,日常浇水要求比较严格,需掌握适时、及时、适量。不同的季节与生长发育阶段浇水时间的要求不同,要根据生长势、气温变化、空气湿度大小、花芽分化前后、开花期等不同,选择适时浇水。浇水要及时,主要是掌握繁殖期与后期管养,不能出现萎蔫脱水,要保证短期成活,花芽正常分化,及延长赏花期。赏花期,要特别注意保持盆土一定的湿度,这是维持赏花期的关键之一。盆栽菊怕水涝,如遇长时间降雨,盆内有积水往往会使菊花涝死,或出现水蔫(这种情况出现后,很难恢复正常生长势)。所以要避免大量雨水浇灌,同时也要注意遇雨后的浇水量要减少。

盆栽菊的追肥,一般选在生长后期,即定植以后。施肥要采取先薄后浓,量小勤施。主要掌握氮、磷、钾的合理使用,还要掌握不同品种的习性对养分要求的不同。待花蕾透色,叶片出现光泽时要停肥。

◆ **病虫害防治**

盆栽菊花夏秋季病虫害较多,较重的病虫害主要有叶斑病、黑锈病、褐斑病和蚜虫、红蜘蛛、白粉虱等。

防治叶斑病可对栽培菊花的土壤进行高温消毒,也可用50%托布津粉剂加800倍水进行喷洒。另外,在定植前可用0.1%高锰酸钾浸花苗根部10分钟,还可在发病初期用50%代森锌粉剂1 200倍液喷治,每周一次,喷3次即可。

褐斑病7~8月份发病较多,黑锈病8~9月份发病最多。防治黑锈病、褐斑病应常清理表土上残存的杂物,发现病叶应立即摘除,集中烧毁。培养土用前应加入适量代森铵消毒,发病初期可用50%托布津粉剂1 000倍液,或50%多菌灵800倍液喷洒,也可用代森锌、退菌特可湿性粉剂 600～800 倍液喷洒，每周一次，连用 3 次即可。

防治虫害可将盆土加热杀虫，虫害发生初期也可用 50%辛硫磷乳剂加 1 200 倍左右的水溶液喷杀。

◆ **功效和家居环境适宜摆放的位置**

菊花可吸收家用电器、塑料制品等散发在空气中的乙烯、汞、铅，印刷油墨中的二甲苯，染色剂和洗涤剂中的甲苯等有毒气体，对二氧化硫的抗性和吸收能力也较强。

菊花香气含有菊花环酮、龙脑等挥发性芳香物，可使儿童思维清晰、反应灵敏，有利于智力发育。同时有疏风、平肝之功，嗅之对感冒、头痛有辅助治疗作用。干菊花可制药枕、护膝等。菊花还可食用。诸如酿酒、做糕、泡茶等。

盆栽菊花可置于阳光充足的厅堂、书房、卧室、阳台或植于庭院中。为国际上著名切花。

三、桂花(*Osmamthus fragrans*)

图 58　桂花

◆ **植物学知识**

桂花(图 58)，别名月桂、木犀、九里香。木犀科，木犀属，常绿灌木或小乔木，为温带树种。叶对生，多呈椭圆或长椭圆形，叶面光滑，革质，叶边缘有锯齿。树冠圆球形。树干粗糙，为灰褐色或灰白色，有时显出皮孔。花簇生，3～5朵生于叶腋，多着生于当年春梢，两三年生枝上亦有着生，花冠裂片 4 枚，圆形或近倒卵形，长 2 毫米～3 毫米，分裂至基部，有乳白、黄、橙红等色，香气极浓。桂花原产于我国西南部，较喜阳光，亦耐阴，在全光照下其枝叶生长茂盛，开花繁密，在阴处生长枝叶稀疏、花稀少。抗逆性强，既耐高温，也较耐寒，在我国秦岭、淮河以南地区均可露地越冬。若在北方室内盆栽尤需注意光照充足，以利于生长和花芽的形成。

桂花久经人工栽培、自然杂交和人工选择，形成了丰富多样的栽培品种。近年来,我国各主要城市对桂花资源及品种进行了广泛调查,实地记录桂花开花性状,对各种类型桂花的性状进行分析、比较,选择出较为稳定的遗传性状,并考虑传统分类的方法和园林生产上的应用,鉴定整理出桂花的四个品种群。

图 59 金桂

四季桂品种群:四季开花,花朵颜色稍白或淡黄,香气较淡,叶片薄。

银桂品种群:秋季开花,花色有纯白、乳白、黄白色,叶片较薄。

金桂品种群:秋季开花,花色柠檬黄、金黄色,气味较淡,叶片较厚。

图 60 银桂

丹桂品种群:秋季开花,花色较深,橙黄、橙红至朱红色,气味浓郁,叶片厚。

◆ 繁殖方法

家庭中桂花可用扦插、嫁接法繁殖。

扦插繁殖:在 6 月中下旬或 8 月进行。选用半熟枝条,顶部留 2 芽,插前有条件可用生根粉浸泡插条,然后插于排水良好且有一定腐殖质的基质中,深度约占插条的 2/3,插后压实,充分浇水,随即架荫棚遮荫,经常保持湿润,温度保持在 25℃左右。两个月后,插条产生愈伤组织,并陆续发出新根,保护过冬。此外,也可用硬枝扦插,成活率较高。时间多在 2 月进行,约 2 个月后即可生根,第 2 年移植一次,第 3 年即可栽植。

嫁接繁殖:多用女贞、小叶女贞等作为砧木。其中用女贞作砧木,嫁接成活率高,初期生长快,但亲和力差,接口愈合不好,风吹容易断离,要注意搭架保护。靠接的砧木多为小叶女贞,成活率高,苗木生长快,当年即可开花,靠接时间多在夏季进行。

◆ **栽培管理**

对于盆栽桂花，在晚秋到早春，等盆土稍干后或叶子有点萎蔫时再浇水，浇水时要一次浇透。在冬季要保持盆土不出现龟裂，一般3～5天根部淋一次清水，使水分能够迅速渗透入盆土中，不积在盆口。且最好每天向叶面均匀喷洒一次清水，以保持叶片湿润。在晚春到早秋植株生长旺盛的季节，要勤浇水，可在叶子萎蔫时一次性浇透水，也可等到盆土表面发白稍有裂口时浇透，在夏季高温时，可一天浇两次水，早晚各一次。要注意的是，如果水分供给太多，会造成落花。

为保证桂花能在冬季分化数量多、质量好的花芽，施肥应以磷、钾肥为主，一般15天左右在根部施饼肥25克～30克，磷酸二氢钾对水200倍液淋施。

开春后，枝条开始生长，所需肥料以复合肥为主，每次施用量为4克，在盆土的四周打4个小孔，把复合肥平均放下去，再用土盖住(下次打孔时应另换位置)，每7～10天施肥一次，直到秋季晚上气温下降到8℃以下后停止施肥。如施用饼肥等有机肥料，每次用量与冬季一样。

桂花怕冷不怕热。只有当夜间气温在15℃以上时才生长。对于北方地区，要让其在国庆期间还能开花，就要在8月立秋前移入室内，保持温度在15℃以上，并停止施肥，少浇水(萎蔫后再浇)，9月中旬再搬出来养护，才能在国庆期间盛开。

◆ **病虫害防治**

危害桂花的虫害主要有红蜘蛛、介壳虫、白粉虱等；病害主要有灰煤病、黑霉病、褐斑病等。盆栽桂花冬季进入温室前，应先对桂花进行检查，发现有病虫害枝，应及时清除，并用百菌清和有机磷类药物进行喷洒。

◆ **功效和家居环境适宜摆放的位置**

桂花对化学烟雾有特殊的抵抗能力，对氯化氢、硫化氢、苯酚等污染物有不同程度的抗性。在氯污染区种植桂花48天后，其1千克叶片可吸收氯4.8克，它还能吸收汞蒸气，并兼有滞尘和减弱噪音的作用。

桂花散发的甜香味对结核杆菌、肺炎球菌、葡萄球菌的生长繁殖

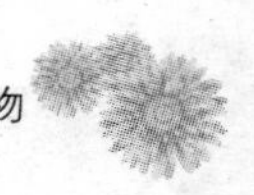

具有明显的抑制作用。可止咳平喘、抗菌消炎，对治疗支气管炎、哮喘有一定疗效。

可作为食品，用于浸酒、泡茶，制作各种糕点和甜食。

桂花喜光，摆在室内的盆栽桂花，最好置于光照充足的门窗前或桌几上，夏季可移至室外南面的阳台上。

图 61　山茶

四、山茶(*Camellia japonica*)

◆ **植物学知识**

山茶(图 61)，别名曼陀罗树、茶花、洋茶等。山茶科，山茶属，常绿阔叶灌木或小乔木。枝条黄褐色，小枝呈绿色或绿紫色至紫褐色。叶片革质，互生，倒卵形或椭圆形，长 5 厘米～10 厘米，宽 2 厘米～6 厘米，短钝渐尖，基部楔形，有细锯齿。叶柄长 8 厘米～15 厘米。花两性，常单生或2～3朵着生于叶腋或枝顶，大红色，花瓣 5～6 个，栽培品种有白、淡红等色，且多重瓣，顶端有凹缺。蒴果近球形，外壳木质化，直径 2.2 厘米～3.2 厘米，成熟蒴果能自然从背缝开裂，散出种子。种子淡褐色或黑褐色，近球形或互相挤压成多边形。山茶原产于我国东部，性喜温暖、湿润的环境。

图 62　粉色单瓣茶花

山茶的园艺品种很多，全世界有5 000多个，根据雄蕊的瓣化、花瓣的自然增加、雄蕊的演变等，分三大类、十二个花型。单瓣类，包括单瓣型；半重瓣类，包括半重瓣型、五星型、荷花型、松球型；重瓣类，包括托桂型、菊花型、芙蓉型、皇冠型、绣球型、放射型、蔷薇型。栽培名种有

'绿珠球'、'雪牡丹'、'皇冠'、'花芙蓉'、'鸳鸯凤冠'、'花佛鼎'、'花鹤翎','粉十样景','白十样景'、'洒金宝珠'、'白绵球'、'凤仙'等。

◆ **繁殖方法**

山茶常用扦插、嫁接法繁殖。

扦插繁殖:以春秋季最为适宜。选树冠外部组织充实,叶片完整,腋芽饱满的当年生半成熟枝为插穗,长度一般 4 厘米～10 厘米,先端留 2 张叶片。插于遮阳的素沙床上,随剪随插,密度视品种叶片大小而异,以叶片相互不重叠为准,插穗入土 3 厘米左右。浅插生根快,深插生根慢,插后按紧床土并喷透水。以后叶面每天喷雾数次,保持湿润。插后约 3 周开始愈伤,6 周后生根。成活的关键是要保持足够的湿度,切忌阳光直射,并注意叶面喷水。

图 63 红色重瓣茶花

嫁接繁殖:以 5～6 月为好,常用靠接、枝接和芽接。砧木以油茶为多,亦可用单瓣山茶,枝接的接穗带 2 片叶,芽接的接穗带一片叶,嫁接后必须将接口用塑料薄膜包扎。高温季节嫁接,需避免直射光,中午前后喷水降温。

◆ **栽培管理**

栽培山茶有地栽和盆栽两种方式。

地栽:首先要选择在适合其生态要求的地段栽培,时间以秋植较春植好。施肥要掌握好三个关键时期:2～3 月份施肥,以促进春梢和开花后的补肥;6 月间施肥,以促进二次枝生长,提高抗旱力;10～11 月施肥,使新根慢慢吸收肥分,提高植株抗寒力,为次年春梢生长打下良好基础。山茶不宜强度修剪,只要删除病虫枝、过密枝和弱枝即可。为防止因开花而消耗大量营养,使花朵大而鲜艳,故需及时疏蕾,保持每枝1～2个花蕾为宜。

盆栽:花盆大小与苗木的比例要恰当。所用盆土最好在花园土中加入 1/2 至 1/3 的松针腐叶土。上盆时间以冬季 11 月或早春 2～3 月为宜,萌芽期停止上盆,高温季节切忌上盆。

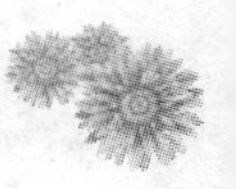

苗新上盆时，要浇足水。以盆底透水为度，平时浇水要适量。要求做到浇水量随季节变化而变化，夏季叶茎生长期及花期可多浇水，新梢停止生长后要适当控制浇水，以促进花芽分化。夏季多雨季节应防积水，入秋后应减少浇水，浇水时水温与土温要相近。

盆栽山茶花的施肥、修剪等与露地栽培基本相同。

◆ **病虫害防治**

叶斑病多发生在老叶上，有时嫩叶也发生。病斑从叶尖和叶缘开始，先是叶面出现褪绿色的小圆点或小晕圈，然后扩大成近圆形或不规则的大块病斑。防治方法为及时摘除病叶销毁。发病期间用65%的可湿性代森锌600～800倍液喷雾防治，每隔7～10天喷1次，连喷2～3次。

花腐病先是受害花瓣出现棕褐色斑点，以后逐渐扩大，直至整朵花变成褐色而枯萎。防治方法为发现感病花朵及时摘除销毁。在花前用多菌灵喷雾防治2～3次。

虫害主要有蚜虫、红蜘蛛和介壳虫危害。用辛硫磷乳剂1 000～1 500倍液喷杀，介壳虫可用肥皂水喷雾防治。

◆ **功效和家居环境适宜摆放的位置**

山茶花对二氧化硫、氟化氢、氯气、硫化氢、氮气等有很强的吸收作用，既适用于有害气体污染的工厂区绿化，又可盆栽于室内，起到净化室内空气的作用。

山茶果实可用于榨油，油色晶莹亮黄，香气浓郁，有"香茶油"的美誉。现代医学证明：山茶油能防止动脉硬化以及动脉硬化并发症、高血压、心脏病、心力衰竭、肾衰竭、脑出血等。

茶花可泡酒，制成茶花酒。茶花煮糯米粥为药膳，均有治痢功效。茶花的花瓣含有多种维生素、丰富的蛋白质、脂肪、淀粉，用各色茶花可配制色彩多样的沙拉点心。

夏季，山茶应避免阳光直射，冬季应置于室内阳光充足处，适宜放置于家庭的阳台、窗前。

五、杜鹃(*Rhododendron simsii*)

图 64　杜鹃

图 65　杜鹃盆景

◆ 植物学知识

杜鹃(图 64、图 65、彩图 9),别名映山红、艳山红、山石榴等。杜鹃花科,杜鹃花属,常绿或落叶灌木,稀为乔木。在不同的自然环境中,杜鹃形成不同的形态特征和生态类型,差异悬殊。其基本形态是:常绿灌木或落叶灌木,高约 2 米。枝条、苞片、花柄及花等均有棕褐色扁平的糙伏毛。叶纸质,卵状椭圆形,长 2 厘米～6 厘米,宽1 厘米～3 厘米,顶端尖,基部楔形,两面均有糙伏毛,背面较密。花 2～6 朵簇生于枝端;花萼 5 裂,裂片椭圆状卵形。花冠鲜红或深红色,宽漏斗状。蒴果卵圆形,长约 1 厘米。花期 4～5 月,果熟期 10 月。杜鹃广布于长江流域各省,东至台湾,西南达四川、云南。喜酸性土壤,在钙质土中生长得不好,甚至不生长。因此,土壤学家常常把杜鹃花作为酸性土壤的指示作物。杜鹃性喜凉爽、湿润、通风的半阴环境,既怕酷热又怕严寒,生长适温为 12℃～25℃,夏季气温超过 35℃时,新梢、新叶生长缓慢,处于半休眠状态。

◆ 繁殖方法

家庭中杜鹃可采用扦插繁殖,优点是操作简便,成活率高,生长快速,性状稳定。

春季取当年生刚刚木质化的嫩枝条,剪去下部叶片,留顶端 4～5 枚叶,如枝条过长可截去顶梢。基质用兰花泥、黄山土、河沙或硬石、珍珠岩等均可,要求少病菌、无杂草,不掺肥料。插入插穗的 1/3 至

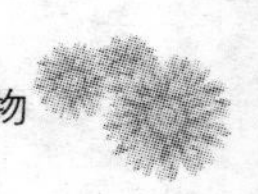

1/2，用细孔壶喷水，置荫棚下，盆底需垫高一砖，以利排水。

插后1个月内，需遮荫和喷水，使插穗始终新鲜。长根后顶部抽梢，如形成花蕾，应予摘除，一般两个月即可生根移植。

◆ **栽培管理**

杜鹃喜酸性土壤，如果土壤呈碱性，盆土板结，插穗就无法萌发新根，难以长出新叶，并出现黄化、缩叶、束顶、卷曲等现象，严重时整株死亡。可用腐叶土6份、园土2份、沙土2份混合配制，加少量硫酸亚铁混合而成的营养土，这样才能使盆土疏松、肥沃，有良好的通透性，并呈微酸性。

杜鹃根系细而浅，如集中施肥极易受浓肥的伤害。因此，施肥时应严格遵循“薄肥勤施”的原则，忌施浓肥、生肥。对于一两年生的小苗，盆土已有一定肥力，可维持生长。施肥可集中在四个阶段进行：一是在新梢萌发时施催芽肥，以氮肥为主并结合喷洒0.05%硫酸锌溶液，防止小叶病；二是谢花后追肥2～3次，仍以氮肥为主，以补充养分，促进多枝叶；三是秋季花芽分化和孕蕾期，宜追施2～3次肥料，应以磷肥为主；四是开花前再追施2～3次肥料，以磷肥为主，氮磷结合，也可叶面喷施，以促使花朵大而艳。

杜鹃花喜微酸性水，忌用碱性水。自来水浇灌会使盆土碱化，从而使植株严重缺铁而黄化。因此，用新鲜自来水浇杜鹃，需用1%～5%硫酸亚铁或300倍液食醋加以调配后再用。一般是冬季少浇，春夏季需水量稍多。

孕蕾期间，要多晒太阳，这样可使花朵色深而鲜艳。到了花开时，应避免强光直射，以防止花色变淡或花朵早谢。开花时，应将花盆搬到通风良好、有散射光的室内。开花期间，盆土宜带潮。从显蕾到花朵全开，都需要一定的水分。另外，浇水时防止浇到花心而导致积水腐烂。开败的花朵要及时连同子房摘除，以减少养分消耗，促使其它花蕾接着开放，保持美观。

◆ **病虫害防治**

杜鹃花的病虫害应以预防为主。冬季和春季新梢萌发前，用托布津600～800倍液喷洒花盆、盆土和植株2～3次。新芽萌发后，为防治黑斑病，可用50%的可湿性多菌灵600倍液喷洒，每周一次，连续三

次。三伏盛夏，因天气闷热，盆土偏干易发生红蜘蛛危害，可用辛硫磷乳剂 1 000 倍液喷杀。

◆ 功效和家居环境适宜摆放的位置

杜鹃花能吸收空气中的臭氧、二氧化硫等有害气体，是抗二氧化硫、氮氧化物、过氧硝酸乙酰酯、氯化氢、氟化氢、臭氧等污染物较理想的花木，如石岩杜鹃在距二氧化硫污染源几米的地方也能正常萌芽抽枝。

杜鹃花夏季可置于没有阳光直射的窗边或阳台上，冬季最好放置在有阳光直射的室内，但要注意温度不可过高，保持较高的空气湿度。

六、栀子花(*Gardenia jasminoides*)

◆ 植物学知识

图 66　栀子花

栀子花(图 66)，别名栀子、玉荷花。茜草科，栀子属常绿灌木。枝丛生，干灰色，小枝绿色，有垢状毛。叶大，对生或三叶轮生，有短柄，革质，倒卵形或矩圆状倒卵形，先端渐尖，色深绿，有光泽，托叶鞘状。花白色，有短梗，单生于枝顶，花瓣肉质，有浓郁香味。花期 5～7 月，随品种不同可延至 8 月。果实卵形，具 6 纵棱，扁平，橙黄色，10 月成熟。原产我国长江流域，喜温暖、湿润环境。喜光，耐半阴，忌曝晒。喜肥沃、排水良好的酸性土壤，在碱性土中栽植叶片易黄化，是典型的酸性土植物。不甚耐寒，叶片易受冻而脱落。萌芽力、萌蘖力均强，耐修剪更新。

常见的还有，一种叫黄栀子，又名山栀子，为栀子花的野生种。叶稍小，花单瓣，入秋结橙红色果实，经久不凋，且抗碱力强，为观花、观果的良好树种。另一种叫雀舌栀子，又名小花栀子、雀舌花。植株矮生平卧，叶小狭长。花重瓣。

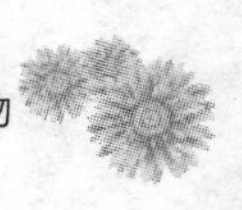

◆ **繁殖方法**

用扦插、压条法繁殖为主。

扦插繁殖：北方10～11月份，南方4月份至立秋均可扦插，以夏秋之际成活率最高。插穗选用生长健壮的2年生枝条，长度10厘米～12厘米，剪去下部叶片，先在维生素B_{12}针剂中蘸一下，然后插于沙床中，在相对湿度80%、温度20℃～24℃条件下，15天左右可生根。若用0.02%～0.05%的吲哚丁酸浸泡24小时，效果更佳。待生根小苗开始生长时移栽或单株上盆，两年后可开花。

压条繁殖：4月份在3年生母株上选取长25厘米～30厘米的健壮枝条进行压条，如有三叉枝，则可在叉口处，一次可得三苗。一般经20～30天即可生根，在6月可与母株分离，至次春可分栽或单株上盆。

◆ **栽培管理**

盆栽用土以40%园土、15%粗砂、30%厩肥土、15%腐叶土配制为宜。栀子花苗期要注意浇水，保持盆土湿润，勤施腐熟薄肥。浇水以用雨水或经过发酵的淘米水为好。生长期如每隔10～15天浇1次0.2%硫酸亚铁水或矾肥水（两者可相间使用），可防止土壤转成碱性，同时又可为土壤补充铁元素，防止叶片发黄。夏季，每天早晚向叶面喷一次水，以增加空气湿度，促进叶面光泽。盆栽栀子，8月份开花后只浇清水，控制浇水量。10月寒露前移入室内，置向阳处。冬季严控浇水，但可用清水常喷叶面。每年5～7月在栀子生长旺盛期即将停止时，对植株进行修剪，去掉顶梢，促进分枝萌生，使日后株形美，开花多。

◆ **病虫害防治**

栀子在湿度高、通风不良的环境中易受介壳虫侵害，可及时用小刷清除或用10%氯氰菊酯2 000倍液喷洒。在枝条与叶片易发生煤烟病真菌病害，可用清水擦洗，或用1 000～1 200倍多菌灵溶液喷洒。

◆ **功效和家居环境适宜摆放的位置**

栀子花对二氧化硫的抗性和吸收能力强。据测定1 000克栀子花叶片能吸收4～5克二氧化硫，对氟化氢、氯气、臭氧的抗性较强，并有

吸附粉尘的功能，是一种理想的环保绿化花卉。

栀子花夏季要避免阳光曝晒，入冬放置室内光照充足处。

七、八仙花(*Hydrangea macrophylla*)

图 67　八仙花

◆ 植物学知识

八仙花(图 67、彩图 10)，别名绣球、草绣球、紫阳花。虎耳草科，八仙花属，落叶灌木。高 3 米～4 米，小枝光滑，老枝粗壮，有很大的皮孔。八仙花的叶大而对生，浅绿色，有光泽，呈椭圆形或倒卵形，边缘具钝锯齿。八仙花花冠硕大，顶生，伞房花序，球状，有总梗。每一簇花，中央为可孕的两性花，呈扁平状；外缘为不孕花，每朵有四枚扩大的萼片，呈花瓣状。八仙花初开为青白色，渐转粉红色，再转紫红色，花色美艳。八仙花花期 6～7 月，每簇花可开两个月之久。原产我国长江流域以南各省区，不耐酷热，亦忌严寒，在长江以北地区冬季须移入 5℃以上的室内越冬。性喜光、湿润凉爽环境。要求栽培土壤富含有机质，湿润，忌长期水渍，否则易引起烂根。耐干旱能力较弱，对土壤的适应性强，土壤的酸碱度直接影响花的颜色，pH 值为4～6 时花呈蓝色，pH 值 7.5 以上时花则呈现红色，因而八仙花可作为测定土壤酸碱度的指示植物。

◆ 繁殖方法

常用分株、压条、扦插繁殖。

分株繁殖：宜在早春萌芽前进行。将已生根的枝条与母株分离，直接盆栽，浇水不宜过多，在半阴处养护，待萌发新芽后再转入正常养护。

压条繁殖：在芽萌动时进行，30 天后可生长，翌年春季与母株切断，带土移植，当年可开花。

扦插繁殖：在梅雨季节进行。剪取顶端嫩枝，长 20 厘米左右，摘去下部叶片，扦插适温为 13℃～18℃，插后 15 天生根。

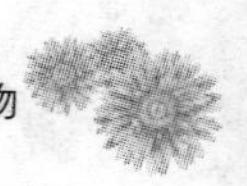

◆ **栽培管理**

宜在每年早春换盆1次，换入新的培养土(腐叶土、园土各半并掺入少量沙土)。换盆时去掉部分陈土和烂根，并进行适当修剪。八仙花喜肥，生长期间，一般每15天施一次腐熟稀薄饼肥水。为保持土壤酸性，可用1%～3%的硫酸亚铁加入肥液中施用。经常浇灌矾肥水，可使植株枝繁叶绿。孕蕾期增施1～2次磷酸二氢钾，能使花大色艳。施用饼肥应避开伏天，以免招致病虫害和伤害根系。

八仙花叶片肥大，枝叶繁茂，需水量较多，在春、夏、秋生长季，要浇足水分，使盆土经常保持湿润。夏季天气炎热，蒸发量大，除浇足水分外，还需每天向叶片喷水。八仙花的根为肉质根，浇水不能过分，忌盆中积水，否则会烂根。9月份后，天气渐转凉，要逐渐减少浇水量。霜降前移入室内，室温应保持在5℃左右。入室前要摘除叶片，以免烂叶。冬季宜将植株放在室内向阳处，第二年谷雨后出室为宜。八仙花由于花头过大，应及时设支架绑扎，这样既可保持花株挺立，又可使植株显得丰满。八仙花管理比较粗放，病虫害少，是较易管理和栽培的理想盆栽花卉。

八仙花是短日照植物，每天黑暗10小时以上，约6周才能形成花芽。作促成栽培的植株，需经过6～8周冷凉(5℃～7℃)期后，将植株置于20℃条件下催花；待见到花芽时，即将温度降至16℃，维持2周后即可开花。

◆ **病虫害防治**

5～6月常见白粉病和叶斑病危害。发病初期可用65%代森锌6 000倍液或25%代森锌可湿性粉剂1 000倍液喷洒。夏季高温干燥时发生红蜘蛛为害叶片，严重时引起落叶，可用50%辛硫磷乳剂2 000倍液喷杀。

◆ **功效和家居环境适宜摆放的位置**

八仙花吸收汞的能力超强。八仙花夏天要避免曝晒，适宜置于客厅、书房等有散射光的地面或桌几上。

图 68 球根秋海棠

八、秋海棠类(*Begonia* spp.)

◆ 植物学知识

秋海棠(图 68),别名相思草、八月春。秋海棠科,秋海棠属,多年生草本或半灌木。茎绿色,节部膨大多汁。有的有根茎,有的有块状茎。叶互生,有圆形或两侧不等的斜心形,有的叶片形似象耳,色红或绿,或有白色斑纹,背面红色,有的叶片有突起。花顶生或腋生,聚伞花序,花有白、粉、红等色。秋海棠属植物有 1 000 种以上,园艺品种近千,分球根秋海棠、根茎秋海棠及须根秋海棠三大类,或者分为观花与观叶两大类。秋海棠属植物原产热带和亚热带地区、南美、西印度和南非等地。我国有 90 余种,主要分布在长江以南各省,性喜温暖、稍阴湿的环境和湿润的土壤,不耐寒,忌干燥和积水。

◆ 繁殖方法

秋海棠可用播种法、扦插法和分株法繁殖。

播种繁殖:播种一般在早春或秋季气温不太高时进行。由于种子细小,播种工作要求细致。播种前先将盆土高温消毒,然后将种子均匀撒入,压平,再将盆浸入水中,由盆底渗入水将盆土湿润。在气温 20℃的条件下 7～10 天发芽。待出现 2 枚真叶时,及时间苗;4 枚真叶时,将幼苗分别移植在口径为 6 厘米的盆内。春季播种的冬季可开花,秋播的翌年 3～4 月开花。

扦插繁殖:此法最适宜半灌木类的秋海棠和四季海棠重瓣优良品种的繁殖,可四季进行,但以春、秋两季为最好。因为夏季高温多湿,插穗容易腐烂,成活率低。插穗宜选择基部生长健壮枝的顶端嫩枝,长 8 厘米～10 厘米。扦插时,将大部叶片摘去,插于清洁的素沙盆中,保持湿润,并注意遮荫,15～20 天即生根。生根后让其早晚接受阳光,根长至 2 厘米～3 厘米长时,即可上盆培养。也可在春、秋季气温不太高时,剪取嫩枝 8 厘米～10 厘米,将基部浸入洁净的清水中生根,发根

后再栽植于盆中养护。

分株法:宜在春季换盆时进行,将一植株的根分成几份,切口处涂以草木灰,以防伤口腐烂,然后分别定植于施足基肥的花盆中,分植后不宜多浇水。

◆ **栽培管理**

除四季秋海棠外要避免阳光直射,9 月下旬后又要避免阳光不足,光照不足时,需人工补光。夏季还要避免光照时间太长,调节光照可控制花期。

秋海棠类型不同,对温度要求也不同。球根类的,夜间温度为 13℃～16℃,白天为 20℃～22℃;须根类的,夜间温度为 10℃以上,白天 15℃～20℃;根茎类的,夜间温度为 16℃,白天为 19℃～22℃。

空气湿度要求在 50%以上。

土壤要求排水、保水、透气性好,有一定肥力,微酸性,无病虫害及杂草种子的基质。可用各种泥炭土、植物皮壳、树叶等发酵过的有机质配以砂石、蛭石等无机物作为栽培基质。

秋海棠枝叶富含汁液,对水分需求不高,忌湿、忌涝。家庭盆栽可"见干见湿",浇水同时给以肥料。

最好使用有机肥,也可使用控释肥(肥效缓慢施放的颗粒肥)。

◆ **病虫害防治**

秋海棠常见的病害有白粉病,细菌性立枯病。虫害方面有蚜虫、粉介壳及红蜘蛛等。要预防病虫害的传播及感染,应改善通风透光条件。气候昼夜温差大时,应避免傍晚浇水,以免夜间气温下降,造成湿度过高。若发现有受感染的植株及叶片时,应立即用药物处理或除去。

◆ **功效和家居环境适宜摆放的位置**

秋海棠能吸收空气中的氟化氢等有害气体,对过氧硝酸酯、二氧化硫、氯气、氯化氢有抗性能力,且对二氧化硫和氮氧化物反应敏感,可作为监测二氧化硫和氮氧化物的指示植物。一旦空气中有这些有害气体,叶片会有斑点,甚至枯萎。秋海棠散发出来的气体具有杀菌、抑菌的功能。

秋海棠适宜置于温凉通风的客厅、书房、卧室的窗边、桌几上或阳台内侧。

九、观赏凤梨(Bromeliaceae)

图 69　彩叶凤梨

◆ 植物学知识

观赏凤梨，为凤梨科多年生草本花卉，以附生种类为主，一般附生于树干或石壁上。当今常见的种类和品种主要是属于凤梨科的珊瑚凤梨属、水塔花属、果子蔓属、彩叶凤梨属、铁兰属和莺歌属 6 个类群。它们以观花为主，也有观叶的种类，其中还有不少种类花叶并茂，既可观花又可观叶。观赏凤梨原产于中南美洲的热带、亚热带地区，性喜温暖、潮湿且半阴环境。

◆ 繁殖方法

观赏凤梨可通过播种、分株等方法繁殖。种子繁殖的凤梨因种苗生长缓慢、长势较弱，一般要栽培 5～10 年才能开花，除育种外一般不用此法，家庭栽培常采用分株繁殖的方法。

图 70　果子蔓凤梨

观赏凤梨花谢后，基部叶腋处会产生多个吸芽。通常以 4～6 月为分株的适宜时期。待吸芽长至 10 厘米左右、有 3～5 片叶时，先把整株从盆中脱出，除去一些盆土，一手抓住母株，另一只手的拇指与食指紧夹吸芽基部，斜下用力即可把吸芽掰下来。伤口用杀菌剂消毒后稍晾干，扦插于珍珠岩、粗沙床中。保持基质和空气湿润，适当遮阳，过1～2个月有新根长出后，可转入正常管理。但应注意，吸芽太小时扦插易腐烂，不易生根；太大时，消耗营养太多，降低繁殖系数。

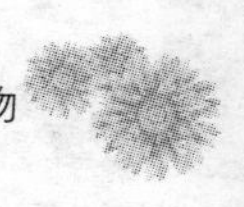

图 71　铁兰凤梨

◆ **栽培管理**

观赏凤梨多为附生种，要求栽培基质必须具有疏松、透气、排水良好，有较低的收缩性、不易腐烂等特点。凤梨喜欢偏酸性基质，其 pH 值保持在 5.5～6.5 为最佳。一般采用泥炭土、珍珠岩、椰糠按 2∶1∶1 混合作为栽培基质。基质在使用前一定要进行消毒处理，否则植株易染病。

大多数观赏凤梨品种喜欢半阴环境，忌阳光直射。若光照太强，会在叶片上留下斑点，严重时会灼伤叶片。光照太弱则会造成植株徒长，色泽灰暗，花序纤细失色。

观赏凤梨生长的最适温度为 15℃～20℃，最低不能低于 10℃，最高不能高于 35℃。若温度高于 35℃会造成高温伤害，导致植株生长缓慢、花形小。如果温度长时间在 10℃以下，叶片会出现变红、白尖等现象。我国北方夏季炎热，冬季严寒，空气较干燥，要使其正常生长，在夏季中午前后气温高时，向叶面喷水，使叶面和环境保持湿润。冬季，室内温度在 10℃以上，凤梨可安全越冬。

凤梨喜高湿环境，空气湿度宜维持在 60%～80%。在此湿度范围内，叶片宽而光亮，花穗大而长，花色鲜艳美丽。湿度低于 40%，叶片会向内卷曲或无法伸展，甚至叶尖出现焦枯现象。但湿度也不宜过大，若湿度太大，植株叶片上会出现褐色斑点，严重时出现烂心。

水质对观赏凤梨非常重要。凤梨喜酸性，其要求水的 pH 值为 5.5～6.5，不喜盐分，尤其是钙盐与钠盐。pH 值高于 7 时，植株吸收营养不良，高钙钠盐会使叶片失去光泽，妨碍光合作用，并易引起心腐病和根腐病。

观赏凤梨根系较弱，其生长发育所需的水分和养分主要贮存在叶基抱合形成的“叶杯”内，靠叶片基部的吸收鳞片吸收。即使根系受损或无根，只要“叶杯”内有一定的水分和养分，植株就能正常生长。在夏秋生长旺季，1～3 天向“叶杯”内淋水 1 次（水要先贮存 1～2 天），每天向叶面喷雾 1～2 次，保持“叶杯”内有水，叶面湿润，土壤稍干。冬季应少喷水，保持盆土潮润，叶面干燥。

◆ 病虫害防治

观赏凤梨较少发生病虫害，但因高温高湿、排水不良或因浇灌水中的钙盐、钠盐浓度高时，易引起心腐病和根腐病。心腐病主要症状是被害植株心部嫩叶组织变软腐烂，呈褐色，与健全部位界限明显，心部用指轻碰即脱离。

根腐病为被害植株根尖黑褐化腐烂，不长侧根，病株对水分及养分吸收大受影响，植株生长势弱，生长缓慢。应及时清除病株，可用 50％多菌灵 500 倍液或 75％甲基托布津 1 000 倍液灌注叶杯 2～3 次。平时要加强通风，保持盆土相对干燥，避免高温、高湿环境。

◆ 功效和家居环境适宜摆放的位置

观赏凤梨夜间释放氧气。大多数植物的叶片白天进行光合作用，到了晚上，气孔关闭植株进入睡眠状态。而凤梨科植物则正好相反，这种现象在植物学术语中称之为景天酸代谢作用。在这种作用下，观赏凤梨晚上大量地吸入二氧化碳和释放氧气。因此，居室摆放一盆凤梨，就意味着拥有一个“家庭氧吧”，同时凤梨还可增加空气湿度，提高空气中的负离子含量。

观赏凤梨应置于有散射光照的客厅或卧室半阴通风处。

十、米兰（*Aglaia odorata*）

图 72　米兰

◆ 植物学知识

米兰（图 72），别名树兰、鱼子兰。楝科，米仔兰属，常绿灌木或小乔木。高可达 4～5 米，分枝多而密，奇数羽状复叶，互生，小叶 3～7 枚对生，呈

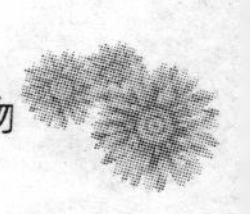

倒卵形或长椭圆形，有光泽，翠绿色。米兰花小而繁密，成腋生圆锥花序，黄色，似米粒，具浓香。花期 6～10 月，一年可开 5 次，以夏秋为盛。果实罕见，为球形浆果。米兰分布于东南亚，我国广东、广西、台湾均产。性喜温暖、湿润、阳光充足的环境，耐半阴。土壤以疏松、微酸性为宜。不耐寒，除华南、西南外，需在温室栽培。冬季室温保持在12℃～15℃时生长健壮，开花繁盛。

◆ **繁殖方法**

米兰主要采用扦插、压条繁殖。

扦插繁殖：插条生根的快慢与基质的温度关系很大，基质温度在 30℃～32℃时，插后 40 天即可生根，基质温度在25℃～28℃时，50～60 天才能生根，同时相对空气湿度必需保持在 80%～85%。基质用蛭石、河沙或腐叶土掺均可。扦插日期不受季节限制，剪取一年生枝条，长 10 厘米左右，插条先端保留 2～3 片叶，其余全部剪去。

压条繁殖：米兰压条宜在春季新枝萌发前或在雨季进行。选用2～3 年生枝条，粗 0.5 厘米左右。枝条上段留 4～6 个小枝，下段剪去分生侧枝，然后在计划生根的部位环剥0.3～0.5 厘米宽的树皮。在环剥处，用掺有糠壳或碎草的粘土，捏成一个土球，再用花盆、竹筒等套好并加以固定。也可用青苔包住伤口，外边再用塑料布包住，并扎好上下口，上部可松些，要保持湿润，40～70 天可生根。

◆ **栽培管理**

米兰喜光、耐高温。因此，一定要选通风、光照时间长的地方养护，只有充分让其接受光照，增强叶片的光合作用，满足其对光的需求，才能促使其逐步长得健壮，形成叶厚节间距短，枝条短而粗壮，多孕蕾，成批密而集中的花序。这样米兰开花才会香浓，尤其是在高温天气里特别明显。反之，会出现只长枝叶，而开花稀少且香味淡的情况。

米兰喜肥。由于米兰四季常青，只要温度适宜，它就会生长不停，开花不断，消耗的养分相对就要多些，经常适时补充肥料就显

得很重要。施肥的原则：应视株型的大小及生长强弱而定肥水的量与浓度，生长越是旺盛的或株型较大的就应多施肥，浓度也可视长势的好坏逐步加大。反之，就要控制在少而淡的范围内，甚至不施肥。所施肥料以有机肥为主，无机肥为辅，适当加大磷、钾的含量，这样才能保证其有足够的养分，从而开花不断，香味更浓。

米兰耐旱，浇水过多只能促发生长过旺，从而抑制形成花芽。因此，适当控水，对其生长、开花十分有利。浇水最好掌握在其嫩头微耷下时为好，尽量控制浇水量，从而促使其由营养生长逐渐向生殖生长转化。

另外，米兰萌发力强，生长快，为控制枝条的过度疯长，应及时摘嫩头。当新头长 5～6 层叶片时，及时摘掉顶芽，这样可促其多生侧枝，多生短枝，加快花芽分化，多孕花蕾，从而增加开花的批数及量，到开花时，它不仅香味浓郁，且株型丰满。

◆ 病虫害防治

盆栽米兰易受白粉病、叶斑病、炭疽病、红蜘蛛、介壳虫、蚜虫、锈壁虱等病虫危害，使枝叶黄化枯死。可每 15～20 天向叶面喷洒 1 次 25～30 倍干燥纯净的草木灰与过磷酸钙混合浸出的澄清液，或 0.1％石灰水澄清液等进行无公害防治，以保护枝叶，防止各种病虫为害。

◆ 功效和家居环境适宜摆放的位置

米兰能吸收家用电器和塑料制品散发出来的二氧化硫和一氧化碳等有害气体，还能吸收甲醛、苯等挥发性气体。同时米兰开花时还能散发出具有杀菌作用的挥发油，对净化空气，促进人体健康有很好的作用。

米兰花香浓郁持久，是熏制茶叶的优良原料，除熏制茶叶外，鲜米兰花还可食用。

米兰树姿秀丽，清新幽雅，适宜放置在阳光充足的阳台，入秋后可置于室内有阳光直射的客厅、书房、卧室的窗边。

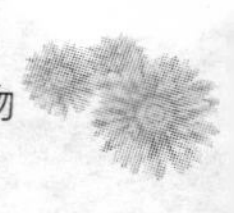

图 73 茉莉

十一、茉莉(*Jasminum sambac*)

◆ **植物学知识**

茉莉(图 73,彩图 14),别名抹历。木犀科,茉莉花属,常绿小灌木或藤本状灌木,株高可达 1 米。小枝有棱角,有时有毛。单叶对生,宽卵形或椭圆形,叶脉明显,叶面微皱,叶柄短而向上弯曲,有短柔毛。初夏由叶腋抽出新梢,顶生聚伞花序,通常三朵花,花白色,有芳香,花期甚长,由初夏至晚秋开花不绝。茉莉原产中国西部、印度,性喜温暖、湿润,在通风良好、阳光充足的环境中生长最好。土壤以含有大量腐殖质的微酸性沙质壤土为最适合。大多数品种畏寒、畏旱,不耐霜冻、湿涝和碱土。冬季气温低于 3℃时,枝叶易受冻害,如持续时间长会死亡。

◆ **繁殖方法**

扦插繁殖:茉莉多用扦插繁殖。扦插只要气温在 20℃以上,任何时候都可进行,20 多天即可生根。因此在华北地区自然条件下,以6～8 月间为宜。茉莉扦插的最适宜温度为 20℃～25℃,此期间的气温高,易于发根。选取1～2 年生的健壮枝条,截成 10 厘米左右长的枝段,注意上下各留一个节芽斜插入以粗沙为基质的插床中,插后经常喷水并覆盖塑料薄膜保湿,2 周左右即可生根,1 个月左右即可移栽。也可在温度较高的季节进行水插,简便易行,不过要经常保持水质清新。

压条繁殖:有的植株可压条繁殖。每年夏至前,选择当年生或 2 年生枝条,长 45 厘米～60 厘米,在离母株 15 厘米处压下,压入另一盆中。压入土中部分一定要有节,节下要刻伤,才易生根。覆土 10 厘米,经 40 天可切离母体,再经 10 天即可扶正栽培,当年可望开花。

◆ 栽培管理

茉莉在北方为盆栽花卉,在南方均为地栽。在庭院将茉莉栽为绿篱,更是满院芬芳。盆栽茉莉需2~3年换一次盆,换盆时间以4月中旬为宜,到5月初即可移出室外,放在避风向阳处。茉莉花宜选择土壤肥沃、土质疏松、排水良好的微酸性土壤。一般以6份菜园土、2份腐叶土、2份充分腐熟的禽粪为宜。茉莉花在一年中能多次抽梢,多次孕蕾开花,因此肥量需求较大,有所谓"清兰草、浊茉莉"、"清水茉莉不开花"之说。春季新梢开始萌动时,宜每周施一次以氮肥为主的稀薄液肥。孕蕾开花时,应每周增施两次以磷、钾肥为主的液肥,浓度也应适当增加。茉莉花只长枝叶不开花多因氮肥施用较多,或缺乏阳光。因此当茉莉花进入生长旺盛期时要严格控制氮肥的施用量,多晒太阳,以免植株徒长。茉莉花凋谢后,要及时剪去病残弱枝、徒长枝,每条枝上保留4层左右的叶片,其余全部剪去,以利多发侧枝、多开花。茉莉花忌盆土积水,因此应根据不同的天气及盆土情况浇水。夏季温高气燥,茉莉花生长旺盛,可在早晚将水喷洒在植株上及花盆周围,反之则减少浇水的次数。入冬后不干不浇,同时还要注意浇水必须浇透。冬季要将茉莉花置放在温暖向阳的地方,以免植株受冻害,也可用塑料袋将整株罩严,顶端剪一小孔,起保温、保湿、防冻作用。多施磷、钾肥可提高盆栽茉莉花的抗寒能力。

◆ 病虫害防治

茉莉花的病虫害主要有褐斑病、介壳虫。褐斑病发病期在5~10月,主要危害嫩枝叶,导致枝条枯死。防治办法可用800倍液多菌灵、托布津喷洒枝叶,或剪除病枝叶。

◆ 功效和家居环境适宜摆放的位置

茉莉花叶色翠绿,花色洁白,香味浓郁,可缓解人体疲劳。茉莉的芳香对头晕、目眩、鼻塞等症状有明显的缓解作用。茉莉产生的挥发油具有显著的杀菌作用,5分钟内即可杀死白喉菌、痢疾菌等原生菌。

茉莉花花香浓郁,夏季置于室内可驱蚊虫。茉莉花可食用,可制茶,有安定情绪、舒解郁闷及提神功效。

茉莉花适宜置于庭院,盆栽茉莉花应放置于室内光照充足的窗前、阳台等处。

图 74 天竺葵

十二、天竺葵(*Pelargonium hortorum*)

◆ **植物学知识**

天竺葵(图 74),别名洋绣球、石腊红、洋葵。牻牛儿苗科,天竺葵属,亚灌木或多年生草本花卉。株高 30 厘米～60 厘米。茎肉质、粗壮,多分枝,老茎木质化。全株密被细白毛,具特殊气味。叶互生,圆形或肾形,叶缘波状,浅裂,叶有明显的暗红色马蹄形环纹。伞形花序,腋生,花左右对称,花色有红、紫、粉红、白等。花瓣与花萼均为 5 枚。蒴果鸟喙状。天竺葵原产非洲南部,性喜温暖,耐瘠薄,适宜排水良好的疏松土壤。喜阳光充足,阳光不足时不开花。忌高温、高湿,生长适温为 10℃～25℃,能耐 0℃低温。夏季高温期进入半休眠状态;冬季保持 10℃,四季开花。花期忌阳光直射。

◆ **繁殖方法**

常用播种或扦插法繁殖。

播种繁殖:春、秋季均可进行,以春季室内盆播为好,发芽适温为 20℃～25℃。天竺葵种子不大,播后覆土不宜厚,14～21 天发芽。秋播,第二年夏季能开花。经播种繁殖的实生苗,可选育出优良品种。

扦插繁殖:除 6～7 月植株处于半休眠状态外,均可扦插,以春、秋季为好。夏季高温,插条易发黑腐烂。选用插条长 10 厘米,以顶端部最好,生长势旺,生根快。剪取插条后,让切口干燥数日,形成薄膜后再插于素沙床或膨胀珍珠岩和泥炭的混合基质中,注意勿伤插条茎皮,否则伤口易腐烂。插后放半阴处,保持室温 13℃～18℃,插后14～21 天生根,根长 3 厘米～4 厘米时可盆栽。一般扦插苗培育 6 个月开花,即 1 月扦插,6 月开花;10 月扦插,翌年 2～3 月开花。

◆ **栽培管理**

盆栽天竺葵,盆土可用腐叶土掺适量砂土及砻糠灰加少量骨粉。每年应换盆一次,更换新的培养土,以利生长开花。换盆宜在 8 月中旬至 9 月上旬进行。换盆前要先对植株进行修剪整形,待盆土和剪口干燥后再换盆。换盆时,适当修去一些较长和过多的须根。每年 4 月中、下旬放到室外通风良好的向阳处养护。为使其开花不断,要勤施稀薄的腐熟饼肥水,一般隔 10 天施一次为宜。

平时浇水不需过多,否则会引起叶片变黄、植株生长不良,难以形成健壮的花蕾。一般应在叶尖打蔫时再浇水,浇必浇透。6 月下旬至 8 月上旬,气候炎热,天竺葵处于半休眠状态,应停止施肥,控制浇水。高温、阳光直晒和雨后盆内积水都会影响天竺葵休眠,甚至烂根死亡。因此,休眠期应将其放在背阴的阳台、窗台上,或庭院避光而不受雨淋的地方,这样做还可缩短休眠时间。

秋季是天竺葵生长开花的旺盛期,可结合浇水追施数次腐熟的饼肥水,以促开花。花后应及时剪除花梗、老梗与老弱枝,或进行短剪,以促多分枝。冬季移入室内,室温保持 5℃以上,要严格控制浇水,让其充分见光和适当通风,晴天的中午可搬到室外通风见光,这样即可安全过冬。

◆ **病虫害防治**

天竺葵有异味,全株有毛,故虫害很少。有时偶而出现灰霉病、褐斑病。灰霉病主要为害叶片,其上出现近圆形至不规则形水渍状黄褐色至暗褐色轮纹斑。防治需注意栽培场所通风透光,控制湿度不宜过大。发病初期用 50%扑海因 1 000 倍溶液或 28%灰霉克 800～1 000 倍溶液全株喷施。

褐斑病多发生于叶片,为圆形、近圆形至不规则形病斑,浅褐色或灰白色至红褐色,具暗褐色边缘。防治应控制栽培场所通风透光,平衡施肥,植株休眠期应控制肥水不宜施用过量。发病初期使用 75%甲基托布津 800～1 000 倍、50%多菌灵 800 倍或 25%苯菌灵 1 000 倍溶液全株喷施。

◆ **功效和家居环境适宜摆放的位置**

天竺葵能吸收空气中的氯气和二氧化氮,对二氧化硫、氟化氢也有抗性。天竺葵花香有镇定神经、消除疲劳、促进睡眠的作用,有助于治疗神经衰弱。在卧室摆放 1～2 盆可催人入眠,提高睡眠质量。天竺葵分泌的挥发性油类具有杀菌作用,能抗结核、白喉、伤寒等病菌。香叶天竺葵的香气具有平喘、顺气、镇痛的功效。

天竺葵可置于阳台或有阳光照射的书房、卧室窗边或厨房，冬天需置室内阳光直射处。

图 75 东方百合

十三、百合类（*Lilium* spp.）

◆ **植物学知识**

百合，为百合科，百合属，多年生球根花卉。株高 40 厘米～60 厘米，茎直立，不分枝，草绿色，茎秆基部带红色或紫褐色斑点。地下具鳞茎，白色或淡黄色。单叶，互生，狭线形，无叶柄。有的品种在叶腋间生出紫色或绿色颗粒状珠芽，用其可繁殖成小植株。花着生于茎秆顶端，簇生或单生，花冠呈漏斗形喇叭状、杯状或反卷形。花色因品种不同而色彩多样，多为黄色、白色、粉红、橙红，有的具紫色或黑色斑点，也有一朵花具多种颜色的，极美丽，有的花浓香，故有“麝香百合”之称。花落结长椭圆形蒴果。主要分布在亚洲东部、欧洲、北美洲等北半球温带地区，性喜湿润、光照，要求肥沃、富含腐殖质、土层深厚、排水性良好的沙质土壤，多数品种宜在微酸性至中性性壤中生长。

◆ **繁殖方法**

家庭栽培百合，可用分小鳞茎、鳞片扦插和分珠芽等 3 种方法。

分小鳞茎法：如果需要繁殖一株或几株，可采用此法。通常在老鳞茎的茎盘外围长有一些小鳞茎。9～10 月收获百合时，可把这些小鳞茎分离下来，贮藏在室内的沙中越冬，第二年春季上盆栽种。培养到第三年 9～10 月即可长成大鳞茎而培育成大植株。此法繁殖量小，只适宜家庭盆栽繁殖。

图 76 铁火色百合

鳞片扦插法：此法可用于中等数

量的繁殖。秋天挖出鳞茎，将老鳞茎上充实、肥厚的鳞片逐个分掰下来，稍阴干，然后扦插于盛好河沙或蛭石的花盆或浅木箱中，将鳞片的2/3插入基质，保持基质一定湿度，在20℃左右条件下约1个半月，鳞片伤口处即生根。冬季温度宜保持在18℃左右，河沙不要过湿。培养到次年春季，鳞片基部即可长出小鳞茎，将它们分开来，栽入盆中，精心管理，培养3年左右即可开花。

分株芽法：分株芽法繁殖仅适用于少数种类，如卷丹、黄铁炮百合等。做法是：将地上茎叶腋处形成的小鳞茎(又称“珠芽”，在夏季珠芽已充分长大，但尚未脱落时)取下来培养。从长成大鳞茎至开花，通常需要2～4年时间。为促使多生小株芽供繁殖用，可在植株开花后，将地上茎压倒，平铺于地面，将地上茎分成每段带3～4枚叶的小段，将茎节浅埋于湿沙中，则叶腋间均可长出小珠芽。

◆ 栽培管理

百合开花后，很多人把球根扔掉。其实它仍有再生能力，只要将残叶剪除，把盆里的球根挖出另用沙堆埋藏，经常保湿勿晒，翌年仍可再种1次，并可望花开二度。

百合花露地种植适期为8～9月，盆栽宜在9～10月，盆栽培养土用腐叶土、粗沙、菜园土按3∶2∶5比例混合而成，可施适量草木灰等有机肥，或施3～5克复合肥。定植后土壤应保持湿润，20～30天新芽破土。盆底用粗沙或煤渣块铺垫3厘米～4厘米厚作排水层，宜用深盆，口径20厘米～25厘米的花盆可种2～3个球。盆植尽可能放置于凉爽环境下管理，也可用遮光网或草帘遮阳避直射阳光，并适当浇水，见干见湿为宜。秋季高温季节，每天中午向叶面喷水2～3次。

生长期，每隔15天施一次肥，以腐熟有机肥为宜，或施合成肥或尿素，现蕾至开花期，每15天喷0.2%～0.3%磷酸二氢钾溶液一次，花后要追1～2次富含磷钾的速效肥。盆栽在2～7月，每2个月施一次肥，用肥与露植相同。施后要浅松盆土，将肥混入盆土。冬季温度降至5℃～8℃时每月施肥1次，低于5℃停止施肥，以待温度回升再施。现蕾至开花每月施2次0.2%磷酸二氢钾、少量硼砂、硝酸镁等或根施专用壮花肥，花期不宜施用，花后每月薄施2次营养液肥，可保茎叶翠绿，促进地下新鳞茎生长。

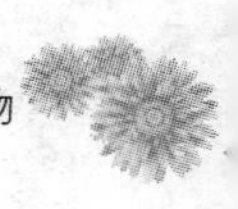

◆ **病虫害防治**

百合病虫害较多，常见的有灰霉病、病毒病等。需以防为主，选用无病毒种球，每年换盆、换土种植和土壤消毒，一旦发病需及时喷药防治，甚至整株拔除。灰霉病可用 50%扑海因可湿性粉剂 1 500 倍、65%甲霜灵可湿性粉剂 1 000～1 500 倍液喷雾防治，每隔 7～10 天喷 1 次，连喷 2～3 次。

百合虫害，平时要加强对蚜虫的防治，可用 50%西维因可湿性粉剂 1 000 倍液，每隔 7～10 天喷 1 次，连喷 3 次。

◆ **功效和家居环境适宜摆放的位置**

百合能净化空气中的一氧化碳和二氧化硫等有害气体，但百合花的香味久闻会使人中枢神经过渡兴奋而引起失眠，故不宜在卧室摆放。百合花的球根含丰富淀粉质，部分品种，如兰州百合、宜兴百合可作蔬菜食用。在中国，食用百合具有悠久的历史，而且中医认为百合味平，性微寒，具有清火、润肺、安神的功效。其花、鳞茎均可入药，是一种药食兼用的花卉。

百合可植于庭院的向阳处，盆栽可置于阳台或室内客厅、书房阳光充足的地方。百合是国际上著名的切花用材。

图 77 郁金香

十四、郁金香（*Tulipa gesneriana*）

◆ **植物学知识**

郁金香（图 77），别名洋荷花、旱荷花、郁香。百合科，郁金香属，多年生球根花卉。地下鳞茎扁圆锥形或扁卵圆形，长约 2 厘米，具棕褐色皮膜。茎叶光滑具白粉，叶 3～5 枚，长椭圆状披针形或卵状披针形。花葶长 35 厘米～55 厘米，花单生茎顶，大形直立，花瓣 6 片。花型有杯型、碗型、卵型、球型、钟型、漏斗型、百合花型等，有单瓣，也有重瓣。花色有白、粉红、洋红、紫、褐、黄、橙等,深浅不一,单色或复色。花期一般为3～5月。郁金香原产土耳其一带,喜向阳、避风、冬季温暖湿润、夏季凉爽干燥的气候。8℃以上即可正常生长。耐寒性很强,一般可耐－14℃低温。在严寒地区如有厚雪覆盖,鳞茎可在露地越冬,但怕酷暑。要求腐殖质丰富、疏松肥沃、排水良好的微酸性沙质壤土,忌碱性土壤。

◆ **繁殖方法**

家庭栽培多用籽球繁殖。郁金香地下球根每年更新,花后地上部即干枯,其地下球根旁生出一个新球及数个籽球。一般9～10月份栽籽球,南方可延至10月末至11月初。栽后浇水,促使生根。冬季,北方需覆盖马粪、草帘等防寒物,早春化冻前撤除。盆栽每盆栽4～5个充实肥大的籽球,埋土与球顶平齐即可,盆底加基肥。秋季播种种球后,可把盆埋入土中,促进生根,待到第二年春天掘出花盆灌水,进行盆栽常规管理。如想提早开花,可于12月份起随时掘出,如将盆栽放在室内催花,可在春节开花。

◆ **栽培管理**

宜选用中矮型品种,可用深筒盆,以利其根系发育。盆土用腐叶土7份、沙2份、腐熟饼肥1份,均匀混合,用铁锅翻炒,杀菌灭虫。栽植时,首先将鳞茎外面的一层褐色膜质表皮撕去,用0.1%的多菌灵或代森锰锌消毒。一般口径为17厘米～20厘米的花盆可栽植直径3厘米以上的商品种球2～3个,种球摆放要均匀,且种植深度相同。盆土不需要压实,鳞茎顶部与土面平齐即可,然后浇透水,置于光照充足处,盆土干后即浇水,但不可过多,防止盆土过湿导致种球腐烂。上冻前移入冷室内,室温保持在0℃～2℃。早春2～3月即可抽芽出土,搬到室外阳光下,每隔10天追施一次稀薄的饼肥水。孕蕾到开花前,追施1～2次速效磷钾肥,如磷酸二氢钾,既可促进花朵孕蕾开放,又有利于种球的留种。生长期内始终保持盆土湿润。

对准备保留种球的植株可及早将残花摘去,不让其结种,并每隔7天追施一次磷钾肥,减少植株的养分消耗,促使新球大且籽球多。

◆ **病虫害防治**

郁金香的病害有菌核病和病毒病。

患菌核病后鳞片上出现黄色或褐色稍隆起的圆形斑点，在内部略凹处产生菌核。侵染茎部产生长椭圆形病斑，在地表处产生菌核。防治方法：栽种前进行土壤消毒，发病后立即拔除病株，并用代森锌 500 倍液浇灌土壤。

病毒病为花叶病毒，受害叶片出现黄色条纹或颗粒状斑点，花瓣上产生深色斑点，严重时叶片腐烂。要注意及时防治蚜虫和铲除杂草，患病叶片出现浅黄色或灰白色条纹或不规则斑点，有时形成花叶，花瓣上出现浅黄色或白色条纹或不规则斑点，在红色或紫色品种上产生碎色花。其防治重点是消灭蚜虫、叶蝉、粉虱等传毒昆虫，用 50%西维因可湿性粉剂 1 000 倍液，每隔7～10天喷 1 次，或及时拔除病株并烧毁。

◆ 功效和家居环境适宜摆放的位置

郁金香对氟化氢和氯气具有一定的抗性，其轻微的香气能疏肝利胆。

郁金香可植于庭院的向阳处，盆栽可置于阳台上或室内客厅、书房、卧室等阳光充足的地方。郁金香是国际上著名的切花用材。

图 78　仙客来

十五、仙客来(*Cyclamen persicum*)

◆ 植物学知识

仙客来(图 78)，别名兔子花、兔耳花、一品冠。报春花科，仙客来属，多年生球根花卉。地下块茎扁圆球形或球形、肉质。叶片由块茎顶部生出，心形、卵形或肾形，叶缘有细锯齿，叶面绿色，有白色或灰色晕斑，叶背绿色或暗红色，叶柄较长，红褐色，肉质。花单生于花茎顶部，花朵下垂，花瓣向上反卷，犹如兔耳。花有白、粉、玫红、大红、紫红、雪青等色，基部常具深红色斑，花瓣边缘多样，有全缘、缺刻、皱褶和波浪等形，花期在冬春季。原产欧洲地中海一带，喜凉爽、湿润及阳光充足的环境。生长和花芽分化的适温为 15℃～20℃，湿度为70%～75%，冬

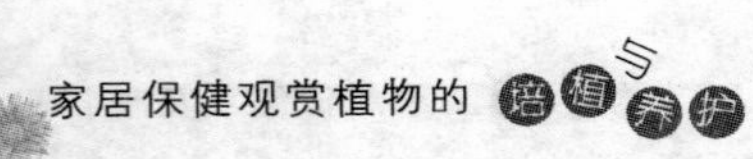

季花期温度不得低于10℃。适宜疏松、肥沃、富含腐殖质、排水良好的微酸性沙壤土。

◆ **繁殖方法**

仙客来家庭莳养多用块茎分割法繁殖。

块茎分割法适用于优良品种的繁殖。选4～5年生块茎，于5～6月开花后，切去块茎顶部1/3，随后在切面上划割1平方厘米的网块，但不切透，将划割的块茎整体放置于30℃及相对湿度高的环境中5～12天，促进伤口愈合，接着保持20℃的温度，促使不定芽形成。分割后的3～4周内土壤保持适当干燥，以免伤口分泌黏液，感染细菌，引起腐烂。一般划割后75～100天形成不定芽，此时将带有不定芽的小块茎切下分别栽种，9个月后生长到有10余枚叶时，可将花苗用口径12厘米～16厘米的盆定植，养护2～3个月后开花。切割繁殖的块茎比种子繁殖的开花早，并保持原有品种的优良性状。但由于伤口大，养护时间长，若管理不当极易染病腐烂。

◆ **栽培管理**

一般9月中旬块茎解除休眠，开始萌芽时即刻换盆，盆土不要盖没块茎。刚换盆的仙客来块茎发新根时，浇水不宜过多，以防烂球，盆土以稍干为好。

遮荫生长期随时注意室内通风。当叶片繁茂时，拉开盆距，以免拥挤造成叶片变黄腐烂。春节左右仙客来进入盛花期，晴天应调节通风，以免室内湿度过大，造成花朵凋萎、花梗出现水渍状腐烂。结实期正值气温升高，浇水量随之增加，严防室内温、湿度过高，注意通风调节，以免造成花茎腐烂、果实发霉。6月中旬，叶片开始变黄脱落，块茎进入休眠期。休眠块茎放在通风条件好、阴凉的场所，并保持一定湿度。

仙客来生长发育期，每旬施肥1次，并逐步多见阳光，控制叶柄生长过长而影响美观。当花梗抽出至含苞欲放时，增施1次骨粉或过磷酸钙。长江中下游地区，元旦前后即可开花。花期停止施用氮肥，并控制浇水，水不能浇在花芽和嫩叶上，否则容易腐烂，影响正常开花。花后，再施1次骨粉，以利果实发育和种子成熟。5月前后果实开始成熟，采后剥开果皮取出种子，放通风处晾干，贮藏。仙客来生长前期可用20∶20∶20通用肥，即氮含量(N)20％、磷含量(P_2O_5)20％、钾含量(K_2O)20%。花期可用盆花专用肥 15 : 15 : 20 水溶性高效营养液。

◆ **病虫害防治**

夏季高温多湿,仙客来极易发生软腐病,且发病率极高。冬季在温室内,如温度高、湿度大且通风不良也易发生此病。因此,在温度高时,要控制水分,保持空气流通,适当遮荫。上盆时土壤要消毒,家庭养护一般可用曝晒法或高温消毒,发现病叶要及时摘除烧毁,防止病菌传播。

若受蚜虫危害,可向叶背喷洒灭蚜松乳剂 1 500 倍液,或鱼藤精 1 000～1 500 倍液喷洒。若受红蜘蛛或白粉虱危害,可向叶背喷洒 50%辛硫磷乳剂 2 000 倍液或 20%杀灭菊酯 2 500 倍液。

若家中无药,可用中性洗衣粉对水喷洒叶面。害虫较少时,可直接用手掐死或用刷刷掉,再用清水将其洗净。

◆ **功效和家居环境适宜摆放的位置**

仙客来的叶片可吸收甲醛、一氧化碳等有害气体,同时对二氧化硫抗性较强。

仙客来夏季需置于房间北面的阳台、窗台或屋檐下,其他季节应置于阳光充足的阳台或客厅、书房、卧室、厨房内。

十六、中国水仙(*Narcissus tazetta* var. *chinensis*)

◆ **植物学知识**

中国水仙(图 79、彩图 17),别名凌波仙子、俪兰、雪中花。石蒜科,水仙属,多年生球根花卉。球状、肥大的鳞茎,外被棕褐色皮膜。鳞茎盘上着生芽,着生在鳞茎球中心的称顶芽,着生在顶芽两侧的称侧芽,所有的芽都排列在一条直线上。中国水仙的花自叶中抽出,伞形花序,为双色花瓣,中心黄色花瓣

图 79　中国水仙

呈浅杯状，外层白色花瓣 6 枚，开放时平展如盘，不结实，花期冬春。中国水仙主要分布在中国、日本和朝鲜。喜阳光、温暖，要求空气湿度大，不甚耐寒，且怕炎热，营养生长期需湿润、不积水的沙质土壤。水仙和其他宿根类多年生草本花卉不同，它具有秋季开始生长，冬天开花，春季贮藏养分，夏季休眠的特点。

◆ **繁殖方法**

家庭盆养水仙花可用侧球繁殖，这是最常用的一种繁殖方法。秋季将着生在母球两侧的籽球分离，单独种植，次年产生新球，新球种植一年即可开花。

◆ **栽培管理**

挑选水仙头时要选择直径在 8 厘米以上的，外形要扁圆、坚实、色泽明亮且呈棕褐色，顶端钝圆，根盘宽阔肥厚。这样的水仙花芽多，开花亦多。若用两手指按压球体前后，感觉内部有柱状物且较结实的，说明花芽已经发育成熟，这样的水仙一定能开花。在花店购买水仙花球时，可按照包装容器中的个数来判断水仙球的质量，一般个数越少级别越高，花芽越多。

水仙作为盆花欣赏，通常有土栽和水培两种方式。在我国，最常用的栽培方法是水培。买来水仙鳞茎后，去除死皮，在芽处切十字口，使鳞茎松开，以便更好地抽芽。将球放置在浅盘中，用鹅卵石固定，水深没及根盘即可。开始每天换水一次，之后每 3 天换水一次，花前每周换一次水。栽好后每天要在太阳下照晒，晚上把水倒掉，第二天加水再晒。这样可抑制叶片过度生长，有助于花葶生长。如果想让水仙花提早开花，可在盆中加 25℃的温水，移到较暖的房间或用塑料袋罩住。开花期间移到冷凉有光线处，一般可维持花期半月左右。水培水仙一般不用施肥，如想延长花期，可在花蕾孕育期间在水中加入浓度为 0.2%的磷酸二氢钾溶液，开花时在水中加入少量葡萄糖，可让花朵开放更茂盛，花期更长。

水仙的花期受温度影响明显，温度越高开花越早，花期越短。在北方的室温，水培的水仙从培养到开花一般需要 45～50 天，通常在春节前的 50 天开始培养，以便能够在春节期间开放。阳光和温度对于水仙很重要，如果阳光不足，温度过高，会造成叶片疯长。但雕刻过后

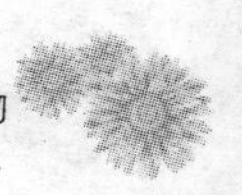

的水仙开花会比较早，如南昌需24～25天，北京需26～27天，上海、南京、杭州、西安需25～26天，而广州只需21～22天。土培水仙一般需35天才能开花。

一般情况下，经过开花的营养损耗，水养水仙的鳞茎都需要地栽三年的培育才能再开花。因此，一般家庭水培水仙开花过后的鳞茎可丢弃。

◆ 病虫害防治

水仙的主要病虫害有褐斑病、叶枯病、线虫病、曲霉病、青霉病等。

褐斑病主要危害水仙的叶和茎。初染时出现于叶尖，呈褐色，大片感染时，叶和梗均会出现病斑，叶片扭曲，植株停止生长，导致枯死。发病初期，可用75％百菌清可湿性粉剂600～700倍液，每5～7天喷洒1次，连喷数次可控制病害发展。种植前剥去膜质鳞片，将鳞茎放在0.5％福尔马林溶液中，或放在50％多菌灵500倍水溶液中浸泡半小时，也可预防此病。

枯叶病多发生在水仙叶片上，初发时为褪绿色黄斑，然后呈扇面形扩展，周边有黄绿色晕圈，后期叶片干枯并出现黑色颗粒状物。此病可于栽植前剥去干枯鳞片，用稀高锰酸钾冲洗2～3次预防。

◆ 功效和家居环境适宜摆放的位置

水仙对空气中的二氧化硫、一氧化碳等有害气体有很强的抗性。同时它白天能通过光合作用吸收二氧化碳，放出氧气。水仙花香味中的酯类成分可提高神经细胞的兴奋性，使情绪得到改善，消除疲劳。

水仙花香浓郁，鲜花芳香油含量达0.20％～0.45％，可提取香精。也有采用水仙鲜花窨茶，制成高档水仙花茶、水仙乌龙茶等。

水仙适宜置于有阳光直射的书房、卧室的书桌或客厅内，也可作切花装饰。

十七、大花君子兰

(*Clivia miniata*)

图80　大花君子兰

◆ 植物学知识

大花君子兰(图80),别名剑叶石蒜、大叶石蒜、达木兰。石蒜科,君子兰属,多年生常绿宿根花卉。根肉质。基生叶革质,多数宽条形,全缘,叶基部呈两列紧密互抱成鳞茎状。春夏开花,花葶直立,扁平,肉质,顶生伞形花序。花多数,漏斗状,外面带黄红色,内面下部带黄色。浆果紫红色。

大花君子兰原产于非洲南部,既怕炎热又不耐寒,喜半阴而湿润的环境,畏强烈的直射阳光,生长的最佳温度为18℃～22℃,5℃以下生长受抑制,30℃以上易使植株徒长。大花君子兰喜欢通风的环境,喜深厚肥沃、疏松的土壤,不耐水湿,忌排水不良和透气性差的土壤。适宜室内培养。

◆ 繁殖方法

大花君子兰通常用两种方法繁殖:一种是播种繁殖;另一种是分株繁殖。

播种繁殖:大花君子兰用播种繁殖比较普遍。用播种繁殖先要进行人工授粉,最好进行异株授粉,因为异株授粉结籽率高,健壮的植株经异株授粉繁殖后一般可结籽10粒;同株授粉只能结籽几粒。根据我国的气候特点,可春播、秋播和冬播,其中以春播最为普遍,清明前后最佳,南方宜早,北方宜迟。秋播主要利用早熟的果实随采随播,最好时间在处暑和白露之间。冬播多在北方有取暖设备的地区。大花君子兰种子萌发后,大约经过一个半月的时间,当真叶从芽鞘中露出时即可第一次移植,当长到两枚真叶时即可定植,每盆一株。

分株繁殖:先将大花君子兰母株从盆中倒出,去掉宿土,在母株基部找出可分株的吸芽(萌生的幼苗)。如果吸芽长在母株外沿,株体较

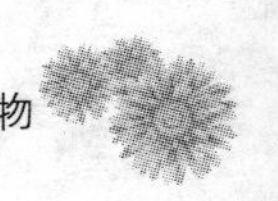

小,可一手握住母株基部,另一手捏住吸芽基部将其掰离母体。如果吸芽粗壮,应用准备好的锋利小刀把它割下来,千万不可强掰,以免损伤幼株。吸芽割下后,应立即用木炭粉涂抹伤口,以吸干流液,防止腐烂。接着,将吸芽上盆种植,种植深度以埋住吸芽的基部假鳞茎为度,并盖上经过消毒的沙土。种好后随即浇一次透水,待两周后伤口愈合时再加盖一层培养土。一般需经 1～2 个月生出新根,1～2 年开花。用分株法繁殖的君子兰,遗传性比较稳定,可保持原种的特征。

◆ **栽培管理**

大花君子兰喜疏松肥沃、排水通气良好、pH 值为6～7的偏酸性沙壤土。家庭养花,一般用人工配制的复合土。质地松软、颜色深褐的腐叶土是主要成分。大花君子兰的浇水必须掌握适度,过多造成积水,引起严重缺氧,阻碍植物根系的正常呼吸,导致大花君子兰根系腐烂甚至死亡。如水分过少,会引起叶片萎蔫基至枯干,直至死亡。因此应根据气温变化,植株生长强弱,掌握浇水量及浇水时间。大花君子兰生长最低温为 10℃,最适温为 15℃～25℃,最高极限为 30℃,超过 30℃会进入半休眠,而昼夜温差在 8℃～12℃时最适于君子兰的生长。越夏时必须置于荫棚,避免强光直射灼伤叶片,有时还需喷水降温。冬季需入室越冬,并接受阳光照射。冬季气温最低时,要保持 6℃～10℃才不致受冻害。昼夜温差以 8℃～10℃为宜,室温以 15℃为适宜。除严格控制水分、光照、温度外,每 20 天追施一次氮素肥料,常用腐熟饼肥水。追肥时要注意不接触叶片,以免受损伤。大花君子兰开花前,加施一次骨粉或过磷酸钙,可使花色鲜艳、花朵增大。栽培管理得当,大花君子兰一年开花一次,甚至两次,4～5 月间花朵凋谢后需要换盆。轻轻扒除陈腐叶土,注意勿碰断肉质根,选择适中盆钵,及时栽上,盆底多放碎瓦片,以利排水。

◆ **病虫害防治**

大花君子兰常见的病害有软腐病,见于叶片基部,有水渍状黄色病斑,最后连为一体,变褐腐烂。发病可用 75%的百菌清可湿性粉剂 600～1 000 倍液喷雾。真菌引起的叶斑病可用 50%多菌灵粉剂 100 倍液或 50%硫菌磷可湿性粉剂 1 500 倍液喷洒。虫害有褐软介壳虫等,发现时要及时清除,一般不会对花产生太大危害。

◆ **功效和家居环境适宜摆放的位置**

大花君子兰能产生并释放大量氧气，是家庭“氧吧”。大花君子兰的厚革质叶对硫化氢、一氧化碳、二氧化碳具有很强的吸收作用。此外，其宽大的叶片有很多的气孔和绒毛，能分泌出大量的黏液，能吸附空气中大量的粉尘和烟雾，对室内空气起到过滤作用，减少室内空间的含尘量，使空气洁净。因而大花君子兰被誉为理想的“除尘器”。

大花君子兰夏季多处于休眠状态，应置于阳台或室内的荫蔽、通风处，其它季节可置于有散射光的客厅、书房内。

十八、中国兰花(*Cymbidium*)

◆ **植物学知识**

中国兰花(图 81、彩图 18)简称国兰，专指兰科兰属植物中原产于我国及周边邻国的地生兰种类。国兰虽然花小且不鲜艳，但清香四溢，叶态优美，深受我国和日本、朝鲜等国人民的喜爱。性喜洁净，不耐尘垢，在通风良好、空气新鲜、遮阳半荫、温暖湿润的环境中才能生长旺盛。

图 81　中国兰花

中国兰花依开花时间分为：

春兰(*C. goeringii*)，又称草兰、山兰、朵朵香。一茎 1～2 朵花，芳香。根长而细，很像绳索，叶片很短。花期 2～3 月，一花梗上生花一朵，很少两朵，花茎直立比叶短。花径 4 厘米～5 厘米，浅黄绿色，通常在萼片及花瓣上有紫褐色的条纹或斑块，具浓香。其变种和变型多，花形也不同，名贵的品种有‘宋梅’、‘万字’、‘龙字’、‘集圆’，日本人称之为“四大天王”。

惠兰(*C. faberi*)，又称夏兰、九子兰、九节兰。一茎多花。叶比春兰直立而粗长，叶缘粗糙且有锐利细齿。花期 3～5 月，一花梗上着花 6～18 朵，花茎直立与叶等长。花径 5 厘米～6 厘米，花浅黄绿色，唇瓣绿白色，有红紫斑点。白花茎的花很香，紫花茎的花微香。名贵品种有'程梅'、'荡字'、'送春'、'温州素'等。

建兰(*C. ensifolium*),又称雄兰、骏河兰、秋蕙、秋红、剑叶兰。叶较春兰宽长而坚挺。花期6～10月,一梗着花4～18朵,花茎直立较短。花直径4厘米～6厘米,浅黄绿色,有紫红色条纹。香味浓烈,最受欢迎。名贵品种有'金丝马尾'、'银边大贡'、'玉枕'。

寒兰(*C. kanran*),叶狭而直立,花期冬春。花茎直立,细而坚挺,与叶等高或高出叶面,着花8～12朵,有黄、白、绿,紫、桃红诸色。我国大陆受传统影响,对寒兰不够重视,近些年来才栽培逐渐增多。日本兰界对寒兰很重视,栽培较普遍。我国台湾兰界受日本影响,对寒兰的栽培比较多,在栽培中分成以观花为主的花兰和以观叶为主的叶艺寒兰。

墨兰(*C. sinense*),又称报岁兰、拜岁兰、丰岁兰、献岁兰。叶光滑,先端尖,直立。花期春节前后,花茎直立、粗壮,通常高出叶面,着花7～17朵,花瓣多具紫褐条纹。名贵品种有'绿墨'、'仙殿'、'水照春红'、'白墨'、'凤尾报春'等。

◆ **繁殖方法**

国兰大多采用分株繁殖。分株繁殖应掌握两个原则:一是成熟原则;二是花后原则。所谓成熟原则,即植株不成熟不分株,弱苗不分株。国兰开完花后不久会长出新芽,在气候适宜条件下,分株最好在花后进行。一般墨兰、春兰在春节后分盆最理想,这时兰花已基本生长成熟,而且天气日渐转暖,常有春雨,湿度较大,分株后有利于兰株恢复元气和新芽萌发。建兰则可提前于12月份翻盆分株,此时花期已过,根系生长已成熟,若推迟春节后才分盆,新芽已长出土面,在种植过程中,容易碰伤兰芽。常见的建兰叶尖黑,是分株不及时和种植后管理不当所致。分株时,取出母株,抖落泥土,理顺根系,剪去枯败叶、病根和腐根,用清水洗净,摆在阴凉处晾至主根稍微发白时,以刀在假鳞茎之间切分为数丛,每丛应带3～5个假鳞茎及新芽,剪口处撒以草木灰防止腐烂,然后上盆。

◆ **栽培管理**

选用保肥、排水良好、肥力偏强、偏酸性(pH 5.5～7.0)的腐殖土或黑山泥(松针土为佳)为基质栽培。如果采用无土栽培,其基质多选用锯木屑、苔鲜、沙粒、朽木、蜂石粉、吸水石、树皮、椰子壳等，进行消毒灭菌后，浸入专门配制的营养液即可上盆。

初春深冬时应多晒太阳，且应以上午为主。春天晒太阳可防止因春雨过多而使叶基部生霉，初春深冬晒太阳对兰花发根、抽叶、孕蕾作用很大。

兰花生长不能离开水，一要向根系浇水，二要向空中喷水。浇水，包含洒水（或喷水）和淋水两种操作方法。在进行操作时，要坚持“以润为主，干湿结合”的原则，主要根据土壤的湿润程度而定，一般应做到既不太干，又不太湿，以略湿为度。洒水的次数，除了春夏季雨水较多的天气外，一般每天要洒 2～3 次，通常以洒湿叶面和盆面为度。淋水的次数不宜过多，一般每隔 5～7 天淋 1 次即可。养兰之水宜洁净，最好采用雨水、雪水、山溪水、河水和井水，用自来水需贮存两天，经过处理后再使用，以保证安全。

兰花不但需要氮、磷、钾这三大元素，而且还需要吸收钙、镁、硫、铁、锰、锌、硼等微量元素。对国兰的施肥要坚持“因兰制宜，看苗定肥，宁淡勿浓，适时薄施，宜勤而淡，忌骤而浓”的原则。

在施肥中应注意，国兰在春、夏、秋三季晴天的生长期间皆可施肥。冬季植株进人休眠状态时可不施或少施；阴雨天时和夏季气温高于30℃以上不宜施肥；春、秋季天气较凉，可在清晨追施为宜。夏天炎热，以在晚间施用为好，在进行根外追肥前，最好用清水洒湿叶面，洗去尘埃，待叶面干燥后方可喷施，如盆内追肥，事前则不宜淋水。以观叶为主的线兰，为防止其线艺消退，不宜多施氮肥，适当增施磷钾肥为好。

◆ **病虫害防治**

国兰的病虫害一般分虫害、菌害、病毒害。虫害较常见的有介壳虫（小白点状，遍布叶基槽坑和叶面上）、蓟马（小跳蚤状，在花心中或藏于叶基兰头）。用一般杀虫药喷杀可解决问题。菌害多为真菌类，可用百菌清、多菌灵半月喷一次，以预防为主，用药时千万要遵照说明书。病毒病较麻烦，一般要注意环境的清洁通风，偶有感染，如发现黑头或叶片凹陷脱水，应立即将病株分离出来，将健康株另栽。

◆ **功效和家居环境适宜摆放的位置**

兰花能吸收空气中的甲醛、一氧化碳等有害气体。兰花的幽香能解除人的烦闷和忧郁,使人心情爽朗。兰花还可配菜食用,别有风味。

此外,花香可熏茶。兰花香气清、醇正,用来熏茶,品质最高。

可将兰花置于没有阳光直射的客厅或卧室。

图 82 大花蕙兰

十九、大花蕙兰(*Cymbidium hybridus*)

◆ 植物学知识

大花蕙兰(图 82、彩图 19),别名虎头兰、蝉兰、西姆比兰。兰科,兰属,常绿多年生草本植物。由地生兰与大花附生兰杂交培育而成,因此形态上具有地生兰和附生兰的双重特征。假鳞茎粗壮,长椭圆形,稍扁,上面生有6~8 枚带形叶片,长 70 厘米~110 厘米,宽 2 厘米~3 厘米。花茎直立或稍弯曲,长 60 厘米~90 厘米,有花 6~12 朵或更多,花葶 40 厘米~150 厘米。叶色浅绿至深绿,标准花茎每盆 3~5 支,每支着花 6~20 朵,其中绿色品种多带香味。喜冬季温暖、夏季凉爽气候,喜高湿强光,生长适温为10℃~25℃。

◆ 繁殖方法

家庭栽培多用分株繁殖。分株繁殖在植株开花后、新芽尚未长大之前进行。分株前使质基适当干燥,让大花蕙兰根部略发白、略柔软,这样操作时不易折断根部。将母株分割成 2~3 筒一丛盆栽,操作时抓住假鳞茎,不要碰伤新芽。分开剪除黄叶和腐烂老根后可用硫磺粉或木炭粉或草木灰涂抹在切口处以消毒、杀菌,保护伤口不被病菌浸入。上盆后置阴凉处,经半个月后开始恢复,即转入正常管理。

◆ 栽培管理

栽种大花蕙兰最好采用泥盆和瓷盆,常用口径 15 厘米~20 厘米高筒花盆,每盆栽 2~4 株苗。盆栽基质用蕨根、苔藓和树皮块的混合物。大花蕙兰性喜光,除盛夏高温季节外,可接受直射光照,高温时节应遮光 30%左右,以促进花芽的形成,同时防止晒焦叶片。兰株生长期多浇水，休眠期少浇水或不浇水，花期少浇水，以延长花期，花谢后可停数日不浇水。最好使用雨水浇淋，自来水必须至少存放 1 天，在太阳下曝晒更好。生长期每半月施肥 1 次，也可用浓度在 0.1%以下、氮、磷、钾比例为 1∶1∶1 的复合肥，每周喷洒 1 次，使假鳞茎充实肥大，才能促使花芽分化，多开花。掰除多余的芽是大花蕙兰栽培中特有的操作。一个生长充实的老假鳞茎上可产生1～3个新芽，去掉其中较差的，只保留一个，以后直至 11 月份再发的任何新芽应全部去掉，这样可控制叶芽生长，减少养分过多消耗。

大花蕙兰喜昼夜温差大，白天生长温度为 25℃～28℃，晚间温度为 10℃～15℃，有利花蕾生长。若花芽已形成，气温高达 28℃以上时，会造成枯萎或掉蕾。

◆ **病虫害防治**

主要病害有黑斑病和轮斑坏死病，可用 70%甲基托布津可湿性粉剂 800 倍液喷洒。虫害有介壳虫、红蜘蛛和蜗牛危害新芽、花茎，介壳虫和红蜘蛛可人工刮除或用辛硫磷乳剂1 000倍液喷杀，如有蜗牛可人工捕捉。

◆ **功效和家居环境适宜摆放的位置**

大花蕙兰能吸收空气中的一氧化碳、甲醇，释放负氧离子，能有效净化室内空气。大花蕙兰身姿挺拔，花香浓郁，盆栽装饰居室，环境十分雅洁。

盆栽大花蕙兰株大棵壮，花茎直立或下垂，花姿优美，适用于室内花架、阳台或客厅、书房地面摆放。

二十、蝴蝶兰（*Phalaenopsis amabilis*）

◆ **植物学知识**

蝴蝶兰（图 83），别名蝶兰，兰科，蝴蝶兰属，多年生常绿草本。茎短，叶大。花茎长，拱形。花大，蝶状，密生。外观具 6 瓣，

图 83　蝴蝶兰

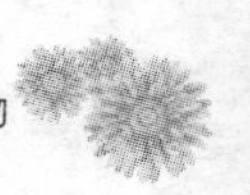

其中3瓣为萼片、3瓣为花瓣。向上的一片为上萼片，左右倾斜的两片叫下萼片，左右两肩的两大片叫做花瓣，最下的一片突变成唇瓣。除了株形的变化外，唇瓣也是一个很好的特征，大部分蝴蝶兰唇瓣会分裂成两条触角般的短须，使其更神似蝴蝶。

蝴蝶兰原产亚洲热带地区，耐阴喜热，宜生长于多湿而通风的环境中，需光40%～70%，相对湿度为50%～70%，气温为15℃～30℃在这样条件下生长良好。蝴蝶兰喜微酸性基质，忌酷热、干燥。冬季需光充足，但曝晒会灼伤叶片。

◆ **繁殖方法**

蝴蝶兰的家庭栽培、繁殖比较简单，可用分株法。成熟植株在开花后，在花茎上刻伤，会在刻伤处生出根和在节萌芽，待其稍长大，有2～3条小根时，可将其剪下单独栽植，即成新株。

◆ **栽培管理**

蝴蝶兰为附生植物，栽培时根部要求透气良好。盆栽时，盆的底部一般要有4个透气排水孔，盆脚部也要开有相应的透气缺口，可用特制的素烧陶盆或塑料花盆，也可用编织盆。因蝴蝶兰是气生兰，栽培基质不能用土，以用苔鲜、碎砖粒、老树皮、棕树皮和椰壳纤维等为宜。

生长期可施饼肥水等有机肥料及复合化学肥料。小苗应施氮肥，以利枝叶生长；中大苗则宜施磷、钾肥含量较高的肥料，以利于开花。养护得法，两年即可开花。也可不施肥，但为了使其生长得更好，可在叶面喷施0.1%磷酸二氢钾。

浇水的原则是见干见湿。当栽培基质表面变干时再浇一次透水，水温应与室温接近。当室内空气干燥时，可用喷雾器直接向叶面喷雾，见叶面潮湿即可，需注意，花期喷水不可将水雾喷到花朵上。自来水应贮存72小时以上方可浇灌。

蝴蝶兰需在15℃以上的环境中才能生长，夜间如低于15℃会有不良后果。蝴蝶兰不怕高温，但烈日曝晒会灼伤叶片，使叶片老化，失去光泽，甚至死亡。最好在空气流通、湿润、具有遮荫设备的环境下栽培养护。

◆ **病虫害防治**

常见的病虫害有叶斑病、叶软腐病、介壳虫、蚜虫，如有发生，除加强水肥管理、搞好通风外，对叶斑病可用百菌清等广谱杀菌剂防治，软腐病可用百菌清、多菌灵、甲基托布津等防治。对于介壳虫和蚜虫，数量少时可人工捕杀，数量多时可用辛硫磷 1 000 倍液进行防治。

◆ **功效和家居环境适宜摆放的位置**

蝴蝶兰可提升室内氧气含量，吸收室内甲醛等有害气体，净化空气。开花时还可从基部剪下花枝做切花瓶插，姿态优美典雅。

蝴蝶兰适合摆放在书桌、茶几、办公桌上。

第四节　室内观果植物

一、石榴(*Punica granatum*)

◆ **植物学知识**

图 84　石榴花

石榴(图 84、彩图 20)，别名安石榴、若榴、丹若。石榴科，石榴属，落叶灌木或小乔木。树高一般 3 米～4 米，但矮生石榴仅高约 1 米或更矮。生长强健，根际易生根蘖。树干呈灰褐色，上有瘤状突起，干多向左方扭转。树冠内分枝多，嫩枝有棱，多呈方形。一次枝在生长旺盛的小枝上交错对生，具小刺。叶对生或簇生，呈长披针形至长圆形，或椭圆状披针形，顶端尖，表面有光泽，背面中脉凸起，有短叶柄。花有单瓣、重瓣之分，重瓣品种雌雄蕊多瓣化而不孕，花瓣多达数十枚。花多红色，也有白色和黄、粉红、玛瑙等色。果石榴花期5～6月，花色似火，果实为球形浆果，秋季成熟，内有薄心皮隔为数室，透明肉质，多汁甜润，亦微酸，果期 9～10 月。花石榴花期 5～10 月。石榴原产于伊朗及其周边地区，我国南北各地均有栽培。喜光，有一定的耐寒能力，喜湿润肥沃的石灰质土壤。

◆ **繁殖方法**

家庭栽培石榴多用压条、分株法繁殖。

分株繁殖:可在早春芽刚萌动时结合换盆进行,将根际健壮的萌蘖苗带根掘出,另行栽植。

压条繁殖:可在春、秋两季进行。将根际萌蘖苗压入土中,当年即可生根,第二年即可与母株分离,另行栽植。

◆ **栽培管理**

石榴是强阳性树种,要求置于阳光充足的环境,生长期要及时疏枝,保证通风透光。栽植石榴一般在 3 月中、下旬。石榴喜肥,栽植时穴底或盆底应施用迟效性肥料作基肥,在土中掺入部分腐熟的有机肥。日常管理中以薄肥勤施为宜,一般于每年落叶后可施 1 次迟效性有机肥,展叶期、开花前后、幼果期各施 1 次稀薄液肥。石榴耐旱,但在生长季节必须保证水分供应,一般在春、秋季可 2~3 天浇 1 次,若较干旱,可 1 天浇 1 次;夏季应每天浇 1~2 次,雨季及时排除积水;冬季在入室前浇 1 次透水,以后可不干不浇。

石榴耐修剪,在春季发芽前或秋季落叶后应进行整形修剪。修剪应保留健壮的结果母枝,去掉病弱枝、徒长枝、过密的内膛枝。生长期间及时去掉根际萌蘖芽,并对徒长枝进行多次摘心。花石榴在花后应及时剪去残花。

◆ **病虫害防治**

石榴的主要病虫害有干腐病、蚜虫、刺蛾及介壳虫等。防治蚜虫宜在发芽前喷吡虫啉 1 000 倍液。干腐病会造成烂果,特别在熟前造成萼筒到籽粒褐腐,可在花后喷一次 40%多菌灵 600 倍液,6 月下旬喷 1~2 次 50%甲基托布津 800 倍液,效果很好。在 5~7 月介壳虫幼虫及刺蛾危害时,喷施 90%久效磷加 10%氯氰菊酯2 000倍液效果很好,但浓度不能高,否则会造成大量黄叶。介壳虫以喷施 40%速扑杀 1 500 倍液效果最好。

◆ **功效和家居环境适宜摆放的位置**

石榴具有净化空气中二氧化硫、氯气、氟化氢、甲醛、一氧化碳的功能,还能吸收铅蒸气,降低空气中的铅含量,并有吸滞粉尘的功能。研究发现,1 000 克的石榴叶可净化 6 克的二氧化硫。

石榴果实营养特别丰富。据分析,石榴果实中含碳水化合物

17%、水分79%、糖13%～17%，维生素C的含量比苹果高1～2倍，但脂肪、蛋白质及无机盐的含量较少，果实食用以鲜品为主。

盆栽石榴适宜放置在阳光充足的阳台上或有阳光直射的室内。

二、观赏茄类(Solanaceae)

◆ 植物学知识

观赏茄类植物为茄科一年生或多年生宿根草本花卉，株高30厘米～90厘米。叶互生，广卵形或椭圆状菱形，波状缘或不规则深裂，全株披被细绒毛。花腋生，紫蓝色，星形。若授粉良好，花后结果，果实晶美可爱，果色优雅，全年均有花果观赏。观赏茄类植物原产于中南美洲、亚洲南部等地。喜温暖、光线充足、通风良好的环境。要求疏松肥沃、排水良好、富含有机质的土壤。不耐寒，生长适温为15℃～25℃，最佳挂果温度为20℃～35℃。在华南地区略加保护可露地越冬，而华东、华中、华北地区冬季必须在室内越冬。

常见栽培种类有：

1. 观赏辣椒(*Capsicum frutescens* var. *conoides*)

图85 观赏辣椒

观赏辣椒(图85、彩图21)，别名朝天椒。为茄科，辣椒属，多年生宿根草本花卉。根系发达，茎直立，茎部木质化，株高15厘米～60厘米，多分枝，分枝习性为双叉状分枝，也有三叉的。一般小果类型的植株高大，分枝多，大果类型的则相反。单叶互生，全缘，卵圆形，叶片大小、色泽与青果的大小色泽有相关性。叶椭圆披针形，对生。花开于茎枝顶端或叶腋，呈白色星形5瓣。春季开花，春至秋季结果。果实单生或簇生，果形在品系上依形状区分的话，可分成长形、球形、心形、樱桃形等不同品种。果色成熟前由绿变紫色或白色，成熟后为鲜红、橙色、紫褐色、黄色等。种子扁平状，淡白色。

图 86 珊瑚豆

2. 珊瑚豆(*Solanum pseudocapsicum*)

珊瑚豆(图 86)为茄科，茄属的小灌木。其株高可达 1 米，常作为一两年生栽培。叶披针状椭圆形，基部狭窄，互生。花小，白色，常见有单生叶或数朵簇生成蝎尾状的花序。花期在夏、秋二季，果圆形，直径 1 厘米～1.5 厘米，果柄 0.8 厘米～1.5 厘米，入秋浆果逐步成熟，逐渐由绿变红，直到冬季都不凋落。全株具有毒性，果实等不可入口。

图 87 乳头茄

3. 乳头茄(*Solanum mammosum*)

乳头茄(图 87)，为茄科，茄属的半灌木，常作一年生栽培。株高约 1 米，叶片稀疏，对生，全株被蜡黄色扁刺。花蕾略下垂，花瓣 5 枚，紫色，径约 3.8 厘米，黄色花药呈锥形。果实呈倒置的梨状，基部有 5 个乳头状突起，果熟时为橙黄色至金黄色。

◆ **繁殖方法**

繁殖用播种法。华南地区除冬季外，其他三季均适合播种，发芽适温 20℃～25℃。将种子撒播于疏松的土壤中，保持湿度，经5～8 天可发芽。幼苗经追肥 1～2 次，高度 7 厘米～10 厘米时可移植栽培。

◆ **栽培管理**

栽培土质以肥沃富含有机质的壤土或沙质壤土为佳，排水、日照需良好。株高 10 厘米～15 厘米时摘心 1 次，促使多分侧枝，增加结果枝。每月追肥 1 次，各种有机肥料或氮、磷、钾肥料均佳，磷、钾肥比例稍多将有利结果。若氮肥过多，叶片旺盛，则不利开花结果，必要时摘除部分叶片。果期过后立即修剪整枝，再补给肥料，能促进萌发新枝再开花。尤其施行强剪，能使植株再生，甚至成宿根多年生。性喜温暖至高温，生育适温为 20℃～30℃，若超过 30℃，可能有授粉不良情况，开花多而结果少。

◆ **病虫害防治**

观赏茄类抗病性较强，主要病虫害有根腐病、叶部白粉病、蚜虫等。土传病防治要在移栽后 3～5 天，用 70% 的黑胫清可湿性粉剂 500 倍液浇根，每盆浇 100 毫升药液，旺盛生长期再浇一次即可较好地预防和控制土传病。防治白粉病要在初见病斑时喷洒 50% 多菌灵 500 倍液可达到较好的防治效果。防治蚜虫可用辛硫磷乳剂1 000～1 500倍液喷施。

◆ **功效和家居环境适宜摆放的位置**

朝天椒可食用，对二氧化硫、氟化氢的抗性较强。

观赏茄类喜光，适宜摆放在向阳面的阳台或者有阳光直射的客厅、书房、厨房、卧室内。

三、柑橘类(*Citrus* spp.)

◆ **植物学知识**

柑橘类植物为芸香科、柑橘属植物的统称。为常绿乔木或灌木，具刺，单生复叶。花常两性，单生、簇生或排成聚伞花序。花萼杯状，5 裂；花瓣常 5，雄蕊 15～60，子房 8～15 室，每室胚珠 1 至多数。柑果、种子无胚乳。原产我国南方、印度等暖温带和亚热带地区。喜阳光和温暖、湿润的环境。不耐寒，稍耐阴，耐旱，要求排水良好且肥沃、疏松的微酸性沙质壤土。

常见观赏种类有：

1. 金橘(*Citrus microcarpa*)

图 88 金橘

金橘(图 88)，常绿灌木或小乔木，高 3 米，通常无刺，分枝多。叶片披针形至矩圆形，长 5 厘米～9 厘米，宽 2 厘米～3 厘米，全缘或具不明显的细锯齿，表面深绿色、光亮；背面表绿色，有散生腺点。叶柄有

狭翅,与叶片边境处有关节。单花或2～3花集生于叶腋,具短柄;花两性,整齐,白色,芳香;萼片5裂;花瓣5枚,长约7毫米,雄蕊20～25枚,不同程度的合生成若干束;雌蕊生于略升起的花盘上。果矩圆形或卵形,金黄色。果皮肉质而厚,平滑,有许多腺点,有香味。金橘原产我国南部,果生食或制作蜜饯,入药可理气止咳。

图89　四季橘

2. 四季橘(*Citrus mitis*)

四季橘(图89、彩图22)为常绿灌木或小乔木。树性直立,枝叶稠密,多分枝,有刺或无刺。叶色深绿,叶缘有波浪状钝齿,翼叶狭小。花洁白芳香,一年开花多次。果实橘黄色,果圆形或扁圆形,常偏斜不正,果顶常有小印圈,油胞密,平生或凸出。果肉8～11瓣,酸,可代绿檬使用。种子多胚,胚绿色。

3. 佛手(*Citrus medica* var. *sarcodactylis*)

图90　佛手

佛手(图90、彩图23)为芸香科香橼的一个变种,古称"密罗柑"或"五指柑"。常绿小乔木,高3米～4米。枝上有短而硬的刺,嫩枝幼时紫红色。叶大,互生,长椭圆形或矩圆形,长8厘米～15厘米,宽3.5厘米～6.5厘米,先端圆钝,基部阔楔形,边缘有锯齿。叶柄短、无翼。圆锥花序或为腋生的花束,雄花较多,丛生,直径3厘米～4厘米,萼杯状,先端5裂。花瓣,内面白色,外面淡紫色,雌花子房上部渐狭,10～13室,花柱有时宿存。柑果卵形或矩圆形,长10厘米～25厘米,顶端分裂如拳,或张开如指,外皮鲜黄色,有乳状突起,无肉瓤与种子,花期为夏季。

◆ 繁殖方法

柑橘类植物播种实生苗后代多变异,品种易退化,结果晚。一般不采用播种繁殖,多用扦插或嫁接法繁殖。

扦插繁殖:扦插的时间各地不一,但总在幼芽萌发之际。长江下游在4～6月,四川、广东在3～4月或7～9月,华北在立夏前后。扦插勿用徒长枝,选取头年健壮的春梢或秋梢,截取中段,长20厘米～25厘米作插穗,具3～5个芽,剪去叶片,留叶柄,直插苗床。入土深度约为插穗全长的一半。插后保持湿润,夏季搭棚遮荫,冬季覆草盖土保护。经9～10个月后,苗高可达30厘米左右,翌年清明节定植。扦插以素沙床插法为多,其优点是透水、透气性好,插枝不易腐烂,成活率较高。佛手多用扦插法繁殖。

嫁接繁殖:砧木用枳(枸橘),能使其耐寒、丰产、矮化。嫁接方法有靠接、枝接和芽接。枝接在春季,用切接法进行;芽接可在6～9月间进行,成活率很高。栽培重点是要及时抹除砧木上的芽,培肥,促进嫁接幼苗生长。当接芽后长出5～6枚叶时即进行摘心,留4枚叶片,使萌发二次梢,二次梢萌芽5～6枚叶时,留4枚叶摘心一次,使一年生苗分植两次,具有4～6个主枝,形成株形紧凑、分枝匀称的优质苗。当年10月即可上盆或定植,翌年5月底至6月中旬,即进入正常结果期。盆栽金橘、四季橘常用靠接法嫁接,应提前一年盆栽砧木,在4～7月间进行靠接,接穗选用两年生健壮枝条。

◆ 栽培管理

盆栽柑橘类植物,天冷时只要移入室内,一般可安全越冬,室温不宜过高,过高反而使生长衰落。每隔1～2年,春季出室时进行换土,换土后放在阴处养护半月,然后放到阳光下培育。在2～3月进行修枝,剪去密生枝、细弱枝、交叉重叠枝、下垂枝和病枯枝。壮枝不必剪,徒长枝应打头,衰老枝剪短,促使其更新。修剪后既要使枝条不错乱,又要保持相当密度,形成良好的圆头形树冠。7月秋梢新发,对过密和影响树形的嫩枝应及时摘除。水肥管理要适当,如叶片发黄,则可能过湿了,马上"扣水";如叶子干卷,应立即补充水分。为了达到观果的目的,要适当增施磷肥。养护过程中还要注意向日性,花盆朝南的,移动后仍需朝南,不能紊乱光照方向,否则树势不旺。

◆ 病虫害防治

家庭盆栽柑橘类植物易受红蜘蛛、介壳虫、潜叶蛾、天牛等危害。生长期中易患流胶病、炭疽病、煤污病等病虫害。防治以预防为主,在

受到病虫侵害后可用化学药品防治流胶病，发病前喷500倍液多菌灵、托布津或代森锌。煤污病可用清水擦洗、500倍高锰酸钾液涂洗。虫害少时采取人工摘除病叶及手工捉虫等方法。

◆ 功效和家居环境适宜摆放的位置

柑橘类植物能净化空气中的汞蒸气、铅蒸气、乙烯、过氧化氮等有毒气体，同时对家用电器、塑料制品所散发的苯、甲醛等有害气体也有一定的吸收和抵抗能力。柑橘类植物富含油苞子，可抑制细菌，有效预防霉变，预防感冒。

金橘的香气令人愉悦，具有行气解郁、生津消食、化痰利咽、醒酒的作用。为脘腹胀满、咳嗽痰多、烦渴、咽喉肿痛者的食疗佳品。其果实含丰富的维生素A、维生素P、维生素C，对防病保健很有益处。

四季橘果较酸，很少直接食用，但其果能治伤风、咳嗽。

佛手的果实和叶中有浓郁的鲜果清香，果实可加工成蜜饯、佛手茶等。佛手的花与果实均可食用，食疗上有理气化痰、舒肝和胃、解酒之功效。佛手的果实还能提炼佛手柑精油，是良好的美容护肤品。

柑橘类植物适宜摆放在光线充足的阳台上或者客厅里，入冬后可放置在室内有阳光直射的窗边。

第五节 仙人掌和多浆植物

图91 仙人掌

一、仙人掌科植物(Cactaceae)

1. 仙人掌(*Opuntia dillenii*)

◆ 植物学知识

仙人掌(图91、彩图24)，别名仙巴掌、仙人扇、仙肉。仙人掌科，仙人掌属，常绿灌丛状肉质植物，高达可2米～8米。茎基部近圆柱形，稍木质，上部有分枝，节明显，叶状枝扁平，倒卵形、圆形或长椭圆形，

长15厘米～30厘米，肉质，深绿色，外被蓝粉，其上散生多数小瘤体，每一小瘤体上簇生长1.2厘米～2.5厘米的利刺和多数倒生短刺毛。叶退化成钻状或针状，青紫色，生于刺囊之下，早落。夏季开花，单生于近分枝顶端的小瘤体上，花鲜黄色，直径约7厘米。浆果肉质，有黏液，卵形或梨形，长5厘米～7厘米，紫红色，有刺。仙人掌原产南美洲巴西至阿根廷，我国西南部有野生的，现已广泛栽培。仙人掌生性强健，甚耐干旱，喜阳光充足，冬季要求冷凉干燥。对土壤要求不严，在沙土和沙壤土中皆可生长，畏积涝。我国西南、华南及福建、浙江南部皆可露地生长，其他地区皆做盆栽。

◆ 繁殖方法

仙人掌既可用扦插繁殖，也可用嫁接繁殖、播种繁殖，一般家庭栽培多用扦插繁殖。

扦插繁殖：扦插繁殖的时间一年四季都可进行，但以夏季较好。方法是选择生长良好的茎节剪下，晾晒几天，待切口稍干，呈收缩状时可插入砂土中，浇水不能过多，沙土干时适当浇水，或仅喷水，置于蔽荫处，一个月左右可生根，此时则可按正常方法浇水养护。

嫁接繁殖：一般于春季进行，夏季高温病菌繁殖力强，最好不要嫁接。以仙人掌作蟹爪兰等附生型仙人掌的砧木，用劈接法进行嫁接，此法操作简单，对初学者来说不难掌握。嫁接后，若砧木上长出分枝，应及早将其剪除，以保证养分集中于接穗，使其生长良好。

播种繁殖：可采用人工辅助授粉法获得浆果。除去浆果皮肉后，留下种子备用。种子播种前2～3天浸种。播种时间以春夏为好，一般在24℃左右发芽率较高。播种用仙人掌盆栽用土即可。

◆ 栽培管理

室内盆栽仙人掌，以选择小型、多毛或者毛刺带颜色的种类为宜，如白毛掌、红毛掌、黄毛掌等。栽培中不能认为这类植物耐旱，而忽略对它的正常浇水与施肥。

仙人掌栽培管理简便，主要是掌握好浇水。每年早春进行换盆，换盆时要剪去一部分老根，晾4～5天再栽植。栽植不要太深，以植株

根颈处与土面相平为宜。新栽的仙人掌不要马上浇水，每天喷水雾2～3次即可。半月后可少量浇水，1月后新根已长出时，可逐渐增加浇水量。冬季休眠要节制浇水，保持盆土不干为宜，在取暖条件较好的室内，在晴天上午可正常浇水。由春至夏，随着温度升高，浇水次数、浇水量都可逐步增加。伏天过后，天气转凉再恢复正常浇水。在生长季节每10天或半月施1次腐熟的稀薄饼肥水，冬天不必施肥。

仙人掌还需注意春天出室这一关。春天时暖时冷，气候多变，千万不要过早出室，更不要在早春浇水，否则一冬天的辛勤养护将毁于一旦，一定要到谷雨前后，气温稳定了，才能搬至室外，进行正常养护管理。

◆ 病虫害防治

仙人掌较常见的病害有腐烂病、煤污病。

腐烂病的发生常常与浇水不当、盆土排水不良、持续过度的潮湿有关。发现病株后，应立即用利刀切除有病组织，并在切口涂上木炭粉或硫磺粉，同时节制浇水或换盆，另行扦插或嫁接。最好在栽植场所及植株上定期喷洒50%的多菌灵可湿性粉剂500倍液预防，并改善通风条件，避免持续过度的潮湿。

煤污病最初发生在植株的刺点上，附有黑色细嫩的小点，好似煤屑，可用消毒肥皂液清洗。

虫害主要有介壳虫、红蜘蛛及蛞蝓等，可人工去除。

◆ 功效和家居环境适宜摆放的位置

仙人掌可吸收甲醛、乙醚等装修产生的有害气体，对电脑辐射也有一定的吸收作用。此外仙人掌还是天然氧吧，这类植物肉质茎上的气孔白天关闭，夜间打开，在吸收二氧化碳的同时释放氧气，增加室内空气的负离子浓度。因此，我们将这类具有“互补”功能的植物放于室中，可平衡室内氧气和二氧化碳浓度，保持室内空气清新。

食用仙人掌的营养十分丰富，它含有大量的维生素和无机盐，具有降血糖、降血脂、降血压的功效，仙人掌的嫩茎可做蔬菜食用，果实则是一种口感清甜的水果。

仙人掌可置于阳面的阳台上，入冬后可置于室内有阳光直射的窗边。

2. 金　琥(*Echinocactus grusonii*)

图 92　金　琥

◆ **植物学知识**

金琥(图 92),别名象牙球、无极球。仙人掌科,金琥属,陆生型仙人掌类植物。植株单生,圆球形,最大球径可达 1 米左右,甚为壮观,球体碧玉色,球体顶部密生金黄色绒毛,具 23～37 个棱脊高耸的直棱,棱上排列整齐的刺座较大,金黄色辐射状刺 8～10 枚,强硬稍弯的金黄色中刺 3～4 枚。只要管理得当,成年植株在每年的 4～11 月都能开花。金黄色的钟状花着生于球体顶部周围的绒毛丛中,宛如天穹缀上颗颗金星。花后结的果实毛绒绒、黄灿灿,与顶部的绒毛相映成趣。

金琥原产墨西哥中部,喜阳光充足,多喜肥沃、透水性好的沙壤土。夏季高温炎热期应适当蔽荫,以防球体被强光灼伤。生长适温为20℃～25℃,冬季宜维持在 8℃～10℃,温度太低时球体上易产生黄斑。

◆ **繁殖方法**

金琥的繁殖通常采取嫁接或砍头的方法繁殖。

嫁接繁殖:为了使籽球生长迅速健壮,可把直径 2 厘米～4 厘米的籽球平接到三角柱(三棱箭)上,1 年后籽球直径可达 8 厘米～10 厘米。这时,从球体的基部砍去三角柱,将球体在干燥、通风、阴蔽处放 3～5 天,再将球体植入栽培土,30～50 天后球体生根,生长更为强健。

砍头繁殖:你若想让一棵金琥繁殖更多,可在金琥球体从上到下 1/3 处切顶,在切口的边缘将会长出许多籽球,然后再将这些籽球进行嫁接或扦插。

◆ **栽培管理**

对肥分要求不高。盆土宜用带蛋壳粉之类石灰质的沙性壤土,盆底可用腐熟的鸡粪或豆饼、骨粉、草木炭等作基肥。

从球体直径达 20 厘米开始,必须每年换盆一次。20 厘米以下的,虽不必每年换盆,但一定要剪枯根和过长的老根,翻晒土壤,这样球体才能生长良好。换盆时,盆的直径比球体稍大一些即可。能更换陈土最好,若条件不允许,可将陈土翻晒、过筛并加入基肥及适量石灰质材料，以补充养分和提高土壤碱性。因为仙人掌科的植物喜欢在中性或微碱性的土壤中生长。经长期栽培后，不仅因植株渐大需要换大一点的盆，还因其根系常分泌一种有机酸导致盆土酸化，所以应在每年春季换盆、换土。换盆时，先将根部四周的泥土松动，视球体重量取粗细合适的绵绳打成瓶口结，套在球体中部偏下，拉紧瓶口结，提出绑好的金琥，清除宿土，修剪枯根和过长的老根。待根部晾干，将其移入另一盆中，填好周围新土，分几次振动，直至盆土充实、球体不动摇为止。先放荫凉通风且不受冻害处，再逐渐移至阳光下。

生长期给予充足的水肥。那种认为仙人掌科植物在任何时候都不需要什么水肥的看法是片面的，是不利其生长的。夏季炎热，可适当遮荫，防止烈日灼伤球体。气温达 38℃时进入夏眠，控制水肥。越冬温度在 5℃以上，保持盆土干燥。

◆ **病虫害防治**

病虫害及防治方法与仙人掌类似。

◆ **功效和家居环境适宜摆放的位置**

金琥能吸收甲醛、乙醚等装修产生的有毒、有害气体，吸收电脑辐射。同时金琥在夜间会吸收二氧化碳，释放氧气，具有增加新鲜空气和负离子的功能，对空气中的细菌也有良好的抑制作用。

金琥可置于向阳面的阳台上，入冬后可置于室内有阳光直射的窗边或桌几上。

图 93 昙 花

3. 昙花(*Epiphyllum oxypetalum*)

◆ **植物学知识**

昙花（图 93），别名月下美人、昙华、韦驮花。仙人掌科，昙花属，多年生常绿附生型仙人掌类植物。变态枝呈椭圆形带状，肥厚多肉，边缘波浪状，中间髓部木质化，表面具蜡质，有光泽。幼枝有刺毛状刺，老枝无刺。花单生于变态枝的边缘，无花梗，花很大，重瓣，白色，花瓣披针形；花萼红色、筒状。花期7～8 月，多在夜晚 10 点左右开放，香气四溢，开后 4 个多小时开始凋谢。浆果红色，种子黑色。昙花原产于美洲热带，喜温暖湿润及半阴环境，要求排水良好的沙质壤土。生长最适温度为 13℃～20℃，越冬温度为 10℃左右。夏季忌阳光曝晒，需遮荫，或放在室内见光的通风良好处或屋檐下。

◆ 繁殖方法

昙花一般用扦插繁殖，在生长季节均可进行，但以 5～6 月最好。具体做法是：选取 1～2 年生健壮、肥厚壮茎作插穗，长 10 厘米～15 厘米，放阴凉处晾 2～3 天，待剪口干燥后插入盛有蛭石或素沙土的瓦盆中，放在遮荫处，保持 18℃～24℃，隔 3～4 天喷少量水，使扦插基质半湿润，插后约 4 周生根，可移至见弱光处，注意喷水，根长 3 厘米～4 厘米时上盆。用主茎扦插，当年可见花，用侧茎扦插需 2～3 年才能开花。

◆ 栽培管理

昙花盆栽，宜选用排水良好、肥沃的腐叶土为好。盆土不宜太湿，以不干为度。上盆或换盆时皆在 2～3 天前停止浇水，使根系稍呈蔫状态，这样栽培时不致把根折断，避免病菌从伤口侵染而腐烂。栽后要浇一次透水。宜多浇水，一般 1～2 天浇 1 次水，早晚可向植株、地面喷水 1～2 次，以增加空气湿度。但浇水次数不要太多，如盆土长期含水量大，影响土中氧气含量，致使根部呼吸困难，会造成烂根、死亡。夏季还需注意不让暴雨冲淋，免浸泡烂根。春秋季浇水应减少，冬季休眠期浇水要严格控制，做到盆土不干不浇，如盆土经常潮湿，气温又低，也会引起烂根。生长期间每隔半个月施一次腐熟饼肥水，现蕾开花期增施一次骨粉或过磷酸钙。如肥水施用得当，可延长花期。

昙花喜半阴环境，盆栽昙花夏季应放在见光 50%左右的树荫下最好。因为曝晒常会使变态茎萎缩发黄，放置地点若过于荫蔽，往往会造成植株徒长，影响开花。冬季要搬入室内，停止施肥，保持室温 5℃～8℃，可安全过冬。

◆ 病虫害防治

介壳虫危害严重时，叶状茎表面布满白色介壳，使植株生长衰弱，被害部呈黄白色。如被害植株较轻，可用竹片刮除，严重时用 25%亚

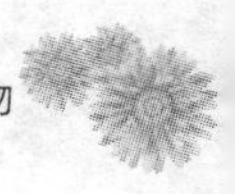

胺硫磷乳油 800 倍液喷杀。

◆ **功效和家居环境适宜摆放的位置**

昙花对二氧化硫、氯气和氟化氢的抗性较强。对一氧化碳、二氧化碳、氮氧化物有较强的吸收能力。昙花夜间可吸收二氧化碳，释放氧气，增加空气中的负离子浓度。昙花可食用，味道鲜美。

春秋可置于阳光充足的阳台处。盛夏需避免强光直射，冬季可移入室内通风凉爽处。

图 94 蟹爪兰

4. 蟹爪兰(*Zygocactus truncatns*)

◆ **植物学知识**

蟹爪兰(图 94)，别名蟹爪莲、蟹爪。仙人掌科，蟹爪兰属，附生型仙人掌类植物。植株常呈悬垂状，嫩绿色，新出茎节带红色，主茎圆，易木质化，分枝多，呈节状，刺座上有刺毛，花着生于茎节顶部刺座上。常见栽培品种有大红、粉红、杏黄和纯白色。因茎节连接形状如螃蟹的副爪，故名蟹爪兰。花期 1 月前后，浆果，卵形，红色。蟹爪兰原产巴西，喜温暖湿润和半阴环境，不耐寒，怕烈日曝晒。宜肥沃的腐叶土和泥炭土，怕生煤火、煤灰。最适宜的生长温度为 15℃～25℃，夏季超过 28℃，植株便处于休眠或半休眠状态。冬季室温以 15℃～18℃为宜，温度低于 15℃时易落蕾。

◆ **繁殖方法**

主要有扦插和嫁接两种方法。

扦插繁殖：春末剪取 1 年生以上的成熟枝条(片状茎)，阴干数日后直接插入培养土中盆栽，深度为枝条的 1/3～1/2，每盆数支，保持盆土稍干和半阴的环境，2～3 周即可生根。因扦插繁殖的蟹爪兰幼苗生长缓慢、开花迟，一般多采用嫁接繁殖蟹爪兰。

嫁接繁殖：常在春、秋两季进行。蟹爪兰嫁接砧木应选择生长饱满、健壮、肥大的当年生仙人掌新掌片，接穗选择生长组织充实的 3～5

节茎节为宜。茎节多的成型快，嫁接时将选定的砧木顶部削成"V"型缺口，然后将接穗下部两面薄薄地削去皮层，露出中部的维管束后插入砧木中，插入深度以达到接穗茎节的2/3以上为好，如果是小的接穗要全部插入。除V形缺口外，还可斜切、横切。接穗插入后，要用仙人掌刺插入砧木加以固定，以防止接穗滑落。斜切和横节的可用木夹或竹夹固定，防止切口在成活过程中因形成愈伤组织而膨胀裂开。嫁接后接口用甲基托布津600倍液或草木灰涂抹，以防腐烂。嫁接工作完成后，要给花盆浇足水并放在半阴且湿度大的地方，防止接穗过度失水。一般经过20天，如果接穗表面绿油油且有光泽，用手轻弹感到坚挺，即表示已经成活。

◆ **栽培管理**

盆栽用土要求排水、透气良好。平时安放于通风良好的窗台、阳台或走廊里，夏季要注意遮荫、避雨。天气炎热，阳光强烈，对其生长极为不利，稍微受阳光曝晒或放在闷热的场所会使植株受到灼伤，引起叶萎黄、脱落乃至死亡。冬季畏寒，室内温度低于5℃时生长不良，甚至会受冻害。10℃左右生长正常，15℃左右即可开花。所以在晴朗的白天，宜将盆株放在朝南能接受阳光的窗台处。严寒之夜摆放在离窗口较远的地方，室内温度特别低的夜晚，可用大塑料袋套住植株，待天明有阳光时再揭去。

浇水应随季节不同灵活掌握。冬季气温低，不宜多浇水，只要保持盆土湿润即可。一般每隔4～5天浇水一次。夏季气温高，虽然遮阴，盆土仍易干，一般1～2天浇水一次。有条件的可用喷雾器经常向叶面喷一些水，既能防暑降温又能使植株生长良好。

施肥主要在秋季开花前9～10月和春季开花后4～6月进行。每隔7～10天施浓度为20%腐熟人粪尿及饼肥水。秋季施肥为使花芽分化，以磷肥为主；春季施肥为促使多发新枝，以氮肥为主；夏季不宜施肥，盛夏应停止施肥，否则易引起腐烂。施肥前停止浇水，使盆土稍干，效果较好。

蟹爪兰是在当年生茎的顶端开花，花凋谢后需将茎的尖端修剪掉3～4节，以利翌年开花。修剪下来的枝条可用作扦插繁殖。

蟹爪兰是短日照植物，在短日照（每天日照8～10小时）条件下，2～3个月即开花，如要求国庆节开花，可在8月初用不透光的黑色塑料薄膜罩对植株进行短日照处理，每天见8小时阳光，这样9月底可开花。出现花蕾时，盆土不要太干，否则花蕾易脱落。开花时，将盆株移到比较凉爽(12℃～15℃)的房间里，开花时间可延长一些。

◆ **病虫害防治**

蟹爪兰常发生炭疽病、腐烂病和叶枯病，危害叶状茎。特别在高温高湿环境下发病尤为严重。发病严重的植株应拔除，集中烧毁。病害发生初期，用50%多菌灵可湿性粉剂500倍液每旬喷洒1次，共喷3次。

◆ **功效和家居环境适宜摆放的位置**

蟹爪兰对二氧化硫、氯化氢的抗性较强。对一氧化碳、二氧化碳、氮氧化物的吸收能力较强。在晚上亦能吸收二氧化碳，放出氧气，增加室内空气中负离子含量，净化空气。

春、秋、冬季可置于室内阳光充足的窗台或书桌上。盛夏需避免强光直射，可移入室内通风凉爽处。

图95 令箭荷花

5. 令箭荷花(*Nopalxochia ackermannii*)

◆ **植物学知识**

令箭荷花(图95、彩图26)，别名红孔雀、荷花令箭、孔雀仙人掌。仙人掌科，令箭荷花属，附生型仙人掌类植物。高50厘米～100厘米，多分枝，叶退化。茎扁平，披针形，形似令箭。基部圆形，鲜绿色，边缘略带红色，有粗锯齿，锯齿间凹入部位有细刺(即退化的叶)。中脉明显突起。花着生于茎的先端两侧，花大美丽，不同品种直径差别较大，小的有10厘米，大的可达30厘米。花外层鲜红色，内面洋红色，栽培品种有红、黄、白、粉、紫等多种颜色，盛开于4～5月份。花被开张，反卷，花丝及花柱匀弯曲，花形尤为美丽。浆果，种子小，多数，黑色。其变态茎大而扁平，形似令箭，花大色艳，似荷花，故称令箭荷花。令箭荷花原产中美洲墨西哥，性喜温暖多湿，耐干旱，不太耐寒，适宜生长于肥沃、排水良好的沙质土壤里。冬季要求温度10℃～15℃，温度过高，变态茎易徒长，生长季节(3～6 月)温度要求 13℃～18℃，气温过低，影响孕蕾。

◆ 繁殖方法

通常用扦插法和嫁接法繁殖。

扦插繁殖：在开花前后均可进行。选择生长充实肥大的叶状茎，剪取顶端 6 厘米～8 厘米作插穗，晾 2～3 天，待切口干燥后，插入素沙土盆中三分之一。切勿浇水，但应少量洒些清水，放半阴处，经常保持较小的湿度，25～35 天即有根生出，随后栽入花盆中，按常规进行管理，约 3 年开花。

嫁接繁殖：在春季进行。选用生长良好的三棱箭(又称量天尺、三角柱)作砧木，自顶端中心纵切 3 厘米左右深的接口。接穗从令箭荷花的叶状茎顶端截取，长约 10 厘米，在其下端两侧各削一刀，切成扁平楔形，然后将接穗插入砧木的切口内，扎紧，这个过程越短越好。嫁接后要防止有水流进切口和碰动接穗。半月后即可成活，第二年开花。

◆ 栽培管理

令箭荷花在北方多作盆栽，盆栽土壤要求含丰富的有机质。夏季要放在通风良好的半阴处，并节制浇水，春秋则要求阳光充足，充分浇水。令箭荷花喜肥，生长季节每 20 天施用腐熟液肥一次，现蕾后增施一次磷肥，促使花大色艳。生长期间要及时剪除过多的侧芽和基部枝芽，减少养分消耗。令箭荷花的叶状茎柔软，应及时立支架，以防折断，也有利于通风透光，达到株形匀称。栽培中要注意 7 月前尽量培养出肥厚的茎，8 月以后减少浇水，促使花芽分化。花蕾出现后，浇水不宜过多，否则易落蕾。开花时，盆土不宜太干，以延长花期。盆栽中常有生长十分繁茂而不开花者，这往往是因放置地点过分荫蔽与管理中肥水过大造成的，只要节制肥水，尤其避免氮肥施用过量，并使植株稍见一些阳光，另外在孕蕾期增施磷、钾肥，则不难孕蕾开花。叶状茎如果发黄，则往往是阳光太强所致。栽培场所如通风不良，则易受蚜虫、介壳虫危害，直接影响植株的正常生长和开花。

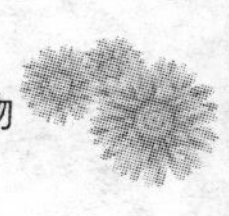

◆ **病虫害防治**

病虫害种类和防治方法同昙花。

◆ **功效和家居环境适宜摆放的位置**

令箭荷花对二氧化硫、氯化氢抗性较强，对一氧化碳、二氧化碳、氮氧化物有较强的吸收能力。在晚间亦能吸收二氧化碳，放出氧气。

春、秋、冬季可将令箭荷花置于室内有阳光直射的窗边或者客厅，夏季应适当避光，可摆放在背阴面的窗台上。

二、其他多浆植物

1. 芦荟（*Aloe vera*）

◆ **植物学知识**

图 96 芦 荟

芦荟（图 96、彩图 27），别名龙角、油葱、狼牙掌。百合科，芦荟属，多年生常绿多浆植物。茎节较短，叶簇生，呈座状或生于茎顶，叶呈披针形或叶短宽，被白粉，边缘有尖齿状刺。花序为伞形、总状、穗状、圆锥形等，色呈红、黄或具赤色斑点，花瓣六片、雌蕊六枚。花被基部多连合成筒状，花萼绿色，花期 7～8 月。蒴果三角形。

芦荟原产于非洲南部、地中海地带和印度等地，喜光、温暖的环境，不耐寒，较耐阴，耐干旱，冬季最低温度为 5℃，芦荟适宜生长在深厚肥沃且排水良好的沙质土壤中。

◆ **繁殖方法**

芦荟的主要繁殖方法有分株繁殖和扦插繁殖两种。

分株繁殖：是芦荟的主要繁殖方法。分株繁殖在芦荟整个生长期中都可进行，但以春秋两季温度条件最为适宜，且分株繁殖的新苗返青较快，易成活。在分株繁殖过程中，具体操作可采用两种方法：一种是将由芦荟茎基吸芽长成的、带根的幼株直接从母体剥离下来，然后移栽到疏松的栽培土中；另一种方法是用刀将母株基部萌发吸芽与母株切割开，但不要挖出来，仍让幼苗留在原位，使其生长一段时间(一般半个月左右)，形成独立的根系，达到完全自养状态，再将幼苗带土移栽，定植在花盆中，及时浇一遍定植水。这种芦荟幼苗切离、原位生根、再带土移栽的方法，基本上无“缓苗期”。

扦插繁殖：也是芦荟繁殖常用的一种方法。芦荟的扦插主要采用茎插和根插。无论茎插还是根插，切下插穗后应荫干几天再进行扦插，扦插后要注意遮荫并保持湿度，一般 3 周左右生根后即可上盆。

◆ **栽培管理**

芦荟叶片宽厚且长，株型散大，盆栽宜选用口径 30 厘米以上的大花盆，用 2～3 份松软肥沃的壤土与 1 份富含有机质的优质腐殖质土，另加少量复合肥、骨粉拌匀后使用。忌盐碱土，如建房废土等。

盆栽选用株高 2.5 厘米左右、茎较矮而粗壮、叶色深而叶片厚、带有自生根 2～3 条的壮苗。用壮苗定植，缓苗快，发根早，抗逆性与抗病性强，有利于早生快发。盆栽时，先在盆的流水孔上盖上一小瓦片或石子，将土装配至盆高 1/3 处，再将芦荟苗垂直放入盆中央，使根触土，然后一手提苗，另一手上土，压实，使根系与盆土紧密接触。待上土到盆高 2/3 时，将苗轻轻上提，使根伸展，继续上土到距盆沿 2 厘米处，2～5 天不浇水，只在叶面喷水，并用小树枝等作临时遮荫，这样可减少缓苗时间，尽快进入生长期，经 10～15 天可缓苗返青，这时可进行浇水、照光。

芦荟生长期喜较温暖的气候及充足的肥水。一般冬季生长慢，开春后随气温升高，生长加快，故春、夏季是肥水管理的重点时期。

施肥：芦荟虽耐瘠薄，但适量施肥可提高产量及观赏价值，增加繁殖量，还可增加抗逆性，减少发病几率。开春后结合松盆土，每盆施入复合肥 20 克左右，施于距植株 3 厘米～5 厘米远处，并采用穴施，然后盖土浇水。以后每 15～20 天追施有机稀薄肥水，并按月用 0.1%磷酸二氢钾(或其他生物微肥、稀土微肥)进行叶面喷施，冬季一般不施肥。

浇水：芦荟虽抗旱性较强，但叶肥多汁，对水分需求量较大，而盆栽芦荟却忌水分过多。水过多、长期积水易引起烂根等病害，甚至死

亡。此外，高温、高湿也易引发病害，故成株芦荟生长季节浇水以见干见湿、潮而不湿、盆土不积水为宜。主要是叶面喷水，冬季进入室内，则宜少浇水，盆土持水量以 50%～60%为宜。

遮荫与防冻：夏季高温时节，以遮荫 30%～40%为宜，否则，叶片会被日光灼伤，形成坏死斑点，影响观赏效果。冬季需转移至有光照的室内防寒，以确保芦荟安全越冬。

◆ 病虫害防治

正常生长情况下，盆栽芦荟不易发生病虫害。小苗通风透气不佳，易生蚜虫和介壳虫，可喷烟草浸出液防治。如发现叶片上有圆形或椭圆形褐色至黑褐色斑点，即为炭疽病病斑。可用 70%代森锰锌可湿性粉剂 500 倍液喷施，隔周再喷 1 次，并及时将病斑多的叶子剪去。

◆ 功效和家居环境适宜摆放的位置

芦荟能净化空气中的甲醛、二氧化硫、一氧化碳等有害气体，尤其是对甲醛的吸收能力特别强，一盆芦荟在 24 小时光照下，能吸收一平方米空气中 90%的甲醛。芦荟能在晚上吸收二氧化碳，释放氧气，增加空气中的负离子浓度。它还对空气中的有害微生物有抑制作用，同时能吸附灰尘，是一种理想的家居绿化植物。

芦荟植株中含的氨基酸和复合多糖物质，构成天然保湿因素。这些天然保湿因素能补充皮肤中损失掉的水分，恢复胶原蛋白的功能，防止面部皱纹，保持皮肤光滑、柔润、富有弹性。

芦荟体内的凝胶不但是阳光的屏蔽，而且它能阻止紫外线对免疫系统产生的危害，并能恢复被损伤的免疫功能，使晒伤皮肤获得痊愈，阻止皮肤癌的形成。

芦荟凝胶涂于创伤表面，形成薄层，可防止外界微生物的侵入。它可使干燥的伤口保持湿润，凝胶内的生长因子能直接刺激纤维细胞，使其获得再生和修复。芦荟凝胶能增进创伤的拉伸强度，促进创伤愈合。

科学家研究发现，芦荟含有数十种营养元素，其中包括维生素 B_2、维生素 B_6 等 8 种人体肌肤所必需的氨基酸和无机盐、芦荟大黄素苷以及大量的蛋白质等提取物或制品是一种当下非常流行的保健食品。

芦荟适宜摆放在阳光充足的阳台或客厅、书房、卧室。

2. 虎尾兰(*Sansevieria trifasciata*)

图 97 虎尾兰

◆ **植物学知识**

虎尾兰(图 97),别名虎皮兰、千岁兰、虎尾掌、锦兰。百合科,虎尾兰属,多年生常绿草本花卉。叶从地下茎生出,丛生状,扁平,直立,剑形长30 厘米～60 厘米,宽 3 厘米～7 厘米,先端尖,硬革质,表面浅绿色,被薄粉,横向有深绿色如云状斑纹。花茎高可达 80 厘米,小花一束 3～8 朵,1～3 束簇生在轴上。花有香味,绿白色,有苞,花期 11～12 月份。浆果球形。虎尾兰原产非洲西部,性喜温暖向阳环境。耐半阴,怕阳光曝晒。耐干旱,忌积水。土壤不拘,粘重土亦能生长,以排水良好的沙质土壤为宜。

◆ **繁殖方法**

可用扦插和分株法繁殖。

扦插繁殖:可在 5～8 月进行。将成熟的叶片自基部剪下,按 6 厘米～10 厘米一段截开,插入素沙土中,入土深度 3 厘米左右,插后放于疏荫处,温度保持在 18℃～25℃,20 天左右开始生根。当幼株长出2～3枚叶时即可上盆。金边虎尾兰用扦插法成活后,金边常易消失,故多采用分株法繁殖。

分株繁殖:由于地下横生匍匐茎常露出土壤表面,所以分株时不必脱盆,直接将根茎切开,提出后上盆栽种,没有须根也能成活。当叶簇挤满全盆后,可进行换盆,抖掉所有泥土,以一个叶簇为单位剪断根茎,分开上盆栽种,1 年后可萌发出 4～5 个新叶簇。

◆ **栽培管理**

盆栽可用腐叶土和园土等量混合并加少量腐熟基肥作为基质。在光线充足的条件下生长良好,除盛夏需避免烈日直射外,其他季节均应多接受阳光。若放置在室内光线太暗处时间过长,叶子会发暗,缺乏生机。此外,如长期摆放于室内,不宜突然直接移

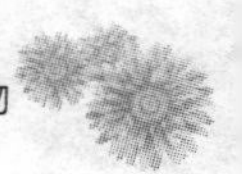

至阳光下，应先移在光线较好处，让其有个适应过程后再见阳光，以免叶片被灼伤。浇水要适量，掌握宁干勿湿的原则，平时用清水擦洗叶面灰尘，保持叶片清洁光亮。春季根茎处萌发新植株时要适当多浇水，保持盆土湿润；夏季高温季节也应经常保持盆土湿润；秋末后应控制浇水量，盆土保持相对干燥，以增强抗寒力。对肥料要求不高，生长季每月施 1～2 次稀薄液肥即可，以保证叶片苍翠肥厚。

◆ 病虫害防治

病害主要有根腐病，浇水过勤或淋雨会导致此病发生，可通过控制盆土水分进行预防。发病时可用 50%的多菌灵 500 倍液或甲基托布津溶液进行防治。

虫害主要有介壳虫，一般可直接用软抹布擦拭叶片，去虫效果良好。

◆ 功效和家居环境适宜摆放的位置

虎尾兰是清除甲醛、苯及氯乙稀等作用最为有效的植物之一，一间容积为 34 立方米的房间摆放两盆中等规格的虎尾兰即可使室内空气得到净化。与其它多浆植物一样，虎尾兰会在夜晚吸收二氧化碳并制造氧气，对于改善室内空气品质很有帮助。

室内摆放虎尾兰，宜置于光照充足明亮处，如向阳面的窗边、阳台或者有阳光直射的客厅内。叶片可作切叶配置切花装饰。

3. 景天类（*Sedum* spp. ）

◆ 植物学知识

景天类为景天科，景天属，多年生多浆植物，盆栽株高不等。有节，微被白粉，茎柱形粗壮，呈淡绿色。叶灰绿色，卵形或卵圆形，扁平肉质，叶缘有时微具波状齿或全缘。原产于南非、墨西哥等热带地区。一般阳光直射情况下开花良好，但许多种类也耐阴。因此亦可布置在树缘或灌木下。景天类植物喜欢沙质土壤，但它们在大部分土壤中都能生长，几乎不择土壤，可耐受的 pH 值为 3. 7～7. 3，冬季土壤应排水良好。景天类在气候温暖、干旱的环境长势良好。

景天类植物种类多样，叶色、叶形和花色各有特点，株高10 厘米～60 厘米，生长类型有直立型和匍匐型两种。

1. 佛甲草(*S. lineare*)

多年生肉质草本。高10厘米～20厘米,茎初生时直立,后下垂,有分枝。3叶轮生,无柄,线状至线状披针形,阴处叶色绿,日照充足时为黄绿色。花瓣黄,花期5～6月。耐旱性强,喜光照,也耐阴,具有一定的耐寒性,对土壤要求不严。自然间可生长在岩石缝间和屋顶的缝隙里。近年来,在屋顶花园上应用甚广,园林中也可盆栽或用于岩石园中,也是模纹花坛的材料之一。佛甲草根系较细,扎根浅,大部分草根网状交织分布在2厘米的种植层内,有利于保护屋面结构。佛甲草抗旱性极强,全年绿期达10个月以上,在冬季屋面温度－5℃的严重霜冻气候环境下不会死亡。

2. 垂盆草(*S. sarmentosum*)

垂盆草(图98),常绿多年生肉质草本。匍匐状生长,枝较细弱,匍匐节上生根。3叶轮生,倒披针形至长圆形,花少,黄色,花期5～7月。适应性很强,耐寒、耐旱又耐水湿,也耐半阴。

图98 垂盆草

3. 八宝景天(*S. spectabile*)

八宝景天(图99)落叶多年生肉质草本。高30厘米～80厘米,地上茎簇生,粗壮而直立,全株略被白粉,呈灰绿色。叶轮生或对生,倒卵形,肉质,具波状齿。伞房花序密集如平头状,花序径10厘米～13厘米,花淡粉红色,常见栽培的有白色、紫红色、玫红色品种,是景天属植物中花色最为艳丽的种类。花色粉红至玫瑰红,花序紧凑,花期7～10月。

图99 八宝景天

4. 金叶景天(*S. makinoi*)

常绿多年生肉质草本。株高5厘米,枝叶极其短小紧密,匍匐于地面,叶圆形,金黄色,鲜亮。喜光,亦耐半阴,较耐寒、耐旱,忌水涝,

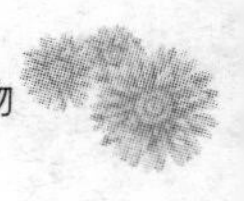

是一种优良的彩叶地被植物。相对其他景天类植物来说，其长势较弱，存在不能迅速铺满地面的缺点。因此不宜用于屋顶等处绿化，但由于其具有鲜亮的颜色，可作为盆栽植物点缀室内。

5. 反曲景天(*S. reflexum*)

常绿多年生肉质草本。叶片尖端弯曲，全株灰绿色。花色黄，株高15厘米～25厘米。喜光，亦耐半阴，耐旱，忌水涝。可室内盆栽，也可用来布置花坛或用作地被植物。

◆ 繁殖方法

景天类植物繁殖简单，可用分株、茎或叶片扦插或用种子繁殖。家庭养花中，以扦插繁殖最为普遍。大部分景天类植物以茎段扦插为主，但一些叶片肥厚、叶形较大的景天(如八宝景天等)还可采取叶插的繁殖方法。

扦插繁殖时，挑选长势良好、无病虫害的母株，剪取10厘米左右的茎段，除去插条的下部叶片，在阴凉处晾1～2天。生根基质一定要排水良好，可选用河沙或泥炭土作为生根基质，沙与泥炭土的比例为1∶1，为了减少成本，亦可用含有碎砖块的建筑下脚料。容器可用花盆。

扦插时，插条入土4厘米，炎夏季节扦插苗生根期间可用遮荫网遮挡部分阳光。注意经常喷水，保持基质湿润，但不可长时间积水，直至新根长好，植株有明显的生长时说明根系已经长好，此时可除去遮荫网，使基质偏干。

景天类采取扦插方法生根迅速，且不用蘸取生根激素，一般夏季7天即可生根，扦插后3～4周植株即开始生长，有的长出侧芽，有的在顶部继续生长。

◆ 栽培管理

景天类植物管理简单，基质要求排水良好、无病虫害，pH值为5.5～6.0。夜间生长的适温为15℃～18℃；白天生长适温为24℃～26℃。景天类植物极耐瘠薄，一般不需施肥。若确实需要施肥养护的，可在生长季施1～2次肥料，浓度一定要低，以有机氮肥为主。可在早春季节植物新芽刚开始萌动时，在土壤表面撒施有机肥料，注意一定要量小，要根据肥料包装上的施用方法来进行，切不可随意加大肥料用量。

应该引起注意的是，浇水量、浇水次数要少，切不可浇水过量。上盆后的 10～14 天内，遵循“见干见湿”的原则适量喷水，勿使土壤过分浸润，否则会引起根部腐烂。在生长季时，可适度浇水，在土表下 2 厘米处干燥后才可浇水，因为景天类植物根部细小，多集中在土壤表面 2 厘米以内的有限空间内。冬季尽量不要浇水，除非植株因缺水而出现萎蔫时才可浇灌。浇水前，待土壤上部至少 2/3 干时才可进行。夏季若长时间不下雨时，则每周浇水一次。

对于一些株型高大或是落叶性的景天类植物(如八宝景天)，秋季花后或春季需要将老化枯黄的地上部分剪除，促进新芽萌发，但要注意勿将新生的幼芽剪掉。

◆ 病虫害防治

景天类植物病虫害较少，有时发生白绢病危害，可用 50%托布津可湿性粉剂 500 倍液喷洒。虫害有蚜虫，可用辛硫磷乳剂 1 000～1 500倍液喷杀。

◆ 功效和家居环境适宜摆放的位置

景天类植物夜间进行光合作用，吸收二氧化碳，放出氧气，增加空气中的负离子浓度。

白天可以放置于阳台或者有阳光直射的窗台上，晚上可在卧室摆放。

4. 马齿苋(*Portulaca oleracea*)

◆ 植物学知识

图 100　大花马齿苋

马齿苋(图 100，彩图 29)，别名长命菜、五行草、安乐菜等。马齿苋科，马齿苋属，一年生肉质草本。全株光滑无毛，高20 厘米～30 厘米。茎圆柱形，平卧或斜向上，由基部分枝四散，向阳面常带淡褐红色或紫色。叶互生或对生，叶柄极短，叶片肥厚肉质，倒卵形或匙形，长 1 厘米～3 厘米，宽 5 毫米～14 毫米，先端钝圆，有时微缺，基部阔楔形，全缘，上面深绿色，下面暗红色。花两性，较小，黄色。蒴果短圆锥形，棕

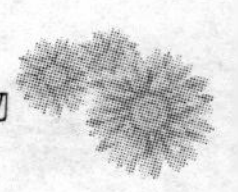

色。种子多数，黑褐色。花期 5～9 月，果期 6～10 月。

马齿苋原产于温带、热带地区，适应性极强，其抗旱能力不同一般，它的茎可贮存水分，再生力很强，几乎可以在任何土壤中生长。耐阴，对温度变化不敏感，10℃以上即可生长。

◆ **繁殖方法**

马齿苋繁殖容易，家庭一般可采用分株法或扦插法繁殖。

分株繁殖：将成株连根挖起，从根的基部有分叉处劈开，使每个劈开的植株都带有适量的须根和侧根，稍经晾晒后，即可定植，也可先蘸生根粉溶液，再定植。栽种时，要埋入土中 1 节茎，稍镇压再浇水，一般经 3～5 天即可缓苗。缓苗后，即可施肥浇水，以促使茎生长。

扦插繁殖：在夏季将剪下的枝条作为插穗，待晾至萎蔫后进行扦插，插活后即可出现花蕾。

◆ **栽培管理**

马齿苋的生命力极强，一旦触地就能生根，而且容易管理，只需种植初期适当中耕除草，一旦生长起来，其他杂草很难生存。由于马齿苋耐旱能力极强，不是特别干旱不用浇水。但要使马齿苋长得丰硕，还需适当施肥，在其生长旺盛期，以施氮肥为主。

◆ **病虫害防治**

病虫害及防治方法同景天类植物。

◆ **功效和家居环境适宜摆放的位置**

马齿苋晚间可吸收二氧化碳，放出新鲜氧气，增加空气中的负离子含量，净化室内环境。

马齿苋经常用作绿叶菜食用。叶子肉质，口感脆粘，味道微酸、微咸。马齿苋含丰富的营养成分，尤其是维生素 A、维生素 C、维生素 B_2 和钙、铁等无机盐丰富。美国科学家分析发现，马齿苋富含一种被称为 α 亚麻酸的 ω～3 脂肪酸，它有抑制人体内血清胆固醇和甘油三酯酸生成的生理功能，是保护心脏的有效物质，在马齿苋中的含量居各种绿色植物之首。

马齿苋白天可放置于阳台或者有阳光直射的窗台上，晚上可拿回室内摆放。马齿苋是庭院绿化的极佳材料。

三、龙舌兰(*Agave americana*)

图 101　龙舌兰

◆ 植物学知识

龙舌兰(图 101),别名橡皮莲、金边莲。龙舌兰科,龙舌兰属,多年生常绿大型草本花卉。肉质,茎极短。叶丛生,肥厚,匙状披针形,灰绿色,带白粉,先端具硬刺尖,缘有钩刺。花葶粗壮,圆锥花序顶生,花淡黄绿色。蒴果椭圆形或球形。原产于美洲,喜温暖干燥和阳光充足环境。较耐阴,耐旱力强,稍耐寒,在 5℃以上的气温下可露地栽培,成年龙舌兰在－5℃的低温下叶片仅受轻度冻害,－13℃地上部受冻腐烂,地下茎不死,翌年能萌发展叶,正常生长。要求排水良好、肥沃的沙壤土。

常见变种有:金边龙舌兰、金心龙舌兰、银边龙舌兰、绿边龙舌兰和狭叶龙舌兰等。

◆ 繁殖方法

可用分株法或取花梗上芽体繁殖。分株,在早春 4 月换盆时进行,将母株托出,将母株旁的蘖芽剥下另行栽植,极易成活。此外,老株开花的花梗能长出芽体,待芽体生长数枚叶片后,剪下栽培,也可大量繁殖。

◆ 栽培管理

盆栽常用腐叶土和粗沙的混合土。生长期每月施肥 1 次。夏季增加浇水量,以保持叶片绿柔嫩。对具白边或黄边的龙舌兰,遇烈日时,稍加遮荫。生长季节应保持盆土湿润,浇水时不可将水洒在叶片上,以防发生褐斑病。入秋后,龙舌兰生长缓慢,应控制浇水,力求干燥,停止施肥,适当培土。随着新叶的生长,将下部黄枯的老叶及时修除。如盆栽观赏,要及时去除旁生蘖芽,保持株形美观。

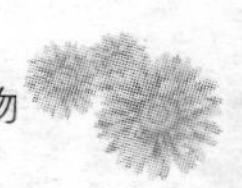

◆ **病虫害防治**

常发生叶斑病、炭疽病和灰霉病。可用50%的多菌灵可湿性粉剂1 000倍液喷洒。有介壳虫危害，一般可人工抹除。

◆ **功效和家居环境适宜摆放的位置**

龙舌兰能吸收空气中的苯、甲醛和三氯乙烯。实验证明，一盆龙舌兰在光照条件下，24小时能吸收一平方米空气中70%的苯、50%的甲醛和24%的三氯乙烯。

龙舌兰还可用于酿酒，被称为“墨西哥灵魂”的龙舌兰酒就是以龙舌兰为原料酿制成的。

龙舌兰喜光，应置于室内阳光充足的阳台或窗边，并经常转盆。

第六节 芳香植物

图102 碰碰香

一、碰碰香（*Plectranthus amboinicus*）

◆ **植物学知识**

碰碰香（图102、彩图31），别名苹果香草。唇形科，香茶菜属，多年生亚灌木，作草本植物栽培。全株被有细密的白色绒毛，茎肉质，匍匐状，分枝多。肉质叶或厚革质叶，交互对生，绿色，叶卵形或倒卵形，边缘有钝锯齿。花小，白色。

碰碰香原产非洲南部，喜光，喜温暖，不耐寒冷。喜疏松、排水良好的土壤。冬季需5℃～10℃的温度，不耐潮湿。

◆ **繁殖方法**

可用扦插法繁殖。一般在春秋季进行，取5厘米左右的嫩茎，摘掉下部叶片，放在阴凉处晾上两天再进行扦插，否则容易烂根，一般15天左右生根，生根后即可移植在小花盆中。

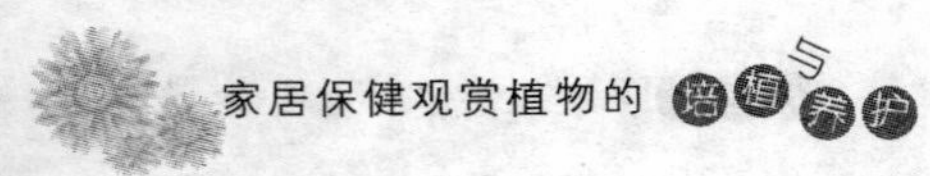

◆ **栽培管理**

碰碰香养护管理方便，可选用疏松且含较多腐殖质的基质，生长期间应给予充足的阳光，但夏季忌阳光曝晒。由于茎叶肉质，浇水不可过多，一般1周浇一次水即可，阴天应减少或停止浇水、施肥，浇水时注意不要淋到叶片上。因分枝极多，以水平面生长，所以植株的株距宜宽大，才能使枝叶舒展。同时适度修剪和促进分枝生长健壮。冬季置于室内种植，应控制浇水，一般见叶片蔫了再浇，否则易徒长。

◆ **病虫害防治**

碰碰香病虫害较少，土壤过湿易发生叶斑病和茎腐病，偶有介壳虫和蛞蝓危害，一般可人工捕杀。

◆ **功效和家居环境适宜摆放的位置**

碰碰香香味浓甜，颇似苹果香味，可醒脑，令人神清气爽。叶片晒干后可泡茶、泡酒，奇香诱人。夏季蚊虫叮咬后用其叶片涂抹伤口，有止痒作用。

盆栽碰碰香宜放置在高处或悬吊于室内，也可作几案、书桌的点缀品。

图103　迷迭香

二、迷迭香（*Rosmarinus officinalis*）

◆ **植物学知识**

迷迭香（图103、彩图32），别名艾菊、海洋之露。唇形科，迷迭香属，多年生常绿草本或亚灌木香草。株高40厘米～60厘米，茎木质化迅速，直立丛生或匍匐状。叶对生，无柄，革质，线形，银绿色。总状花序，花色蓝、红、粉、白、淡紫等。迷迭香原产地中海沿岸地区，喜夏季干爽，冬天温湿，日夜温差大。喜阳光，忌高温、高湿。

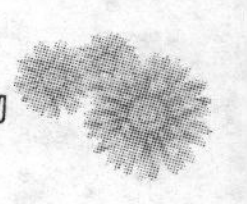

◆ **繁殖方法**

繁殖可用播种和扦插。

播种繁殖:播种期以秋、冬季为宜,种子需光照,不必埋入土中,发芽前应放置在温暖遮荫的地方,发芽后才能晒太阳,培育期间还要疏苗,当植株长到5厘米～8厘米时即可移栽。但迷迭香种子细小,发芽率低,发芽速度也不整齐。

扦插繁殖:扦插繁殖可挑选幼嫩的枝干,剪下大约10厘米,并摘除下部的叶片,插入排水良好的基质中,20～40天即可发根。

◆ **栽培管理**

栽培迷迭香的土壤以排水顺畅的沙质土为佳,或在培养土中再加椰子壳粉、粗砂、蛭石、珍珠石等介质。每两周用一次长效液体肥料。迷迭香虽较能耐旱,但太过干燥叶子会变薄细、香味较淡。最好每天都浇,冬天则等土干了再浇。夏季高温期间生长速度较缓慢,应适当遮阴。迷迭香若不修剪,可长高至1米～2米,适合做屋外围篱,但整个植株会因枝条横生稍显杂乱,适时修剪可保持通风,让姿态更佳。

◆ **病虫害防治**

迷迭香植株健壮,且因具有特殊芳香精油,种植于田间或庭园中,很少发生病虫害,不需采取特别防治措施,只要注意排水问题即可。

◆ **功效和家居环境适宜摆放的位置**

迷迭香类似樟脑的气味,有安定神经和净化空气的作用。枝叶晒干后可泡茶或当芳香料。饮食上多用来去除肉、鱼腥味。直接采2～3枚叶子放入口中咀嚼,可除口臭。迷迭香茶具有令人头脑清醒的香味,有益脑部保健,增强记忆力。

在家中种植迷迭香,可驱蚊虫,叶子晒干后也可放置在衣柜内当除虫剂使用。

盆栽迷迭香适合摆放在客厅和书房。

三、鼠尾草(*Salvia farinacea*)

图 104　鼠尾草

◆ 植物学知识

鼠尾草(图 104),别名洋苏草、一串蓝。唇形科,鼠尾草属,多年生小灌木,多作草花栽培。株高30～90 厘米,全株具香气。茎四棱,分枝较多,有毛。叶对生,长椭圆形,先端圆,全缘或具钝锯齿,叶片呈浅灰绿色,含芳香油。唇形花 10 个左右,轮生,开于茎顶或叶腋,花紫色或青色,有时白色,花冠唇形。鼠尾草原产欧洲南部西班牙至地中海北岸一带,喜温暖干燥的气候,可耐－15℃的低温。耐旱性较强。喜排水良好的微碱性石灰质土壤。

◆ 繁殖方法

繁殖用扦插法效果较好,也可用播种的方式。

播种繁殖:鼠尾草种子在 2～8 月均可播种。由于鼠尾草种子外壳较坚硬,播前种子用 50℃温水浸种,并搅拌,保温 5 分钟后,待温度下降到 30℃时,用清水冲洗几遍,再放到恒温下催芽,或用清水继续浸泡 24 小时再播种,能提高发芽率并早出苗。

扦插繁殖:扦插繁殖时间在 5～6 月,插条宜选用枝顶端不太嫩的茎梢,长 5 厘米～8 厘米,在茎节下位剪断,摘去 2～4 枚大叶,将枝条插于沙质土或珍珠岩的苗床,插后浇水,并覆盖薄膜保温,20～30 天发新根,出苗 3～5 天可移栽。

◆ 栽培管理

鼠尾草需种植于排水良好且日照充足的土壤中,尤以碱性土壤为佳。鼠尾草苗高 10 厘米～15 厘米时可摘心一次,促进侧枝生长。鼠尾草耐旱,不可浇水过多,应见干才浇,浇则浇透,高温时期忌长期淋雨潮湿,否则引起烂根。地栽鼠尾草,干旱时适当灌溉,雨天必须及时排除积水。华北地区宜将地上部收获后,冬冻前浇一次,冻水后培土,土厚约 20 厘米或更厚些,以利安全越冬。翌春最后一次霜后扒开土

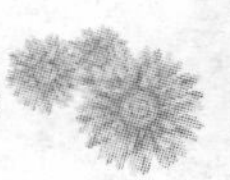

至平畦，浇水，使其萌芽生长。华南地区则无需加覆盖，可露地生长。

◆ **病虫害防治**

常有霜霉病、叶斑病和白粉虱、蚜虫为害。病害用50%托布津可湿性粉剂500倍液喷洒；虫害可用辛硫磷1 500倍液喷杀。

◆ **功效和家居环境适宜摆放的位置**

古谚："家有鼠尾草，不用找医生"。鼠尾草的药用价值，早在中古时期即为世人所熟悉，在东方，茶叶未传入欧洲前，欧洲人便普遍冲泡鼠尾草来保健。现今医学实验证明，鼠尾草含有雌性荷尔蒙，对女性的生殖系统很有益处，它含有苯酸和崔柏酮成分，可杀菌，预防感冒，活化脑细胞，增强记忆力。

鼠尾草带有轻微的胡椒味，做菜时可作为调味料。意大利人煮肉时加鼠尾草入味，以分解油脂和去腥；法国人则喜欢用鼠尾草炸馅饼。

鼠尾草冲泡后当茶喝，清新的香草味中带有点苦涩、辛辣，可加些蜂蜜调和口味。可作为养生饮料，但不宜大量、长期饮用。

将新鲜的鼠尾草枝叶或花浸于水中，除了可散发芳香外，可当作简易消毒水使用。

适合摆放在阳光充足的阳台或客厅内。

图105　香叶天竺葵

四、香叶天竺葵(*Pelargonium graveolens*)

◆ **植物学知识**

香叶天竺葵(图105)，别名菊叶天竺葵、摸摸香。牻牛儿苗科，天竺葵属，亚灌木，株高可达1.5米～2米。茎基部带木质化，全株有柔毛和腺毛。叶柄长，叶片心脏卵圆形，有5～7掌状深裂，边缘有不规则的羽状齿裂。伞形花序，花梗长，花较小，粉红色，花期5～6月。香叶天竺葵原产南非，喜温暖，不耐低温，较耐旱。适宜疏松、肥沃和透水性良好的土壤，耐弱碱土，不喜酸性土。

◆ **繁殖方法**

可用扦插繁殖，4～5 月或 9～10 月剪取粗壮带有顶芽的枝条，长 5～8 厘米，保留顶芽 2～3 个，待切口晾干后进行扦插，遮荫、保湿，15～20 天可生根成活。

◆ **栽培管理**

选用中性培养土作盆土，给予充足光照。生长期每隔 10 天追肥 1 次。掌握盆土“不干不浇，浇则浇透”的原则。7～8 月高温季节，叶片发黄，显示植株进入休眠状态，此时置阴凉通风处并防止雨淋。入秋气候转凉，植株恢复生机，又进入生长开花期，这时剪去枯黄的枝叶，进行正常的水肥管理。深秋入室养护，越冬温度在 5℃以上。

◆ **病虫害防治**

生长期如通风不好和盆土过于潮湿，易发生叶斑病和花枯萎病；虫害有白粉虱、红蜘蛛等，可用辛硫磷 1 500 倍液喷杀。

◆ **功效和家居环境适宜摆放的位置**

可提取香叶天竺葵油，具有镇静作用，可改善睡眠，治疗神经衰弱症，广泛用于化妆品和香水的制作。

其散发的特殊气味具有驱虫的效果，置于室内可驱除蚊蝇。香叶天竺葵香味还能舒张支气管平滑肌，故能平喘。

香叶天竺葵盆栽适宜放置于阳台、客厅窗台边。

五、甜牛至(*Origanum majorana*)

◆ **植物学知识**

甜牛至(图 106)，别名马约兰、香花薄荷。唇形科，牛至属，多年生草本植物。株高约 60 厘米，茎四棱，多分枝，茎上易生根。小叶对生，灰绿色，椭圆形，芳香被毛。唇形花冠，花白色至淡紫色。全株有挥发性甜药味。原产于北非、土耳其及东亚等地，喜日照充足、通

图 106 甜牛至

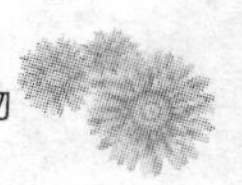

风排水良好的沙质壤土或肥沃深厚壤土。

◆ **繁殖方法**

采用种子播种繁殖或扦插繁殖。种子萌芽适温为 25℃。春季播种育苗至株高 10 厘米时定植盆栽,晚春或秋季时节,剪取约 10 厘米具叶片成熟的嫩枝条以沙壤土或栽培土扦插繁殖,扦插后避免阳光直射,待根系正常生长后上盆栽培。

◆ **栽培管理**

甜牛至喜光,生长期间应给予充足的光照,浇水不可过多,避免烂根。应尽量保持干燥,下雨天及时搬进室内,避免雨淋。植株长的较肥大、茂盛时需适时修剪,有利生长。夏天应保持通风,浇水也要适量,不可过多。冬季时应将盆栽移到室内过冬,并剪除老枝以促进新芽的生长。

◆ **病虫害防治**

危害甜牛至的病虫害很少,有时会出现红蜘蛛和白粉虱,可用棉签沾酒精人工捕杀。排水不良的情况下会出现根腐真菌性病害,应以预防为主。

◆ **功效和家居环境适宜摆放的位置**

叶片散发出香甜的气味,优于薄荷,且晾干仍能保持其香味,具有安神功效,也可制作香枕,对医治头疼有效果,还可提取香精油。

甜牛至是一种多用途食用药草植物,常被欧洲人拿来烹调食物和制作香水。常被用于制作酱汁、沙拉、肉类烹调,泡茶饮用可减缓疲劳,帮助消化,治感冒,舒减压力。甜牛至适宜摆放在卧室阳光直射处。

图 107　甜罗勒

六、甜罗勒(*Ocimum basilicum*)

◆ **植物学知识**

甜罗勒(图 107),别名香甜罗勒、九层塔、十里香。唇形科,罗勒属,一

年生草本植物。全株有特殊香味，株高 20 厘米～60 厘米。茎直立，四棱形，多分枝。叶对生，卵形，全缘或略有锯齿，叶柄长，下面灰绿色，具暗色的油胞点。花 6～8 个轮生，组成顶生假总状花序，花淡紫色。甜罗勒原产亚洲热带及非洲，喜阳光充足、通风、排水良好的湿润土壤。夏季需遮荫，避免阳光直射。

◆ **繁殖方法**

甜罗勒以播种繁殖为主，也可用扦插繁殖。

播种繁殖：播种深度为 0.3 厘米～0.6 厘米。在温暖的环境下播种，种子易发芽，约 1 个月长出两对叶时即可移植，但播种时不要太密，发芽后应充分接受日光，否则甜罗勒苗易徒长倒伏。

扦插繁殖：扦插繁殖时取 3 厘米～5 厘米带 1～2 枚叶的顶芽，插于潮湿没有病菌的基质中，放置于阴凉处并保持潮湿，约 21 天即可栽植。

◆ **栽培管理**

甜罗勒适宜全日照，以及通风排水良好之地，需保持一定的湿度。甜罗勒不耐干旱，因此生长期需经常浇水，保持土壤湿润。甜罗勒在抽出花穗前需及早摘心，成长期间宜多施天然有机肥，在主茎发育到 20～30 厘米或长出 8～12 枚叶片时，保留茎部下面4～6枚叶片摘心，以促进分枝生发，摘除的叶梢可用来食用。若看到甜罗勒开花，建议摘除，可延长生长期。冬季移入室内阳光充足的地方，只要夜间室温不急剧下降均可正常生长。

◆ **病虫害防治**

甜罗勒具有特殊气味，很少有病虫为害。栽培时一般不需采取特别防治措施，但有时仍有少数虫害，如红蜘蛛、白粉虱等，一般人工捕杀，或者用塑料袋罩住整个植株，并扎紧袋口，塑料袋内用蚊香熏蒸，效果较好。

◆ **功效和家居环境适宜摆放的位置**

甜罗勒具有强身健胃、促进消化及驱风解热的功效。甜罗勒的幼茎叶清香，故常作芳香调味料。甜罗勒与番茄尤其对味，意大利人将它们视为天作之合，凡沙拉、比萨、意大利面包中都少不了甜罗勒及番茄。花采摘干燥后可制成粉末，储藏起来作香料使用。餐后喝一杯清

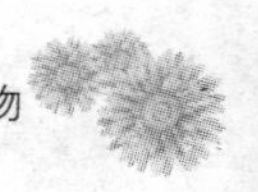

爽的甜罗勒茶可去除口中的油腻感，若用较浓醇的甜罗勒茶漱口则可有效消除口腔炎症。

甜罗勒具有较好的驱蚊虫作用，适宜摆放在客厅的窗台边或卧室内。

图 108　柠檬香蜂草

七、柠檬香蜂草(*Melissa Officinalis*)

◆ 植物学知识

柠檬香蜂草（图 108、彩图 33)，别名柠檬香水薄荷、蜜蜂花。唇形科，蜜蜂花属，多年生草本植物。株高 30 厘米～50 厘米，分枝性佳，呈现丛生状。叶呈心脏形，叶缘浅锯齿状，叶脉明显，茎及叶密布粗绒毛，具有特殊的柠檬香味。根系短，花色为白或淡黄。柠檬香蜂草原产于欧洲、中亚、北美，适合温暖气候及土壤肥沃湿润的环境，忌积水。

◆ 繁殖方法

繁殖时可用播种、扦插及分株法。香蜂草种子极小，家庭中播种可用用过的酸奶盒等，使用园艺用的普通栽培土，播种深度 0.5 厘米左右，萌芽期 2～4 周，幼苗长到 10 厘米左右时即可移栽定植。扦插以顶芽 5 厘米长为材料剪下，插于干净的基质中易成活，2～3 周即可移植，但需注意香蜂草叶片薄，必须时常浇水保持湿度并遮光 50%。分株法很简单，植株茎部接触地面的部分很容易长根，切取后重新种植即可。

◆ 栽培管理

适宜温暖气候及土壤肥沃湿润的环境，如表土已经干燥，要充分浇水，但需注意排水，避免因长期积水而导致根部腐烂。植株长得杂乱时需修剪，促使侧芽生长，使植株茂盛。剪下的部分还可用来扦插，繁殖新株。柠檬香蜂草对温度的适应性很强，可耐寒冷及高温。栽培在全日照或是半阴环境中，夏天要遮荫，避免强阳光照射。

◆ **病虫害防治**

柠檬香蜂草病虫害较少，偶尔有斜纹夜盗虫或白粉虱危害，一般可人工摘除。

◆ **功效和家居环境适宜摆放的位置**

柠檬香蜂草具有类似薄荷的香气，但比较清淡，不具有刺激性，具有柠檬香的味道。柠檬香蜂草茶具有舒缓紧张情绪、抗忧郁、帮助入眠的效果。新鲜或干燥的叶子可泡茶饮用。煮汤、制作沙拉或烤糕饼时可加入新鲜的叶子，增添香气。可用于美容，改善皮肤过油现象。

适宜摆放在卧室或客厅中。

八、百里香（*Thymus vulgaris*）

图 109　百里香

◆ **植物学知识**

百里香（图 109），别名麝香草。唇形科，百里香属，多年生草本植物。植株小型，株高 20 厘米～50 厘米，全株具有香气并具温和的辛味。茎下部呈匍匐状丛生，上部直立，四棱形。叶对生，较小，狭长椭圆形或披针形，灰绿色，叶缘反曲。花白带红色，轮伞花序顶生。百里香原产地中海地区，喜阳光，较耐寒，适应性强，不择土质，但以排水良好的沙质壤土为宜。

◆ **繁殖方法**

播种繁殖：播种期可在 3～6 月或者 9～10 月之间。在干净的基质充分浇湿后进行撒播，由于其种子细小，在花盆中播种不需要覆盖土壤，只需轻轻按压即可，大约 1 周后出芽。有些品种如斑叶百里香不能用播种法繁殖，否则后代即不具有斑叶之性状。

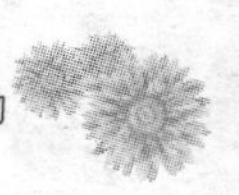

扦插繁殖：用扦插法极易发根，但木质化的枝条发根不好。压条及分株适合家庭园艺种植者采用。剪取枝叶来利用，兼做修剪工作，一举两得。若不修剪枝条，开花结种后的枝条易死亡，因此采种兼更新的工作是必要的。

◆ **栽培管理**

百里香适宜种植在阳光充足、排水良好，而且能保持干燥的场所。百里香生长适温为20℃～25℃，夏季放在阴凉处越夏，气温高时应限制给水，秋季转凉后放日照充足处。栽培基质应加入约20%利于排水的泥炭土成分。百里香偏好干爽的环境，可待盆土稍干一些再浇水，否则根部不易伸展。百里香生长慢，不需太多的肥料，在泥炭土中加入5%～10%腐熟有机肥即可。植株长大后剪取枝条利用，新芽开始生长时每1～2周浇灌1 000倍"花宝"液肥，夏季不施肥。

◆ **病虫害防治**

百里香具有防虫效果，病虫害较少，但如通风不良或浇水过多易得病，发病时可用50%托布津可湿性粉剂500倍液喷洒。

◆ **功效和家居环境适宜摆放的位置**

百里香全草带有香味，适合作食用调料，用来烹饪。也可制作香草茶，但孕妇应避免饮用。百里香中含有百里酚成分，具有抗菌、祛痰及防腐的作用，可用来治疗感冒。喉咙痛时可泡百里香茶漱口。百里香制成的香囊、香枕对失眠症、忧郁症等有很好的疗效。

适宜摆放在客厅或卧室的明亮处。

图110 薄荷

九、薄荷(*Mentha haplocalyx*)

◆ **植物学知识**

薄荷(图110、彩图34)，为唇形科，薄荷属，多年生或稀为一年生芳香草本。单叶对生，长圆状披针形、

披针形、椭圆形，两面沿叶脉密生微毛或具腺点，叶缘基部以上具整齐或不整齐扁尖锯齿。茎四棱，上部被倒向微柔毛及腺点。轮伞花序腋生，常由多朵花密集而成，花萼管状钟形或钟形，外面密生白色柔毛及腺点，花冠淡紫色，外被微毛。小坚果长圆形，黄褐色，无毛，花期6～10月，果期9～11月。薄荷原产地中海沿岸地区，喜阳光充足、温暖湿润的气候，以土层深厚、富含有机质的土壤为佳。耐热、耐寒力强，地下根茎可耐－5℃～－4℃低温，日均气温30℃以上也能正常生长。

◆ 繁殖方法

家庭栽培薄荷可用根茎繁殖、扦插或分株繁殖。

根茎繁殖：平均温度在6℃上的暖冬或早春3月，将薄荷的地下根茎挖出，选其健壮、色白、节密、无病虫的新根茎，切成6厘米～8厘米长的小段，分栽在花盆中，然后覆土、压实，并浇透水。

分株繁殖：早春时，待薄荷的新苗长到6厘米～10厘米高时，连根茎一同挖起移栽。

扦插繁殖：5～6月间，选地上健壮茎，切成6厘米左右长的小段扦插在苗床中，15～20天生根后移栽到花盆中。

◆ 栽培管理

薄荷的地下茎和匍匐的枝叶延展性很强，建议单独栽种在较大的花盆中。薄荷喜湿，应经常浇水，但忌积水。薄荷喜光，光照越强香味越浓，整个生长期都应给予充足的光照，但炎热的夏季应将薄荷置于半阴的环境中，夏季开花后应将薄荷从根部割除，并施一定的有机肥。秋天，薄荷会再度冒出新芽。北方地区冬天可移入室内种植。

◆ 病虫害防治

薄荷病虫害较少，偶尔会得锈病或白星病。锈病可用50%托布津1 500倍液进行防治；白星病可在发病初期用50%多菌灵1 000倍“花宝”液喷雾。若受温室白粉虱为害，可用杀灭菊酯2 000倍液喷杀。

◆ 功效和家居环境适宜摆放的位置

薄荷叶多用于制作凉菜、糕点、甜品等。适合与瓜果蔬菜搭配，或用作点缀装饰，其茎叶均可入药。薄荷具有驱虫功效，在架子上或碗柜中放置薄荷枝条，可驱除蚂蚁和苍蝇，或放在其他花草的旁边，可有效驱除害虫，放置在厕所里可代替浴厕除臭剂。

香味较浓的薄荷较适合摆放在客厅。

图 111 薰衣草

十、薰衣草(*Lavender angustifolia*)

◆ 植物学知识

薰衣草(图 111),别名灵香草、香草。唇形科,薰衣草属,多年生草本。植株丛生,多分枝,常见的为直立生长,株高依品种有 30 厘米~40 厘米、45 厘米~90 厘米,在海拔相当高的山区,单株能长到 1 米。叶互生,椭圆形披尖叶,或叶面较大的针形,叶缘反卷。穗状花序顶生,长15 厘米~25 厘米;花冠下部筒状,上部唇形,上唇 2 裂,下唇 3 裂;花长约 1.2 厘米,有蓝、深紫、粉红、白等色,常见的为紫蓝色,花期 6~8 月。全株略带清淡香气,因花、叶和茎上的绒毛均藏有油腺,轻轻碰触油腺即破裂释出香味。薰衣草原产于地中海沿岸地区,喜温暖气候,耐寒、耐旱、喜光、怕涝,对土壤要求不严,耐瘠薄,喜中性偏碱土壤。

◆ 繁殖方法

薰衣草家庭盆栽多用种子繁殖,优良品种也可扦插繁殖。

播种繁殖:在 4 月进行播种繁殖,种子发芽的最低温度为 8℃~12℃,最适温度为 20℃~25℃,5 月进行栽植。

扦插繁殖:一般选用无病虫害、健壮植株的顶芽(5 厘米~10 厘米)或较嫩、未木质化的枝条扦插。扦插时将底部 2 节的叶片摘除,然后用“根太阳”生根剂 100 倍液浸泡,处理后插入土中,2~3 周可生根。扦插的基质可用河沙与泥炭土按 2∶1 的比例混合均匀,装进 5×10 的穴盘里进行扦插。插后将苗放在通风凉爽的环境中,头 3 天保持土壤湿润,以后视天气而定,保持枝条不皱叶、不干枯,提高成活率。

◆ 栽培管理

适宜于微碱性或中性的沙质土。需特别注意选择排水良好的介

质，可使用1/3的珍珠石、1/3的蛭石、1/3的泥炭土混合后的壤土。如露地栽培，要注意土壤的排水，薰衣草不喜欢根部积水。1次浇透水后，应待土壤干燥时再给水，以表面培养土土质干燥、内部湿润、叶子轻微萎蔫为度。浇水要在早上进行，避开阳光，水不要溅在叶子及花上，否则易腐烂且滋生病虫害。

薰衣草开始抽花蕾时，每周喷施1次0.2%的磷酸二氢钾溶液，可促进花穗更长，花梗坚挺，花色艳丽，不易倒伏，开花整齐、美观。

薰衣草开完一次花后必须进行修剪，将老的枝条剪掉，施肥，让植株重新生出新的枝条，再次开花。

◆ **病虫害防治**

薰衣草少有虫害。病害主要是根腐病，在高温和积水环境下发病率最高。防治方法，可用多菌灵、百菌清800倍溶液灌根，每月一次，特别是6～10月，注意防止积水，保持空气干燥。

◆ **功效和家居环境适宜摆放的位置**

薰衣草香味有助预防和治疗神经性心跳等症，同时具有抗菌消炎的作用，还能驱除蚊蝇等。叶和花可提炼精油，为重要的芳香植物。花可做糕饼及香草茶，叶可作调味料，增加菜肴风味。全草可用于泡澡，有助于血液循环，通体舒畅。还可用于护肤美容，有较好的收敛效果。

保健泡茶，对睡眠与美容非常有效，对治疗焦虑、头痛，缓解紧张，安抚情绪，消除胀气、恶心及口臭有较好的效果。薰衣草具芳香，口味、口感较好，在欧美国家被大量用于保健食品、沙拉、果酱、高档饮料中，深受消费者青睐。薰衣草的花穗可做干花和饰品，淡紫色、有香味的花和花蕾可做香罐和香包。将干燥的花密封在袋内便可做成香包，将香包放在衣柜内，可使衣服带有清香，且可防止虫蛀。睡觉前将香包置于枕边，其香味能松弛神经，有助于睡眠。

薰衣草是摆放在卧室中的首选盆栽保健植物。

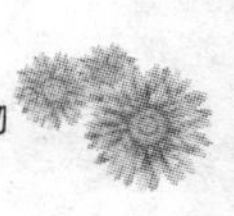

第七节　家庭庭院绿化草本植物

图 112　鸡冠花

一、鸡冠花（*Celosia cristata*）

◆ **植物学知识**

鸡冠花(图 112、彩图 35)，别名鸡髻花、鸡公花。苋科，青葙属，一年生草本。株高 20 厘米～90 厘米，茎直立，粗壮，通常呈红色或紫红色，有棱纹，无毛。叶互生，卵状长圆形或卵状披针形，先端渐尖或长尖，基部狭楔形，全缘。花序顶生，扁平鸡冠状，中部以下多花，花色多样而艳丽，有紫、红、淡红、黄或杂色。小花苞片 3，干膜质。花被片 5，披针形，长约 5 毫米，先端渐尖或芒尖，干膜质而有光泽。果卵形，盖裂，有多粒扁圆形黑色种子。花期8～10月，果期9～10 月。原产非洲、美洲热带和印度，喜温暖干燥气候。忌干旱，喜阳光，不耐涝，宜生长于肥沃疏松、排水良好的沙质壤土，忌黏湿土壤。在瘠薄土壤中生长差，花序变小。

◆ **繁殖方法**

鸡冠花主要用播种法繁殖。宜在每年的 4～5 月份进行，气温在 20℃～25℃则出苗快、出苗齐。播种后一般在 1 周后便可出苗，待苗长到 3～4 片真叶时进行间苗，拔除弱苗、过密苗，当苗长到 5 厘米～6 厘米高时，即可进行根部带土移栽定植。

◆ **栽培管理**

鸡冠花栽培管理比较简单，在生长良好的情况下不需浇水、施肥。鸡冠花可作盆栽观赏花卉。盆栽时一般不用幼苗盆育，而是在花期从地栽鸡冠花中选择上盆。上盆时要稍栽深一些，以将叶子接近盆土面为好。移栽时不要散坨，栽后要浇透水，7 天后开始施肥，每隔半月施一次液肥。花序形成前，盆土要保持一定的干燥，以利孕育花序。花蕾形成后，可 7～10 天施一次液肥，适当浇水。

如想使鸡冠花植株粗壮，花冠肥大、厚实，色彩艳丽，可在花序形成后换大盆养育，但要注意移植时不能散坨，因为它的根部极其瘦弱，散坨后不易成活。

◆ 病虫害防治

常见叶斑病、立枯病和炭疽病危害，可用等量式波尔多液或 65% 代森锌可湿性粉剂 600 倍液喷洒。虫害有蚜虫、小绿蚱蜢、叶螨危害，可用辛硫磷乳剂 1 000～1 500 倍液喷施。

◆ 功效和家居环境适宜摆放的位置

鸡冠花能吸收大量放射性物质，同时对氟化氢、氯气、二氧化硫等有毒、有害气体有一定的抗性。

鸡冠花是农作物和蔬菜中营养价值较高的一种植物，可提供营养均衡所需要的氨基酸。鸡冠花籽的蛋白质含量达 73%，高于玉米、小麦、大豆、牛奶。用小麦和鸡冠花籽粒混合制成的面粉蛋白质含量几乎达到百分之百，是理想的食品。鸡冠花的籽粒很小，味道像榛子，可把它放到平底锅里像爆米花那样爆熟食用。鸡冠花的花瓣也是好食品，味道很好，每天食用 100 克鸡冠花瓣，有助于补充人体所需要的氨基酸。鸡冠花的嫩茎、叶蛋白质含量亦很高，占重量的 2.29%～5.14%。其含一定量的脂肪、无机盐、维生素、天然辅酶、膳食纤维等，对人体具有良好的滋补强身作用。

鸡冠花可植于庭院向阳面，矮生型可盆栽放置在阳台或室内光线明亮的桌几上。

二、凤仙花（*Impatiens balsamina*）

◆ 植物学知识

图 113　凤仙花

凤仙花(图 113、彩图 36)，别名透骨草、金凤花、小桃红、指甲草。凤仙花科，凤仙花属，一年生草本。茎肥厚多汁光滑，浅绿或红褐色，与花色相关。叶互生，披针形，叶柄有腺。花簇生于上部叶腋，花萼 3 枚，

花瓣5，左右对称，两两结合，花色多样，花期6～8月。蒴果纺锤形，有白色茸毛，成熟时弹裂为5个旋卷的果瓣。种子多数，球形，黑色，状似桃形，成熟时外壳自行爆裂，将种子弹出，自播繁殖，故采种要及时。凤仙花原产印度、马来西亚和中国南部，性喜阳光，忌湿，耐热，不耐寒，适生于疏松肥沃、微酸土壤中，耐瘠薄。

◆ 繁殖方法

凤仙花用种子繁殖。3～9月均可进行播种，以4月播种最为适宜，这样6月上、中旬即可开花，花期可保持两个多月。播种前，应将苗床浇透水，使其保持湿润，凤仙花的种子较小，播下后不能立即浇水，以免把种子冲掉，盖上3毫米～4毫米薄土，注意遮荫，约10天后可出苗。当小苗长出2～3片叶时开始移植，以后逐步定植或上盆培育。

◆ 栽培管理

凤仙花适应性较强，移植易成活，生长迅速。盆栽时，当小苗长出3～4枚叶片后，即可移栽，盆栽应选用富含有机质、通透良好的培养土。先用小口径盆，逐渐换入较大的盆内最后定植在20厘米口径的大盆内，10天后开始施液肥，每隔一周施一次。春末夏初，当温度出现大幅度上升且久不下雨时，应特别重视水分管理，宜早晨浇透水，晚上若盆土发干，再适量补充水，并适当给叶面和环境喷水，忌过干、过湿，可于正午前后将盆栽植株搬放到荫棚下养护。定植后，对植株主茎进行打顶，增强其分枝能力。基部开花时随时摘去，这样会促使各枝顶部陆续开花。

◆ 病虫害防治

凤仙花如栽植过密，易诱发白粉病，可用15％粉锈宁可湿性粉剂1 000～1 200倍液，或70％甲基托布津可湿性粉剂1 000倍液防治。

凤仙花褐斑病又称凤仙花叶斑病，发病初期用25％多菌灵可湿性粉剂300～600倍液、50％甲基托布津100倍液或75％百菌清1 000倍液防治。

凤仙花主要虫害是红天蛾，其幼虫会啃食凤仙叶片。如发现有此虫害，可人工捕捉灭除。

◆ **功效和家居环境适宜摆放的位置**

凤仙花对二氧化硫、三氧化硫的抗性较强。花瓣加明矾捣碎后，可染指甲，红艳美丽而不褪色。凤仙花具有很强的抑制真菌的作用。能治疗灰指甲、甲沟炎，是纯天然的治疗指甲病的植物。

可植于庭院向阳处，或者盆栽摆放在阳台上、有阳光照射的客厅、书房、卧室、厨房的窗边。

三、金鱼草（*Antirrhinum majus*）

图 114　金鱼草

◆ **植物学知识**

金鱼草（图 114），别名龙头花、龙口花、洋彩雀。为玄参科，金鱼草属，多年生草本，常作一二年生草花栽培。株高 20 厘米～70 厘米，叶片长圆状披针形。总状花序，花冠筒状唇形，基部膨大成囊状，上唇直立 2 裂，下唇 3 裂，开展外曲，有白、淡红、深红、肉色、深黄、浅黄、黄橙等色，花期夏秋。金鱼草原产地中海沿岸，较耐寒，不耐热，喜阳光，也耐半阴。生长期 9 月至翌年 3 月适温为 7℃～10℃；3～9 月适温为 13℃～16℃。适宜肥沃、疏松和排水良好的微酸性沙质壤土。

◆ **繁殖方法**

金鱼草可采用播种和扦插方法繁殖，通常以播种法为主。

播种繁殖：多为秋播，在 9 月份，将种子露地撒播于花盆中，当温度在 13℃～15℃时，7～10 天便可出苗，而且整齐。出苗后要及时进行间苗，有利于通风透光。长出 4～5 枚叶片时要移植 1 次，并进行摘心。北方 10 月初要移入室内向阳处。

扦插繁殖：为了保持品质也可用扦插繁殖，在室内可全年进行，但夏天需遮荫降温、保湿、通风。

◆ **栽培管理**

金鱼草喜阳，种植时宜选择阳光充足、土壤疏松、肥沃、排水良好的地方。平时需注意清除杂草，有利于金鱼草生长开花。

金鱼草栽培时应适时摘心。为了增加分枝，在栽培中需及时摘

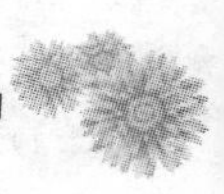

心，尤其对中高型品种更为重要，一般在苗高12厘米左右时摘心，植株长到20厘米时再摘心1次，这样可促使侧枝生长，植株矮化。用作切花品种的不宜摘心，而要剥除侧芽，使养分集中在主枝上，随着花枝生长要及时用细竹竿绑扎，使其挺直。

金鱼草是一种喜肥的草花，幼苗生长缓慢。在栽植前应先施入基肥。上盆后浇1次透水，以后视天气情况而定，防止土壤过干或过湿。施肥，在生长期施2次以氮肥为主的稀薄饼肥水或液肥，促使枝叶生长，但注意施肥不能过多，否则引起徒长，影响开花。孕蕾期施1～2次以磷、钾为主的稀薄液肥，有利于花色鲜艳，雨后要注意排涝。花后剪去地上部分，浇1次透水，之后需注意肥水管理，夏天适当遮荫降温，这样秋天也能开花。

◆ 病虫害防治

金鱼草苗期易发生立枯病，可用65%代森锌可湿性粉剂600倍液喷洒。生长期有叶枯病和炭疽病危害，可用50%退菌特可湿性粉剂800倍液喷洒。虫害有蚜虫、夜蛾危害，用50%西维因可湿性粉剂1 000倍液喷杀。

◆ 功效和家居环境适宜摆放的位置

金鱼草对二氧化硫、氟化氢的抗性较强。

可植于庭院向阳处，矮生型适宜盆栽，摆放在室内阳光充足的窗台或者书桌上。中、高型金鱼草是世界重要的切花材料。

图115 一串红

四、一串红（*Salvia spcendens*）

◆ 植物学知识

一串红（图115、彩图38），别名爆仗红、塞尔维亚、西洋红。唇形科，鼠尾草属，多年生草本植物，常作一年生草花栽培。叶片卵圆形或三角状卵圆形，总状花序每轮具2～6朵小花，花冠长筒状红色，花萼钟状，与花冠同为红色，宿存，花期夏秋。小坚果椭圆形。原产巴西,我国普遍栽培。喜温暖、阳光充足的环境。不耐寒,耐半阴,忌霜雪和高温,怕积水和碱性土壤,适用于花坛布置和盆栽。

◆ **繁殖方法**

一串红通常采用播种繁殖,也可用扦插法繁殖。

播种繁殖:露地播种通常于 3 月下旬至 5 月上旬进行,室内播种则全年均可进行,早播早开花。为了促使其提早出苗和提高出苗率,在播种前可将种子在 30℃左右的温水中浸泡 5~6 小时,然后装在纱布袋中搓揉,洗去种子表面的黏液,然后进行播种。播种后保持苗床面潮湿,一星期后即发芽出苗。小苗发叶后要少浇水,使苗挺拔,以防倒伏。

扦插繁殖:可在清明前后进行,在室内越冬的一串红母本上剪取新梢,或在 6~8 月份一串红打头时,利用嫩梢作插穗进行露地扦插。插穗长度一般保持 2~3 节,插于透水、透气的基质中(如糠灰、珍珠岩等)。插后需浇透水,并注意遮荫和叶面喷水,保持空气潮湿,一般经 1 周后开始生根。

◆ **栽培管理**

盆栽一串红,盆内要施足基肥,生长前期不宜多浇水,可 2 天浇一次,以免叶片发黄、脱落。进入生长旺期,可适当增加浇水量,开始施追肥,每月施两次,可使花开茂盛,延长花期。当苗生有 4 枚叶片时,开始摘心,一般可摘心 3~4 次,促使多分枝,株形矮壮,枝密、花多。

◆ **病虫害防治**

一串红易发生叶斑病和霜霉病危害,可用 65%代森锌可湿性粉剂 500 倍液喷洒。虫害主要是在干热条件下,常有红蜘蛛危害,可用 1 000~1 500 倍三氯杀螨醇液杀灭;蚜虫可用 50%西维因可湿性粉剂 1 000 倍液灭除;白粉虱可用 1 000 倍敌杀死液再加少量吐温摇匀喷洒杀灭。

◆ **功效和家居环境适宜摆放的位置**

一串红有吸收二氧化硫或抵抗氯气的作用。可植于庭院向阳处或于阳处墙角种植,也可盆栽,摆放在阳光充足的阳台或室内客厅。

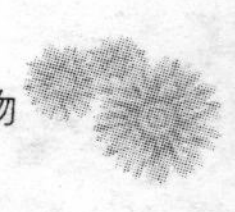

图 116 矮牵牛

五、矮牵牛(*Petunia hyhrida*)

◆ 植物学知识

矮牵牛(图 116、彩图 39),别名碧冬茄、灵芝牡丹、毽子花。为茄科,矮牵牛属,多年生草本植物,常作一二年生草花栽培。植株高 15 厘米～40 厘米,多分枝,茎秆绿色。叶对生,椭圆形,长3.5 厘米～5 厘米,宽 2 厘米～3.5 厘米,纸质,深绿色,全缘。全株具白色腺毛,手感粘重。花单生于叶腋,花冠漏斗状,花型变化颇多,有单瓣和重瓣,花直径 4 厘米～7 厘米,开花多,色彩艳丽丰富,杂交种还具有香味,种子细小,银灰色至黑褐色,花期全年。矮牵牛原产于南美洲,喜温暖、湿润的环境。喜光,不耐寒,也不耐酷暑,适生于通风良好,喜疏松、排水良好的微酸性土壤。

◆ 繁殖方法

多用播种繁殖,也可扦插繁殖。

播种繁殖:播种时间视开花时间而定,如 5 月用花,应在 1 月温室播种;10 月用花,需在 7 月播种。播种时间还应根据品种不同进行调整。矮牵牛种子细小,发芽适温为 20℃～22℃,采用室内盆播,用高温消毒的培养土、腐叶土和细沙的混合土。播后不需覆土,轻压一下即可,10 天左右发芽。当有 3 枚叶片时,即可移栽。

扦插繁殖:重瓣品种多用扦插法。室内栽培全年均可进行,花后剪取萌发的顶端嫩枝,长 10 厘米,插入素沙床,插壤温度为 20℃～25℃,插后 15～20 天生根,30 天可移栽上盆,亦可水插(见第 45 页图 16)。

◆ 栽培管理

矮牵牛为阳性花卉,不论盆栽或地栽,均应放置或种植于阳光充足处,这样生长繁茂,开花多而花期长,否则易徒长枝叶,少开花或难开花。需经常保持土壤湿润状态,浇水始终遵循不干不浇、浇则浇透的原则,同时要随时修剪整枝。由于它具有边开花、边长蕾的连续性开花特点，因此应及时剪去残花或短截枝条，这样既可防止徒长，又可促使多长侧枝，多孕蕾，多开花，否则会缩短花期。在整个开花期，还应继续增加营养，每月可追施 1～2 次氮磷钾结合的薄肥。不然营养不足，开过几次花后就很难再连续开花了。施肥时还应注意氮肥不要过多，否则易引起植株倒伏，影响观赏和开花。此外，平时土壤不要过干、过湿，更忌积水，以防烂根。

◆ 病虫害防治

矮牵牛常见病害多由病毒引起的花叶病和细菌引起的青枯病。首先盆栽土壤必须消毒，出现病株立即拔除并用甲基托布津、百菌清等农药 800 倍液喷施。虫害有蚜虫危害，可用 10%二氯苯醚菊酯乳油 2 000～2 500 倍液喷杀。

◆ 功效和家居环境适宜摆放的位置

据美国研究，矮牵牛对氟化氢的抗性和吸收能力强，对氯气的抗性强。据测定，其叶片中含氮 200～250 微克/克时完全不受害。对臭氧、过氧硝酸乙酰酯敏感，可作为监测植物。

可植于庭院向阳处，或盆栽摆放于阳光充足的窗边或有阳光直射的几桌上。蔓生性的矮牵牛品种可盆栽悬挂于室内窗前或门前庭廊下装饰。

六、百日草(*Zinnia elegans*)

◆ 植物学知识

图 117　百日草

百日草(图 117、彩图 40)，别名百日菊、对叶梅、步步高。菊科，百日草属，一年生草本。株高15 厘米～100 厘米，茎直立，上被短毛，表面粗糙。叶对生，呈卵圆形或椭圆形，叶基抱茎。头状花序直径为 5 厘米～15 厘米，着生于枝顶，具长花梗。舌状花多轮，花瓣呈倒卵形，顶端梢向后翻卷，有白、黄、红、粉、紫、绿、橙等色，筒状花集中在花盘中央。花期 6～10 月，瘦果呈卵形或瓶形。百日草原产南北美洲，喜温暖、干燥

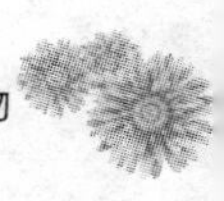

和阳光充足的环境，耐半阴，生长适温为20℃～25℃，短日照开花。适应性强，不择土壤，在土层深厚、排水良好的沃土中生长最佳。

◆ 繁殖方法

百日草以种子繁殖为主，也可扦插繁殖。

种子繁殖：宜春播，一般在4月中下旬进行，发芽适温为15℃～20℃。它的种子具嫌光性，播种后应覆土、浇水、保湿，约1周后发芽出苗，发芽率一般在60%左右。

扦插繁殖：在小满至夏至期间，结合摘心、修剪，选择健壮枝条，剪取10厘米～15厘米长的一段嫩枝作插穗，去掉下部叶片，留上部的两枚叶片，插入细河沙中，经常喷水，适当遮荫，约两周后即可生根。

◆ 栽培管理

在养苗期施肥不必太勤，一般每月施一次液肥。接近开花期可多施追肥，每隔5～7天施一次液肥，直至花盛开。当苗高达10厘米时，留两对叶片，拦头摘心，促其萌发侧枝。当侧枝长到2～3对叶片时，留2对叶片，第二次摘心。这样做，能使株形膨大、开花繁多。春播后经过70天即可开花。百日草为枝顶开花，当花残败时，要及时从花茎基部留下两对叶片剪去残花，以在切口的叶腋处诱生新的枝梢。修剪后要勤浇水，并且追肥2～3次，可将开花日期延长到霜降之前。雨季前成熟的第一批种子品质较好，应及时采收留种。

◆ 病虫害防治

百日草黑斑病又称褐斑病。被侵染的叶子变褐干枯，花瓣皱缩，影响观赏。可用50%代森锌或代森锰锌5 000倍液喷雾。喷药时，要特别注意叶背表面喷匀。

百日草白星病，发病时叶上初生暗褐色小斑点，后成周边暗褐色而中心灰白色。发病初期，及时摘除病叶，然后用65%代森锌可湿性粉剂500倍液、75%百菌清可湿性粉剂500～800倍液或50%代森铵800～1 000倍液喷治。

百日草花叶病，发病时叶片呈轻微的斑驳状，以后成为深浅绿斑驳症。灭蚜防病对百日草花叶病有一定的控制作用。另外，要注意根除病株，以减少侵染源。

◆ **功效和家居环境适宜摆放的位置**

百日草能吸收空气中的有害气体，并对二氧化硫敏感，可作为二氧化硫的监测植物。

可植于庭院向阳处，或盆栽摆放在阳光充足的窗台边或客厅，亦可在室内作切花装饰。

七、紫罗兰(*Matthiola incana*)

◆ **植物学知识**

图 118　紫罗兰

紫罗兰(图 118)，别名草桂花、四桃克。为十字花科，紫罗兰属，二年生草本。株高 30 厘米～60 厘米，全株披灰色星状柔毛，茎直立，基部稍木质化。叶互生，叶面宽大，长椭圆形或倒披针形，先端圆钝。总状花序顶生和腋生，具芳香。花瓣倒卵形，十字状着生，花径约 3 厘米，花梗粗壮，花有紫红、淡红、淡黄、白等颜色。果实为长角果圆柱形，种子有刺。花期 3～5 月，果熟期 6～7 月。紫罗兰原产地中海沿岸，喜冷凉、光照充足环境，稍耐半阴。生长适温为白天 15℃～18℃，夜间约 10℃。冬季能耐－5℃低温。要求疏松肥沃、湿润深厚的中性或微酸性土壤。

◆ **繁殖方法**

紫罗兰的繁殖以播种为主。在我国中部地区，一般于 9 月中旬露地播种。室内盆栽四季都可进行，采种宜选单瓣花者为母本，因其重瓣花缺少雄蕊，不能授粉结籽，且从重瓣母本中采种者，其第二代单瓣率较多。紫罗兰播前盆土宜较潮润，播后盖一薄层细土，不再浇水，在 15 天内若盆土干燥，可将盆半截置于水中，从盆底渗水润土。播种后注意遮荫，15 天左右即可出苗。

◆ **栽培管理**

紫罗兰为直根性植物，不耐移植，为保证成活，移植时要多带宿土，不可散坨，尽量不要伤根，一旦伤根则不易恢复。在真叶展叶前需

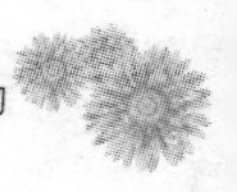

分苗移植，一般小苗经过一次分苗后即可定植。不可栽培过密，否则通风不良，易受病虫害。栽培期间要注意施肥，施肥一次不要太多，要薄肥勤施，否则易造成植株徒长，影响开花。紫罗兰的叶片质厚，对干旱有一定的抵抗力，因而淋水不宜过多，土壤保持湿润即可，水分过多会烂根。花后应及时剪去花枝，施以追肥，加强管理，可再次萌发侧枝，再次开花。夏季高温、高湿要注意病虫害的防治。如养护得当，4月中旬即可开花。开花后需剪花枝，并追肥1～2次，这样能再抽枝，到6～7月可第二次开花。

◆ **病虫害防治**

紫罗兰主要病害有枯萎病、黄萎病、白锈病及花叶病。

紫罗兰枯萎病主要症状是植株变矮、萎蔫，幼株的叶片上产生明显的脉纹，较大的植株引起叶片下垂等。可用50℃～55℃水进行10分钟浸种，这样可杀死种子携带的病菌。种植紫罗兰用的土壤应用药剂消毒后再利用，药剂可用1 000倍高锰酸钾溶液。如发现有严重感染的病株，应立即拔除烧毁，以防传染其他健康植株。

紫罗兰黄萎病症状为植株下部叶片变黄、萎蔫，病株严重矮化，维束管内组织迅速变色。防治办法同紫罗兰枯萎病。

紫罗兰白锈病可使紫罗兰植株病害部变为黄色，后期变为褐色。在叶片表皮下产生链状的无色孢子。可喷65%代森锌可湿性粉剂500～600倍液进行防治。

紫罗兰花叶病是一种病毒病，通过蚜虫传毒，也可通过汁液传播。防治方法是，与其他毒源植物隔离，及时消灭蚜虫，用内吸药剂10%吡虫啉2 000倍液喷雾防治。

◆ **功效和家居环境适宜摆放的位置**

紫罗兰吸收二氧化碳的能力很强，对二氧化硫也有较强的抗性，对氯气非常敏感，可作为监测植物。紫罗兰的香味给人以爽朗和愉快的感觉，对结核杆菌、肺炎球菌、葡萄球菌的生长繁殖具有明显的抑制作用。

从紫罗兰叶、花中可提取精油，有助于防治过敏性咳嗽及百日咳，尤其适用于呼吸方面的辅助治疗。能帮助入眠，对偏头痛有缓解作用。

紫罗兰花朵可制茶，具有消除疲劳、帮助伤口愈合、润喉、治口臭、清热解毒、宿醉、伤风感冒、调气血、清火养颜、滋润皮肤的功效。

紫罗兰可植于庭院向阳或花荫处，盆栽可摆放在阳光充足的窗边或者阳台上。

八、旱金莲(*Tropaeolum majus*)

图 119　旱金莲

◆ 植物学知识

旱金莲(图 119)，别名旱荷、金莲花、旱莲花。为金莲花科，金莲花属，多年生草本植物，常作一年生或二年生草花栽培。茎细长，肉质中空，半蔓性或匍匐，灰绿色。叶圆盾形，叶柄细长，可攀缘。春播的花期在 7～9 月，秋播的花期在翌年 2～3 月。在气候适合的条件下，可全年开花。果实淡白绿色，表面多纵行沟纹，种子肾形。旱金莲原产于南美洲，不耐寒，喜温暖湿润，越冬温度为 10℃以上。需阳光充足和排水良好的肥沃土壤。

◆ 繁殖方法

繁殖采用播种或扦插法。

播种繁殖：秋播于 8～10 月在室内进行，播前先将种子在 40℃～45℃的水中浸泡 24 小时，播后保持 18℃～20℃，7～10 天即可出苗，在室内养护越冬，于翌年 5 月定植盆中。

扦插繁殖：可于 4～6 月进行，选用嫩茎作插穗，去除下部叶片，插后遮荫，保持湿度，2～3 周可生根。

◆ 栽培管理

旱金莲要求阳光充足与通风凉爽的环境。盆栽需疏松、肥沃、通透性强的培养土。喜湿润，怕渍涝，浇水时，要注意见干见湿。旱金莲一般不宜多施肥，以免枝叶徒长，影响开花，但可在定植后施一次基肥。4 月天气转暖时，可出温室进行露天培育，此时应施一次肥。待到 11 月霜降进室后，再施一次越冬肥即可。由于旱金莲蔓性生长，盆栽时宜设支架，可扎成屏风等形状，使其枝攀缘其上，以利生长，而且很

美观。旱金莲叶花均有趋光性，栽培时宜经常转盆，保持其正常生长。

◆ 病虫害防治

旱金莲的病虫害较少。虫害有白粉虱、红蜘蛛和蚜虫，可用辛硫磷乳剂 1 000～1 500 倍液喷施，病害主要有花叶病和白粉病。

花叶病使感病叶片出现黄绿色与深绿色相间的花叶型症状，叶变小。防治方法应及时拔除病株，并烧毁。喷杀虫剂防止传毒害虫。

白粉病是病菌先侵害嫩叶，两面皆出现白色粉状物，以后叶变黄。防治方法应加强栽培管理，促使植株健壮，提高抗病能力。发病初期，嫩叶、嫩芽用 25%粉锈宁可湿性粉剂 1 000～1 500 倍液喷雾，或 70%甲基托布津可湿性粉剂 800 倍液喷雾，也可用粉锈灵 1 000 倍液喷施。

◆ 功效和家居环境适宜摆放的位置

旱金莲对氯气、硫化氢和臭氧都有较强抗性。花可提炼出精油，有增强元气、改善情绪的作用。新鲜的花和叶可拌沙拉食用，有芥末味。

可植于庭院向阳或花荫处做地被植物，或盆栽放置于客厅或卧室内有阳光直射的窗边或者悬挂于阳台上。

图 120　万寿菊

九、万寿菊(*Tagetes erecta*)

◆ 植物学知识

万寿菊(图 120、彩图 41)，别名臭芙蓉、蜂窝菊。菊科，万寿菊属，一年生草本。茎粗壮，绿色，直立，全株具异味。单叶羽状全裂对生，裂片披针形，具锯齿，上部叶时有互生，裂片边缘有油腺，锯齿有芒。头状花序着生枝顶，花径可达 10 厘米，黄或橙色，总花梗肿大，花期 8～9 月。瘦果黑色，冠毛淡黄色。万寿菊原产墨西哥，喜阳光充足的环境，耐寒、耐干旱，在多湿气候下生长不良。对土质要求不严，但以肥沃疏松、排水良好的土壤为好。

◆ **繁殖方法**

万寿菊以种子繁殖为主，也可扦插繁殖。

播种繁殖：春播，3 月下旬至 4 月上旬在露地播种。如果室内盆栽播种一年四季均可进行，播后要覆土、浇水。种子发芽适温为 20℃～25℃，播后 1 周出苗，发芽率约 50%。待苗长到 5 厘米高时，进行一次移栽，再待苗长出 7～8 枚叶片时进行定植。为了控制植株高度，可在夏季播种，夏播出苗后 60 天可开花。

扦插繁殖：夏季进行扦插，容易发根，成苗快。从母株剪取 8 厘米～12 厘米嫩枝作插穗，去掉下部叶片，插入盆土中，每盆插 3 株，插后浇足水，略加遮荫，2 周后可生根。然后，逐渐移至有阳光处进行日常管理，约 1 个月后开花。

◆ **栽培管理**

万寿菊属喜光植物，不耐阴，必须栽在光照充足的地块。盆栽万寿菊也必须置放在具有较好光照条件下进行养护管理，否则，植株会衰弱或茎叶细嫩徒长，花少且小。浇水不得使土壤过干过湿，只需保持土壤湿润即可。万寿菊花期较长，需要追施肥料供给养分，但不能多施肥，必须控施氮肥，否则枝叶会旺长不开花。一般每月施 1 次腐熟稀薄有机液肥或氮、磷、钾复合液肥。在养护管理过程中，对定植或上盆幼苗成活后，要及时摘心，促发分枝，多开花。为使花朵大，对徒长枝、枯枝、弱枝及花后枝应及时疏剪或摘心，对过密枝通过疏剪，改善光照，保留壮枝，但不能摘心，使顶部的花蕾发育充实。在多风季节，还应通过修剪、摘心控制植株高度，以免倒伏。否则，要立支柱，以防风吹倒伏。

◆ **病虫害防治**

万寿菊的主要病害有立枯病、斑枯病等。要坚持预防为主，防重于治的原则，适时防治病害，特别是在花蕾前期（开花前）必须打一次杀菌剂。

立枯病主要发生在育苗期，其症状表现为幼苗出土后，在茎基部产生椭园形褐色小斑点，病斑逐渐凹陷，扩大后，绕茎一周，最后茎基部收缩变细，幼苗干枯死亡。防治方法，一般出苗后，结合浇水，用

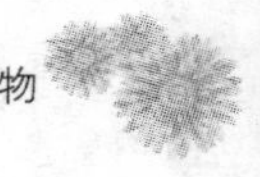

50%多菌灵或50%代森锰锌1 000倍液喷洒,7～10天一次。

斑枯病又称黑斑病、褐斑病,一般在高温多雨季节易发病。主要为害叶片,初于下部叶片上出现褐色小斑点后扩展为黑褐色圆形,呈不规则形斑,湿度大时出现小黑点,严重时病斑融合成片,致整个叶片变黄或变黑干枯。防治方法,发病始期开始喷洒50%甲基硫菌灵800倍液或甲基托布津500倍液,每隔10～15天喷洒一次。

枯萎病在初发病时叶色变浅发黄,萎蔫下垂,茎基部也变浅褐色,横剖维管束变为褐色,向上扩展枝条的维管束也逐渐变为浅褐色,向下扩展致根部外皮坏死或变黑腐烂。防治方法,发病初期喷洒或根灌50%多菌灵500倍液,根灌量为每株灌药液0.4升～0.5升,视病情防治2～3次。

红蜘蛛虫害不严重时可人工防治。

◆ 功效和家居环境适宜摆放的位置

万寿菊可吸收空气中的氟化氢、二氧化硫等有害气体,净化空气。

万寿菊含有丰富的叶黄素。叶黄素是一种广泛存在于蔬菜、花卉、水果与某些藻类生物中的天然色素。它能够延缓老年人因黄斑退化而引起的视力退化和失明症,以及因机体衰老引发的心血管硬化、冠心病和肿瘤疾病。

可植于庭院向阳处,或盆栽放置于阳光充足的窗台和客厅里,也可在室内作切花装饰。

图121 翠菊

十、翠菊(*Callistephus chinensis*)

◆ 植物学知识

翠菊(图121),别名江西腊、蓝菊。菊科,翠菊属,一年生草本。茎直立,多分枝,叶互生,卵形至椭圆形,具有粗钝锯齿,上部叶无叶柄,叶两面疏生短毛及全株疏生短毛。头状花序单生于茎顶,花径3厘米～15厘米,总苞具多层苞片,外层革质、内层膜质,花盘边缘为舌状花,原种舌状花1～2轮,栽培品种的舌状花为多轮。有很多栽培变种,花色多样,深浅不一,花期夏秋。瘦果呈楔形,浅褐色,9～10 月成熟。翠菊原产我国北部,为特产花卉。喜光照充足、温暖湿润环境,耐寒性不强,越冬最低温度为 2℃～3℃。

◆ 繁殖方法

采用播种繁殖,出苗容易。在 21℃气温下,8～10 天发芽。一般多春播,也可夏播,播后 2～3 个月开花。北方室内也可于 11 月播种,需 4 个半月开花。

◆ 栽培管理

苗高 10 厘米时定植于盆内,常用 10 厘米～12 厘米的盆。生长期每月施肥 1 次,施肥要均衡。盆栽后 45～80 天增施磷钾肥 1 次。夏季干旱时,需经常灌溉。翠菊一般不需摘心,为了使主枝上的花序充分展现出品种特征,应适当疏剪一部分侧枝,每株保留花枝 5～7 个。

◆ 病虫害防治

常见病害有锈病、枯萎病和根腐病,可用 60%甲基托布津 500 倍液喷洒防治。虫害有红蜘蛛和蚜虫,可用辛硫磷乳剂 1 000～1 500 倍液喷杀。

◆ 功效和家居环境适宜摆放的位置

翠菊对氟化氢抗性强,可监测空气中的二氧化硫,如果在其叶脉间出现点状或块状的黄褐斑或黄白色斑,而叶脉仍为绿色时,说明空气中有二氧化硫危害。

翠菊是原产中国的传统草花,已有上千年的栽培历史,其花期长,花色花型丰富多彩,矮型种适宜盆栽,布置庭院花台和阳台,也可与中型种配置,应用于露地花境、花坛、花带,高生种可作切花,也可摆放于室内阳光充足的窗台边、客厅或书房。

十一、波斯菊(*Cosmos bipinnatus*)

◆ 植物学知识

波斯菊(图 122),别名大波斯菊、秋英、秋樱。菊科,波斯菊属,一年生草本。株高可达 1 米,茎细长多分枝,对生羽状深裂叶,

图 122　波斯菊

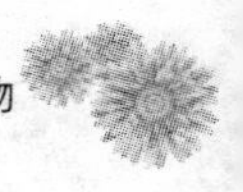

小叶纤细线形。头状花序顶生或腋生，单瓣或重瓣，花色有紫红、粉红、黄、白及双色系统等，花期夏秋，瘦果长线形。波斯菊原产墨西哥，不耐寒，喜阳光，忌酷暑，对土壤要求不严，耐瘠土，但不能积水。在排水良好、湿润、有一定肥力的土壤能较好生长，但在肥沃的土壤中生长反而不佳。

◆ **繁殖方法**

种子繁殖：波斯菊一般在早春播种，5～6 月开花，8～9 月气候炎热，多阴雨，开花较少。秋凉后又继续开花直至霜降。如在 7～8 月播种，则 10 月份即可开花，且株矮而整齐。波斯菊的种子有自播能力，一经栽种，以后就会生出大量自播苗，只要条件适宜并稍加保护，可照常开花。

扦插繁殖：波斯菊在生长期间可在茎节下剪取 15 厘米左右的健壮枝梢，插于沙壤土内，适当遮荫保持湿度，5～6 天即可生根。

◆ **栽培管理**

由于根系浅，不宜多移栽，移栽宜早、多带土。栽种时，在泥炭土、有机土、珍珠岩放入少量复合肥，生长期可不追施复合肥，以免枝叶徒长，减少开花。生长期进行摘心，促使分枝，控制长高，以免后期倒伏。花谢后若不留籽，应及时剪除残花，可继续开花。

◆ **病虫害防治**

波斯菊的主要病害有叶斑病、白粉病，可用 50%托布津可湿性粉剂 500 倍液喷洒。虫害有蚜虫、金龟子为害，用 10%除虫精乳油 2 500 倍液喷杀。天气炎热时易发生红蜘蛛危害，宜及早防治。

◆ **功效和家居环境适宜摆放的位置**

波斯菊对氯气敏感，可用作监测氯气的指示植物。可植于庭院向阳处和墙边，形成花篱或花境，也可盆栽摆放在阳光充足的窗台边和客厅里。亦可作切花材料。

十二、矢车菊(*Centaurea cyanus*)

图 123　矢车菊

◆ 植物学知识

矢车菊(图 123),别名芙蓉菊、荔枝菊、翠蓝。菊科,矢车菊属,一年生或二年生草本。有高生种及矮生种,株高 30 厘米～90 厘米。枝细长,多分枝。叶线形,全缘,基生叶有锯齿或羽状裂。头状花序顶生,总梗细长。舌状花较大,偏漏斗形,蓝色、紫色、粉红色或白色。花期 4～8 月。矢车菊原产欧洲东南部,生性强健,较耐寒,喜阳光,要求肥沃、疏松、排水好的土壤。

◆ 繁殖方法

常用种子繁殖,春、秋播种均可,以秋天播种更好。9～10 月份进行播种,当苗长至 10 厘米高时便可移植,移植后再定植,定植株距为 20～40 厘米。若室内盆栽,一年四季均可进行,盆土要疏松肥沃,最好用园土腐叶、草木灰等配以混合土,当苗具 6～7 枚叶时,进行一次移植。因矢车菊为直根系,大苗不耐移栽,小苗移栽时一定要多带土坨,避免伤到根系。

◆ 栽培管理

栽培土应尽量使其排水及通气良好,土壤若黏性较大时,可混合 3～4成的碎木屑或珍珠石来改良。浇水原则为每日一次,夏日较干旱时,可早晚各浇一次,以保持盆土湿润并降低盆土的温度,但忌积水。矢车菊喜肥,生育期间应每月施用含氮磷钾稀释液肥一次。若叶片太繁茂,则应减少氮肥的比例,开花前宜多施磷钾肥,才能得到硕大而美丽的花朵。矢车菊能自然分枝,侧枝多则花朵较小,必要时可摘去部分侧芽,只留较少的分枝,则可获得较大的花朵。

◆ 病虫害防治

菌核病是矢车菊的主要病害,雨季发病严重。病害先从基部发生，逐渐向茎和叶柄处扩展，后期茎内外可见黑色的菌核。防治方法，一是种植时，株行距不宜过密，土质要求疏松且排水良好。二是喷施药剂，发病初期可用25%粉锈宁可湿性粉剂2 500倍液喷洒，或800倍液70%甲基托布津可湿性粉剂喷洒。三是清除病株，染病严重的病株要及时去除并处理掉，以减少侵染源。

主要虫害为蚜虫，用菊脂类药物喷洒数次，直至消除为止。

◆ 功效和家居环境适宜摆放的位置

矢车菊对硫化氢和臭氧的抗性较强。花朵可制花茶。矢车菊纯露是很温和的天然皮肤清洁剂，花水可用来保养头发与滋润肌肤。

矢车菊可植于庭院向阳处，或将盆栽摆放在阳光充足的窗台边和阳台，亦可作切花装饰房间。

十三、大花金鸡菊(*Coreopsis grandiflora*)

图124　大花金鸡菊

◆ 植物学知识

大花金鸡菊(图124)，别名剑叶波斯菊。为菊科，金鸡菊属，多年生宿根草本，株高30厘米～60厘米。茎直立多分枝。基生叶和部分茎下叶披针形或匙形。茎生叶全部或有时3～5裂，裂片披针形或条形，先端钝形。头状花序，直径4厘米～7.5厘米，有长柄，边缘一轮舌状花，其它为管状花。舌状花通常8枚，黄色，顶端三裂，有重瓣品种。花期6～8月。瘦果圆形，具阔而薄的膜质刺。大花金鸡菊原产于南美洲，喜阳光充足的环境及排水良好的沙质壤土，耐寒，耐旱，适应性强。

◆ 繁殖方法

大花金鸡菊采用播种繁殖，对土壤要求不高，发芽适宜温度为15℃～20℃。露地栽培时秋播较多，室内盆栽四季均可播种，14～21天发芽，10月或次年3月定植，5～6年更新一次，可自播繁殖，花后去除花枝，茎基部可萌发莲座苗。

◆ **栽培管理**

大花金鸡菊耐旱怕涝，防止浇水过多。生长期追施 2～3 次氮肥，追施氮肥时配合用磷、钾肥。欲使金鸡菊开花多，花后可摘去残花并及时追肥。大花金鸡菊在肥沃的土壤中枝叶繁茂，开花反而减少，为了达到良好的观花效果，施肥要适度，不能多施。

◆ **病虫害防治**

白粉病多危害叶片、叶柄，应注意通风透光，剪除病害严重叶片并烧毁，用 70％甲基托布津可湿性粉剂 700～800 倍液、50％代森铵 800～1 000 倍液或 50％多菌灵可湿性粉剂500～1 000倍液喷雾。高温高湿、通风不良时易发生蚜虫虫害，危害叶片、嫩茎、花冠等，可用辛硫磷乳剂 1 000～1 500 倍液喷杀。

◆ **功效和家居环境适宜摆放的位置**

大花金鸡菊对二氧化硫抗性较强。可植于庭院向阳处和墙边，形成花篱或花境，也可盆栽摆放在阳光充足的窗台边和客厅。亦可作切花材料装饰房间。

十四、金盏菊（*Calendula officinalis*）

图 125 金盏菊

◆ **植物学知识**

金盏菊（图 125），别名金盏花、黄金盏、长生菊。菊科，金盏菊属，二年生草本。株高 30 厘米～60 厘米，全株被白色茸毛。单叶互生，椭圆形或椭圆状倒卵形，全缘，基生叶有柄，上部叶基抱茎。头状花序单生茎顶，花径 4 厘米～6 厘米，舌状花一轮，或多轮平展，金黄或橘黄色，筒状花，黄色或褐色，有重瓣、卷瓣和绿心、深紫色花心等栽培品种。花期 12～6 月，盛花期 3～6 月。瘦果，呈船形、爪形，果熟期5～7月。金盏菊原产欧洲南部，喜阳光充足环境，适应性较强，能耐－9℃低温，忌炎热天气。在疏松、肥沃、微酸性土壤中最宜生长。

◆ **繁殖方法**

金盏菊多用播种繁殖，春播、秋播均可。秋播一般在 9 月中旬进

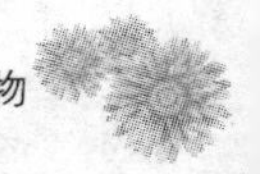

行。若保持土壤湿润，温度在20℃左右，7～10天即可出苗。金盏菊也可提早春播，用于盆栽培养，春播一般在2～3月进行，将其播于温暖室内苗床，但其幼苗长势不如秋播苗良好。若想在春季期间开花，可于10～11月在室内苗床播种。

◆ 栽培管理

金盏菊的栽培较容易，秋播苗如果种植在向阳处可露地越冬。由于金盏菊的枝叶比较肥大，且生长快，因此早春应及时进行分栽，防止徒长。一般3月下旬陆续开花，4月定植，5月中下旬进入盛花期。若提早秋播用于盆栽培养，下霜时需移入低温温室进行栽培，温度保持8℃～10℃，精心管理，冬季可开花。金盏菊喜肥，因此生长期要保证肥水的供应，每隔15～20天施一次稀薄肥，则开花大而美丽。施肥时，氮、磷、钾要配合使用。若缺肥，则会出现花小且多为单瓣，极易造成品种退化。生长期不宜过多浇水，经常保持土壤湿润即可。苗期摘心可促进多发侧枝、多开花，使植株生长茂盛。冬季不必防寒，如置于室内向阳处，整个冬春可连续开花。

◆ 病虫害防治

金盏菊如室内栽培，因通风差、湿度大，常发生枯萎病和霜霉病危害，可用65%代森锌可湿性粉剂500倍液喷洒防治。初夏气温升高时，金盏菊叶片常发现锈病危害，用50%萎锈灵可湿性粉剂2 000倍液喷洒。早春花期易遭受红蜘蛛和蚜虫危害，可用辛硫磷乳剂1 000～1 500倍液喷杀。

◆ 功效和家居环境适宜摆放的位置

金盏菊抗二氧化硫的能力很强，对氰化物及硫化氢也有一定抗性，为优良抗污观赏植物。

金盏菊富含多种维生素，尤其是维生素A和维生素C，几乎各部位都可食用。其花瓣有美容之功能，花含类胡萝卜素、番茄烃、蝴蝶梅黄素、玉红黄质、挥发油、树脂、黏液质、苹果酸等；根含苦味质，山金东二醇；种子含甘油酯、蜡醇和生物碱。全株均可入药。

金盏菊花瓣晒干可制作金盏菊茶，气味芳香，有益保健。

可植于庭院向阳或花荫处，也可盆栽于室内或摆放在阳光充足的窗台边或客厅里，亦可作切花材料。

十五、向日葵（*Helianthus annuus*）

图 126　向日葵

◆ **植物学知识**

向日葵（图 126），别名太阳花。菊科，向日葵属，一年生草本。株高 1 米～3 米，茎直立，粗壮，圆形多棱角，被白色粗硬毛。叶通常互生，心状卵形或卵圆形，先端锐突或渐尖，基出三脉，边缘具粗锯齿，两面粗糙，被毛，有长柄。头状花序，直径 10 厘米～30 厘米，单生于茎顶或枝端。总苞片多层，叶质，覆瓦状排列，被长硬毛，夏季开花，花序边缘生黄色的舌状花。花序中部为两性的管状花，棕色或紫色，结实。瘦果，倒卵形或卵状长圆形，稍扁，果皮木质化，灰色或黑色，俗称葵花子。向日葵原产北美，喜温暖、稍干燥和阳光充足环境。

向日葵的品种可分为"观赏用"品种或"食用"品种。一般观赏用品种特征为植株较矮小，通常 30 厘米～40 厘米，适合盆栽。花色有金黄色、红色及复色等。食用品种则植株较高大，种植于露天苗圃土壤中。向日葵生长快，通常种植约两个月即可开花，其花型有单瓣、重瓣或单花、多花之分，花期较长，可达 2 周以上。

◆ **繁殖方法**

主要用播种繁殖。根据应用需要全年均可播种。若 5 月用花，2～3 月播种；10 月用花，8 月播种。观赏向日葵种子大，每克种子25～50 粒，发芽适温为 21℃～24℃。播后 7～10 天发芽。发芽率为80％～90％。以盆栽矮生种为例，从播种至开花需 50～60 天。

◆ **栽培管理**

在冬季无霜地区，可在田间周年生长，而冬天寒冷地区，需在室内栽培。向日葵对土壤要求不严，在各类土壤中均能生长良好。最适宜生长在 pH 值为 5.8～6.5 的沙壤土中。

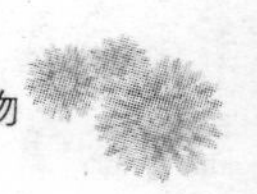

观赏向日葵不同生长阶段对水肥的要求差异很大。露地栽培时，根系比较发达，耐干旱。春季浇水不多，初夏气温升高，水分蒸发量较大时需补充浇水。从播种到现蕾这段时期比较抗旱，需水不多。而且适当干旱有利于根系生长，增强抗旱性。现蕾期应适当控制水分，但在光照强、气温高的条件下，由于植株高大、叶片繁茂、水分消耗量大，应及时浇水，以防叶片萎蔫，影响植株正常生长。现蕾到开花是需水高峰期，此期缺水，对开花影响很大，如过于干旱需灌水补充。地栽如果土壤肥沃，也可不施肥。若土壤肥力差，前期以施氮肥为主，孕蕾期增施磷钾肥。生长期每 20 天施肥 1 次，但开花前应追施2～3次稀薄的磷钾肥。

盆栽观赏向日葵，棵大盆小，生长期要及时浇水，否则叶片易脱水凋萎。但不宜浇水过大，盆土过湿会引起叶片发黄。播种和移栽时要求土壤湿润，之后要求土壤中度湿润。幼苗期需水分充足，经常保持土壤湿润。初夏温度升至 25℃～28℃时，蒸发量较大，应适当加大给水量。盆栽植株每 7～10 天施一次腐熟的稀薄液肥或复合肥，苗期以氮肥为主，以促使枝叶繁茂，现蕾后则应多施磷钾肥，以提供充足的营养，使花蕾生长健壮，利于开花。

◆ 病虫害防治

主要有白粉病和黑斑病危害观赏向日葵叶片，发病初期可用 50% 托布津可湿性粉剂 500 倍液喷洒防治。虫害有盲蝽和红蜘蛛危害，可用辛硫磷乳剂 1 000～1 500 倍液喷杀。

◆ 功效和家居环境适宜摆放的位置

向日葵对氟化氢、硫化氢和臭氧都有较强的抗性。种子中含有大量不饱和脂肪酸，还富含维生素 E、叶酸、铁、钾、锌等多种人体必需的营养成分。种子可炒食或用于榨油。

最近研究发现，向日葵在净化土壤方面有很好效果，这种植物可有效地吸收土壤中有害有毒的化学物质，甚至包括铀元素。

观赏向日葵株形大小适中，可地栽于小庭院的窗前、墙边、篱笆旁，也可盆栽布置于阳台、光线充足的客厅、书房、厨房、卧室等处，呈现欣欣向荣和浓郁的乡土气息。由于其花色金黄，花期长，瓶插时间较长，茎秆挺直，寓意吉庆，用作切花别有韵味。用作花篮、花束插花,可与夏菊品种媲美,是值得推广的一种新型切花材料。

十六、紫茉莉(*Mirabilis jalapa*)

图 127　紫茉莉

◆ 植物学知识

紫茉莉(图 127,彩图 42),别名草茉莉、胭脂花、夜晚花、地雷花。紫茉莉科,紫茉莉属,多年生草本,常作一年生栽培。株高可达 1 米,根粗壮,茎直立,多分枝,节处膨大。单叶对生,下部叶具柄,上部叶常无柄。叶片卵形,先端长尖,基部宽楔形或心形,边缘微波状。夏、秋开紫红、粉红、白色、黄色花,也有红黄相杂的花,常 1 至数朵生于萼状总苞内,萼花瓣状,萼管圆柱形,上部稍扩大成喇叭状。瘦果近球形,为宿存的苞片所包,果皮带革质,有细纵纹及横点纹,熟时黑色,极像地雷。种子白色。紫茉莉原产南美热带地区,喜光,喜温暖湿润气候,不择土壤,不耐寒,华北作一年生栽培,长江以南为多年生栽培。

◆ 繁殖方法

种子繁殖:紫茉莉可春播,也能自播繁衍。春播宜在 3～4 月播种育苗,发芽适温为 15℃～20℃,7～8 天萌发。苗长出 2～4 枚叶片时定植,株距 50 厘米～80 厘米为宜,移植后要注意遮荫。

扦插繁殖:优良品种亦可用脚芽、顶芽、腋芽等作插穗,其中脚芽生长势最强,不容易发生退化,抗病能力强。用沙、炉渣、园土等作基质,扦插后控温 20℃ 左右,10 天即可生根,生根后移入容器中培育成苗。

块根繁殖:老株在长江以南块根可安全越冬,在华北等不能越冬地区可将根挖出贮藏,第二年定植后重新发出新株。做法是霜后将植株从地面上 3 厘米～5 厘米处剪断,挖出块根,晾晒到表皮发干时,放在不受阳光直射而又干燥的地方,一冬不浇水,温度控制在 10℃左右。

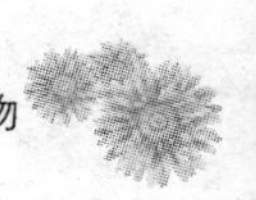

◆ **栽培管理**

紫茉莉生性强健，极少病虫害，栽培容易，管理粗放。既可地栽，也宜盆栽，它不甚择土，以种植在疏松肥沃的沙质壤土中生长最佳，盆栽宜用稍深大些的花盆。

地栽紫茉莉忌植于低洼湿地，晴天 3～5 天浇一次水；盆植夏季和初秋的晴天，每天都要浇一次水，春秋季间 1～2 天浇一次。紫茉莉喜肥，亦耐贫瘠，地栽，春夏秋每季施一次氮磷钾复合肥，土壤肥沃不施也行。盆栽，除春季上盆或翻盆换土时，在土中加点骨粉、氮磷钾复合肥外，生长期每月施一次氮磷钾复合肥或 0.2%的磷酸二氢钾溶液，不施肥也可生长，但花少花小。忌单施氮肥，否则叶多花少。每年春季翻盆换土一次。

紫茉莉喜空气流通、阳光充足的地方，在半阴处亦能生长开花，过阴则枝细花小花少，且易染白粉病。在长江流域，冬季枝枯叶落，但地下根不会冻死。北方盆栽者应于枝枯叶落后将花盆移人室内越冬，或置于南向阳台下，在带植株的花盆上反扣一只空盆防冻；地栽者霜降后要将地下根挖出，稍晾干后置于地窖或室内越冬，翌春回温到 8℃～12℃时重新栽入土中，5 月下旬可开花。

◆ **病虫害防治**

病虫害较少，天气干燥易长蚜虫，平时注意保湿，可预防蚜虫。

◆ **功效和家居环境适宜摆放的位置**

紫茉莉对氟化氢、二氧化硫、氯化氢都有较强的抗性，紫茉莉分泌的气体可杀死白喉杆菌、结核菌、痢疾杆菌等病菌，使室内空气清洁卫生。

过去妇女常取红色紫茉莉花染唇，或是待种子成熟胚乳干燥后，将其碾成粉，加香料制成天然胭脂粉，不含铅，不伤皮肤。郭沫若《百花齐放》诗集中说，紫茉莉是“天生成的化妆品”。

紫茉莉适于栽培在庭院向阳或花荫处，几棵散植于庭院中，颇有原野气息。盆栽可摆放在室内阳光充足处，如向阳窗台边或有阳光照射的客厅里。

十七、牵牛花(*Ipomoea nil*)

图 128　牵牛花

◆ 植物学知识

牵牛花(图 128,彩图 43),别名牵牛、喇叭花。旋花科,牵牛属,一年生蔓生性草本。蔓生茎细长,约3 米~4 米,全株多密被短毛。叶互生,全缘或具叶裂。聚伞花序腋生,1 朵至数朵,花冠喇叭状,花色鲜艳美丽,花期6~10 月,清晨开放午后关闭。蒴果球形,成熟后开裂,种子粒大,黑色或黄白色。牵牛花原产南美洲和亚洲热带地区,喜温暖向阳环境,不耐寒,耐干旱瘠薄,以在湿润肥沃、排水良好的中性土壤生长最好。

◆ 繁殖方法

牵牛花采用播种繁殖。播种前应施基肥。每年 3 月下旬,将种子点种于翻松的土壤中,深度 2 厘米,10~15 天可出苗;盆栽育苗宜在 4 月初,培养土可用普通花土与素沙 1∶1,每盆点播 4~5 粒种子。因种皮较厚,发芽慢,可在种脐上部,用小刀刻去一点种皮。播种后保持25℃,并盖玻璃板或套上塑料袋,置于温暖向阳的窗台上,7 天左右即可发芽。

◆ 栽培管理

当小苗出土后,及时去掉覆盖物,长出 6~7 枚叶片开始伸蔓时,整坨从播种育苗的花盆脱出,分栽于盆中定植。盆土要用加肥培养土,并放 50 克蹄片做底肥,栽后浇透水。待盆土落实后,在盆中心直插一根 1 米长的细竹竿,再用 3 米左右长的铅丝,一端齐土面缠绕在竹竿上,然后盘旋向上,形成下大、上小的匀称塔式盘旋架。牵牛花为左旋植物,铅丝的盘旋方向必须符合它向左缠绕的习性。当主蔓沿着铅丝爬到竿顶时摘去顶尖。侧蔓每长到 6~7 枚叶片时掐尖,这样可使花朵大、开花多。

盆栽牵牛花还可以矮作丛生,不使其爬蔓。当小苗长出 5~6 枚叶片时,随即掐尖,促发 2~3 个侧芽,其余抹掉。侧芽展叶伸蔓时,再

留2～3枚叶片去尖，这样一次可开花10朵左右。花谢后立即摘掉，促其侧枝再发新芽，酌情留几个健壮、匀称的新芽，多余者抹去。如此反复可保持株形丰满成丛，连续开花。

◆ **病虫害防治**

牵牛花常见病害有白霉病、叶斑病、病毒病等。一般可用75%百菌清700～1 000倍水溶液喷洒防治，病害严重的叶片应及时摘除。

◆ **功效和家居环境适宜摆放的位置**

牵牛花对空气中的光烟雾污染(如二氧化硫)有较强的监测作用，其叶片受二氧化硫伤害易产生斑点或枯萎。

在庭院廊架和墙边篱笆前种植，可形成花廊和花篱，或者在院中竖立竹竿等支架使其攀爬。低矮丛生状的盆栽牵牛花可放置在室内向阳面的窗台、书架和桌几上。

图129 虞美人

十八、虞美人(*Papaver rhoeas*)

◆ **植物学知识**

虞美人(图129)，别名丽春花、赛牡丹。罂粟科，罂粟属一年生草本。株高40厘米～60厘米，分枝细弱，被短硬毛。全株被开展的粗毛有乳汁。叶片呈羽状深裂或全裂，裂片披针形，边缘有不规则的锯齿。花单生，有长梗，未开放时下垂，花萼2片，椭圆形，外被粗毛，花冠4瓣，近圆形，花径5厘米～6厘米，花色丰富，花期春夏。蒴果杯形，成熟时顶孔开裂，种子肾形。虞美人原产欧、亚温带地区，喜阳光充足，宜温暖，不耐寒，也不耐高温，忌高湿，对土壤要求不严。在排水良好、肥沃的沙质壤土中生长最佳。

◆ **繁殖方法**

虞美人用种子繁殖，易成活。一般以秋末冬初播种较好，使种子在土内过冬，第二年春出苗开花。华北地区秋播出苗后，可罩上塑料薄膜并加盖草帘防寒越冬。寒冷地区也可在早春播种，即当土壤刚刚解冻后立即播入，但生长开花不如秋播的好。

◆ **栽培管理**

虞美人秋季播种后，越冬前能长出 6～13 枚叶片，在冬季可发出多个分枝，春季形成丰满的株型，并且较春播早开花一个多月。

虞美人为直根系草本花卉，须根萌生能力较差，根系损伤后较难恢复，造成叶片枯黄，植株瘦弱，甚至枯死。如直接播在大盆中又易造成根抱土现象，形成早衰。所以种子应先播于营养钵或小盆中，待根系长满后带土坨移栽至大盆中。定植盆口径为 20 厘米～25 厘米，秋播苗每盆 1～3 株，春播苗每盆 3～5 株。

育苗期间较低的温度有利生长，幼苗能耐－10℃短时低温，冬季应将花盆放在室外背风向阳处，寒流来时可用塑料袋罩住保温。

虞美人喜光不耐阴，从幼苗期开始一直需在阳光下生长才能健壮。开花期在室内观赏也不能超过 2 天，否则影响持续开花。虞美人耐干燥、耐旱，但不耐积水，生育期间浇水不宜多，以保持土壤湿润为好，非十分干旱不必浇水。施肥不能过多，否则植株徒长，过高也易倒伏，花期忌施肥。

虞美人花后会结许多籽，消耗大量养分，影响继续开花。一般应连同细长的花梗一起剪除，促发新枝，可使花期延长，保持较好的株型。

◆ **病虫害防治**

虞美人很少发生病虫害，但若施氮肥过多，植株过密或多年连作，则会出现腐烂病。如发生病害，需将病株及时清除，在原处撒一些石灰粉消毒。如有金龟子幼虫、介壳虫危害，可用辛硫磷乳剂 1 000～1 500倍液喷杀，每隔 7 天喷施两次即可灭虫。

◆ **功效和家居环境适宜摆放的位置**

虞美人对有毒气体硫化氢的反应极其敏感，当空气中有此气体时，叶子会发焦或有斑点，是硫化氢的理想监测指示植物。虞美人具有收敛、止泻、镇咳、镇痛作用；但虞美人全株有毒，内含有毒生物碱，误食会引起中枢神经中毒，严重时会导致生命危险。

适宜在庭院中成片种植，也可盆栽置于向阳的阳台上，亦可作切花装饰。

十九、石竹(*Dianthus chinensis*)

图 130 石竹

◆ 植物学知识

石竹(图 130),别名中国石竹、绣竹、石菊。石竹科,石竹属,多年生草本,常做一二年生草本栽培。株高 15 厘米~50 厘米,茎光滑,直立,较细软,分枝多,丛生性强,节膨大。叶对生,线状披针形,无叶柄,叶脉明显。花单生,或数朵簇生成聚伞花序,花萼圆筒形,花瓣 5 枚,花红色、粉红色和白色,苞片线状,花期 5~9 月。蒴果矩圆形,果熟期 6~10 月。石竹原产我国,喜阳光充足、通风及凉爽湿润环境。要求肥沃、疏松、排水良好及含石灰质的壤土或沙质壤土,忌水涝,喜肥。

◆ 繁殖方法

繁殖可用播种和扦插等方法。播种繁殖一般在秋天进行,播后保持盆土湿润,10 天左右即出苗。当苗长出 4~5 枚叶片时,可移植。扦插繁殖在 10 月至翌年 2 月下旬进行。

◆ 栽培管理

盆栽石竹要求施足基肥,每盆种 2~3 株。苗长至 15 厘米高时摘心,促其分枝,以后注意适当摘除腋芽,否则分枝过多,使养分分散而开花小。适当摘除腋芽使养分集中,可促使花大而色艳。生长期间宜放置在向阳、通风良好处养护,保持盆土湿润,每隔 10 天左右施一次腐熟的稀薄液肥。自然花期 5~9 月。开花前应及时去掉部分腋生花蕾,主要是保证顶花蕾开花。冬季宜少浇水,如温度保持在 5℃~8℃条件下,则冬、春不断开花。

◆ 病虫害防治

石竹适应性强,管理粗放,虫害很少发生。病虫害主要发生于夏季 7~9 月高温季节,主要有立枯病、凋萎病等。防治方法,注意消毒,每次修剪后立即喷多菌灵或百菌清,尽可能保持干燥,通风良好,排水通畅，高温时浇水适量，控制施肥等；石竹虫害主要有红蜘蛛、蚜虫等，可用吡虫灵加敌杀死等杀虫剂防治。

◆ **功效和家居环境适宜摆放的位置**

石竹能吸收二氧化硫、氯气等有害气体。此外，它所散发的香味对结核杆菌、肺炎球菌、葡萄球菌的生长繁殖有明显的抑制作用。

适宜在庭院中成片或成丛种植，盆栽观赏可摆放在向阳面的窗台或客厅。

二十、芍药（*Paeonia lactiflora*）

图 131　芍药

◆ **植物学知识**

芍药（图 131），别名余容、将离、婪尾花。为毛茛科，芍药属，多年生宿根草本。株高 60 厘米～80 厘米，无毛。茎下部叶为 2 回 3 出复叶，向上渐变单叶。小叶片狭卵形、披针形至椭圆形，长 5 厘米～13 厘米，宽 2 厘米～5.5 厘米，边缘粗糙，表面有光泽。花顶生兼腋生，花径 6 厘米～10 厘米，萼片通常 4 裂。花瓣白色或粉红色，单瓣或重瓣。心皮3～5，无毛，柱头紫红色。蓇葖果卵形或椭圆形，无毛。花期 4～5 月，果期 6～7 月。芍药原产于我国北部，喜温和、较干燥的环境。喜肥，耐寒，耐旱，喜阳光充足，耐半阴。宜植于土层深厚、排水良好、疏松肥沃的沙质壤土。

◆ **繁殖方法**

芍药繁殖采用播种和分株两种，以分株繁殖为主。

分株繁殖：芍药分株的时节要求很严。农谚云："春分分芍药，到老不开花"。春分时节进行分株繁殖对芍药生长极其不利，虽不都是到老不开花，但至少 3～4 年不开花却是事实。在不封冻的地区，9 月中旬至翌年 2 月上旬分株一般不会影响开花。最适宜的分株时间是 9 月中旬至 10 月上旬，这时新芽已形成，分株后地温尚不太低，根系还有一段恢复生长时间，有利于来年的生长。分株步骤为：选一个晴朗的日子，将全株掘起，要注意尽量少伤根，出土后根朝天放，抖去附着

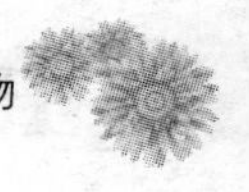

的泥土，依自然裂缝劈开，使每一新株带3～5个芽，多些更好。在芽下5厘米处剪去部分粗根，剪口涂硫磺粉末，以免病菌侵入。所有种根宜阴干，待伤口收干后，在2～3天内种完。如果不能及时栽种，可用沙土埋在阴暗的屋里，常洒水保持一定湿度，过后再栽。栽种时，将植株放在种植穴内土墩上，使根向四周舒展，然后填土，浇水渗实后再培土越冬。栽植深度，以根须低于土面2厘米～3厘米最为合适，一般每5～6年分株一次。

播种繁殖：芍药播种繁殖要随采随播，播种过迟，会影响发芽率。播种繁殖只在培育选择新品种时采用。芍药从播种到开花，需4～5年，生长速度较慢。家庭栽培播种在盛有培养土的盆中进行。10月播种，盖土浇水后，放在阳光充足的地方，翌年春天发芽，发芽之前要保持土壤潮湿。

◆ **栽培管理**

芍药是深根性花卉，要选择深盆栽植，家庭养花一般应选择直径30厘米，深40厘米～50厘米的花盆，每盆栽2～3株为宜。因芍药喜肥，栽种时需施入更多的基肥。栽好后，浇透定根水，放在通风向阳处养护。芍药管理简便，出芽后，施一次以氮肥为主的追肥，花前、花后各施一次以磷肥为主的追肥，保证当年开花好，并为明年开花作准备。每次追肥后，再浇一次清水，及时中耕松土。雨季时要注意除草、排水，并防治病虫害。

花期管理要注意在出现花蕾时，每枝花茎上只能留一个花蕾，其余花蕾应及早摘除。开花时，立柱避免倒伏，并避免阳光直射，这样可延长开花时间。花谢后，随时剪去花茎，以免结果，消耗养分。此时，再施一次肥，为第二年开花打好基础。

入冬前清除地上部枯干枝叶，再浇一次冻水，在根部培土越冬。植株每隔4～5年可分株一次，分株时换土或更换栽培地点则生长更旺盛。

◆ **病虫害防治**

危害芍药的病虫害有灰霉病、锈病、软腐病、蛴螬、小地老虎等。灰霉病可用甲霜灵等防治；锈病可用粉锈宁、敌唑酮、敌力脱等防治；软腐病用农用链霉素、代森锰锌、加瑞农等防治；蛴螬、小地老虎等用甲基异柳磷、辛硫磷等药剂灌根或顺垄撒施防治。

◆ **功效和家居环境适宜摆放的位置**

芍药对空气中的氟化氢极其敏感，受侵害后，叶片上会出现斑点，可作为氟化氢的监测指示植物。芍药的肉质根为重要的中药材——白芍、红（赤）芍，其中白芍更为名贵，有镇痛、解热等功效。

干芍药花可做茶饮单泡，也可搭配绿茶。常饮可使气血充沛，容颜红润，精神饱满，能调节女性内分泌，去除黄气及色斑，令容颜润泽。

适宜在庭院中成片种植，盆栽可放置在阳光充足的阳台或者客厅的窗边。芍药还是优良切花用材。

二十一、鸢尾类（*Iris* spp.）

◆ **植物学知识**

图 132　鸢尾

鸢尾（图 132），别名爱丽丝、蓝蝴蝶。鸢尾科，鸢尾属，多年生草本。地下部分匍匐根茎、肉质根状茎或鳞茎。叶线形，具深纵沟。茎粗壮直立，着花 1 朵或数朵，有梗。花被 6 片，外 3 片大，内 3 片小。花色有淡青蓝色、蓝紫色、白色、黄色等。子房下位蒴果，长椭圆形，多棱。种子多数，圆形，黑褐色。花期春夏，果期夏秋。鸢尾分布于北半球温带地区。喜排水良好、适度湿润的微酸性土壤，喜光照充足而凉爽的环境，适应性广，有耐寒、耐旱、喜湿、耐阴等多种生态类型。生长适温为 16℃～18℃。

◆ **繁殖方法**

图 133　德国鸢尾

鸢尾类植物根据地下茎的不同可分为宿根鸢尾和球根鸢尾两大类；地下部为根状或根茎状的鸢尾为宿根鸢尾；地下部为鳞茎状的叫球根鸢尾。

宿根鸢尾多采用分株繁殖，但有时也可用种子繁殖。分株繁殖一般每隔 2～4 年进行一次，于春、秋两季或花后进行。鸢尾在花后进行分株（要避开梅雨季节），在冬季

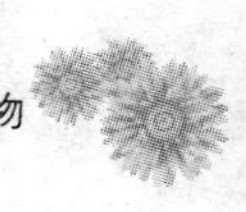

图 134 球根(荷兰)鸢尾

到来之前花芽就能分化完成,第二年即可开花。分割根茎时,以 3～4 个芽为好,分株若太细,则会影响翌年开花。分株繁殖时,应将植株上部叶片剪去,留 20 厘米左右进行栽植。若采用种子繁殖,应在种子成熟后立即播种,这样种子容易萌发,2～3 年即可开花。

球根鸢尾通过种球繁殖。开花种球经过一年的种植开花后养分耗尽,形成新球,新球周围又会产生许多籽球,籽球通过 1～2 年的种植,又可发育成开花种球。

◆ **栽培管理**

鸢尾类植物的养护较为简单,生长期注意浇水,以保持土壤湿润,同时追施 2～3 次液肥。雨季要及时排水,忌过湿积水,冬季休眠期土壤可偏干些。早春,施 1 次腐熟的堆肥及骨粉,使枝叶生长茂盛,花朵鲜艳。

室内盆栽需同上述一样养护外,夏季还需注意避烈日曝晒,应放置半阴处,否则会造成叶尖枯焦,影响观赏。

◆ **病虫害防治**

鸢尾类植物常见病害有细菌性软腐病、真菌性腐烂病和根腐病,多由土壤水分过多引起,病原菌在土壤中长期存活。栽植根茎前,用 800 倍液甲基托布津或多菌灵浸根,可有效防止此类土壤传播病害的发生。发现病株应及时挖除,并对周围土壤进行消毒。

虫害有鸢尾褐叶圆蚧等,少量可用手抹除,严重的可用 50%西维因可湿性粉剂 500～1 000 倍液喷雾防治。

◆ **功效和家居环境适宜摆放的位置**

鸢尾类植物对二氧化硫的抗性较强。适宜在庭院中成片种植,水生鸢尾可作庭院中水池或水缸造景。矮生鸢尾盆栽适宜放置在室内阳光充足处,如向阳面窗台边或有阳光照射的客厅、书房、厨房。球根鸢尾可制作成美丽的切花。

图 135　萱草

二十二、萱草（*Hemerocallis fulva*）

◆ 植物学知识

萱草（图 135），别名黄花菜、宜男草、忘忧草。百合科，萱草属，多年生宿根草本。具短根状茎和粗壮的纺锤形肉质根。叶基生、宽线形、对排成两列，背面有龙骨突起，嫩绿色。花葶细长坚挺，着花 6～10 朵，呈顶生聚伞花序。初夏开花，花大，漏斗形，直径 10 厘米左右，花被裂片长圆形，下部合成花被筒，上部开展而反卷，边缘波状。花期 6 月上旬至 7 月中旬，每花仅开放 1 天。蒴果，背裂，内有亮黑色种子数粒。果实很少能发育，制种时常需人工授粉。萱草原产于中国、西伯利亚、日本和东南亚。喜温暖、阳光，耐半阴，抗旱，抗病虫能力强，适应性强，土壤要求疏松肥沃、湿润。对盐碱土壤有特别的耐性，华北地区可露地越冬。

◆ 繁殖方法

萱草多用分株繁殖，也可播种繁殖。

分株繁殖：宜于早春萌发前进行，每 2～4 年分栽一次。先将老植株连根掘起，剪去枯根和过多须根，分割时每株丛带 2～3 芽，按株行距 30 厘米×40 厘米重新栽植，每穴种植 4～5 株。种植不宜太深，根颈（冠）处与土表平齐即可。种植后浇足水，移入遮荫处，保持土壤湿润。春季分株，夏季可开花。

播种繁殖：宜在采种后立即播种，翌春发芽；春播的，种子在头年秋季需用沙藏处理过，这样播种发芽快而整齐。播种繁殖的植株一般需两年才能开花。

◆ 栽培管理

地栽萱草耐寒，冬天可露地越冬。在生长期应适时浇水和适当追肥。但施肥不宜过多，否则枝叶徒长而不抽茎开花。雨季应注意排水，每年秋季应施腐熟有机肥，每隔 3～5 年应挖起宿根整理重栽，否则会因根盘结而趋向衰败。

盆栽萱草应选较大花盆，以利根系发育和新苗增殖。入冬后需移入室内，室温保持在2℃～4℃为宜，同时要节制浇水和施肥，以免使叶片发黄或引起烂根。

◆ **病虫害防治**

叶枯病和锈病是萱草极易发生的两种病害。病害防治应在加强栽培管理的基础上，及时清除杂草、老叶及干枯花葶，以减少侵染源，尽量选栽抗病品种。发病初期用50％代森锰锌500～800倍液；锈病发病初期用15％粉锈宁可湿性粉剂1 000～1 200倍液，每隔10～15天喷洒1次，可有效防止病害的发生。

◆ **功效和家居环境适宜摆放的位置**

萱草对氟气十分敏感，当空气中存在氟污染时，其叶片尖端会变成红褐色，可利用其对空气中的氟污染进行监测。

萱草花蕾晒干可供食用，俗称“黄花菜”。黄花菜营养价值极高，具有健脑、抗衰老功能，在日本称为健脑菜，并列为“植物性食品中最有代表性的健脑食品之一”。但应注意新鲜萱草花蕾中含有秋水仙碱，食用可能会引起中毒，必须经过开水焯制并用冷水浸泡后才可食用。

适宜在庭院中成片种植，亦可作切花用材。

二十三、石蒜（*Lycoris radiata*）

图136 石蒜

◆ **植物学知识**

石蒜（图136），别名龙爪花、蒜头草、彼岸花。石蒜科，石蒜属，多年生球根草本花卉。地下部具褐色膜质皮包裹的鳞茎。叶带状或狭剑形，长短大小不一，或于早春萌发，或于秋季花谢后抽出，有的种叶片冬季保持常绿。花茎单一实心，直立粗壮，高30厘米～70厘米，由数朵小花形成一伞形花序，具2膜质总苞片，小花漏斗状。花被片6裂，基部合生成筒状，边缘皱缩或不皱缩，常反卷。花色有黄、鲜红、白、淡紫、玫瑰红、肉红等色，花期 7～10 月。石蒜原产我国长江以南各省区，生性强健，有一定耐寒性。喜阴湿、排水良好的环境，对土壤要求不高，在各种土壤中均能生长。

◆ 繁殖方法

家庭栽培石蒜多用鳞茎(分球)繁殖。因鳞茎的寿命在 1 年以上，通常 3～4 年分栽一次。秋季花茎刚枯萎时，挖起鳞茎，掰下小鳞茎分栽。栽植深度以刚埋过鳞茎顶端为宜，过深则翌年不开花。

◆ 栽培管理

石蒜生长粗放健壮，抗逆性强，很适合家中盆栽，亦可像水仙一样水养栽培，秋植、春植均可。一般在南方进行秋植，多在寒露至霜降前后，在较寒冷地区则进行春植，于惊蛰至春分之间。盆栽时，盆下面要放 1/3 的卵石、瓦片，将石蒜置于填满含腐殖质的沙壤土，浇水少许，置于明亮、见少许阳光处。石蒜特适合在朝北的阳台上栽培。在长江流域及其以南地区种植时，冬季不必防寒，而在黄河流域及以北地区冬季应覆盖防寒或移入室内。

石蒜在养护期间要经常浇水，保持土壤湿润，但忌涝，否则会沤烂鳞茎。抽葶或放叶前更应充分浇水，以利抽葶开花及叶片的萌发生长。

石蒜在休眠期间，如不分球繁殖，可让鳞茎留在土中越冬或越夏。期间要节制浇水，以防鳞茎沤烂。花谢后应及时剪掉残花，以保证株丛整齐美观。

◆ 病虫害防治

常见病害有炭疽病和细菌性软腐病。鳞茎栽植前用 0.3％硫酸铜液浸泡 30 分钟，用水洗净，晾干后种植。每隔半月喷 50％多菌灵可湿性粉剂 500 倍液防治，发病初期用 50％苯莱特2 500倍液喷洒。

常见虫害有斜纹夜蛾、石蒜夜蛾，可喷施辛硫磷乳油 800 倍液，选择在早晨或傍晚幼虫活动时喷雾，防治效果较好。

◆ 功效和家居环境适宜摆放的位置

石蒜对一氧化碳、二氧化碳、氮氧化物的吸收能力强，特别在晚间能吸收大量二氧化碳，放出新鲜氧气。

适宜在庭院中成片、成丛种植。盆栽可摆放于室内阳光充足处，

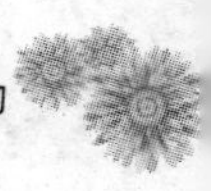

如向阳面阳台上或有阳光照射的客厅、书房里，亦可作切花用材。注意全株含有石蒜碱等有毒物质，人接触石蒜碱后皮肤会红肿发痒，应避免误食或接触其汁液。

图 137 美人蕉

三十四、美人蕉(*Canna indica*)

◆ 植物学知识

美人蕉(图 137、彩图 44)，别名兰蕉、昙华。美人蕉科，美人蕉属，多年生球根草本花卉。地下部具粗壮肉质根茎，地上茎直立不分枝。叶互生，宽大，叶柄鞘状。花序呈总状或穗状，具宽大叶状总苞。花两性，不整齐。萼片 3 枚，呈苞状，花瓣 3 枚呈萼片状，雄蕊 5 枚，均瓣化为色彩丰富艳丽的花瓣，成为最具观赏价值的部分。花有乳白、鲜黄、肉粉、橘红、大红和带斑点、条纹等色，花期长，从初夏至秋末陆续开放。蒴果球形，种子较大，黑褐色，种皮坚硬，10～11 月成熟。美人蕉原产美洲热带、印度等地。喜高温、阳光，在肥沃、湿润、排水良好的土壤上生长良好。

◆ 繁殖方法

繁殖美人蕉，家庭可用分根茎法。3 月初至 4 月上旬，将前一年贮存的美人蕉根茎分切成块，使每块带有 2～3 个芽眼，然后埋于素沙床或直接栽于花盆中，在 10℃～15℃的条件下催芽，注意保持土壤湿润。20 天左右，当芽长至 4 厘米～5 厘米时即可上盆或定植。

◆ 栽培管理

美人蕉栽培管理粗放省工，春季分根茎繁殖后，地栽每穴种入 3～5 个根芽，盆栽每盆种入一段根茎。栽植深度以覆土为根茎粗的 2 倍为宜。栽植前宜施腐熟基肥，开花前追施 1～2 次液体肥，则生长茂盛，花大色艳。花后应及时剪去残花，以促花期延长。霜降后，剪去美人蕉地上部分，挖出根茎贮藏。

◆ 病虫害防治

美人蕉的病害一般有瘟病和锈病，一般在每年6～9 月高温、高湿时病害最为严重。瘟病可用灭病威、稻瘟灵、甲基托布津等防治；锈病用三锉酮、敌力脱等防治。每隔5～7天喷一次，连续喷几次，可有效抑制病害。

5～8月注意防治蕉苞虫，幼虫咬食叶片边缘，并吐丝将叶片粘成卷苞。及时摘除叶苞并杀死幼虫，在幼虫孵化还没有形成叶苞前，用90％的敌百虫1 000倍液杀死幼虫或用抑太保1 000倍液于晨间或傍晚喷杀。

◆ 功效和家居环境适宜摆放的位置

美人蕉是净化空气的良好植物，美人蕉还可监测二氧化硫、氯气等有害气体。当发现其叶片失绿变白、花果脱落时，要特别注意是否有氯气污染。有的美人蕉根茎富含淀粉，可供食用。

适宜在庭院中成片或成丛种植，亦可作切花用材。

二十五、大丽花(*Dahlia pinnata*)

◆ 植物学知识

大丽花(图138、彩图45)，别名西番莲、天竺玫瑰、大丽菊。菊科，大丽花属，多年生球根草本花卉。株高100厘米～200厘米，具粗大纺锤状肉质根。地上茎中空直立，节明显。叶对生，2～3回羽状深裂，裂片卵形，具粗齿。顶生头状花序，花型及大小因品种而异。舌状花单性，筒状花两性。花色有白色、深黄、浅黄、红、紫等色，并有双色种。花期5～6月或9～10月。大丽花原产于墨西哥、中美洲及哥伦比亚。喜阳，耐半阴，开花时需阳光充足。不耐寒，忌夏热，喜排水良好、肥沃的土壤。

图138　大丽花

◆ 繁殖方法

大丽花多采用分块根繁殖。此法简便易行，成活率高，植株健壮，但繁殖系数较低，一墩块根只能繁殖5个左右小块根。具体做法是：

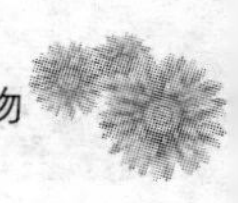

春季3～4月间，取出贮藏的整墩块根，因大丽花仅于根颈（冠）部发芽，在分割时必须带有部分根颈（冠），否则不能萌发新株。为了便于识别，可于早春提前催芽，即将整墩放在湿沙或湿锯末中，升温至15℃～20℃，待幼芽从根颈部萌发后，按一个根带一个芽切割分根，切割的伤口用草木灰消毒，分根后可盆栽于温室或直接种于露地，也可将从根颈部萌发长至7厘米～8厘米的幼芽掰下，直接扦插繁殖。

◆ 栽培管理

地栽大丽花宜种植于肥沃、疏松、排水良好的沙质壤土中。栽种时间在4月下旬至5月上旬，栽种时施足基肥，栽后浇水2～3次，使大丽花充分吸水，以利缓苗。

大丽花喜水又怕涝，忌积水怕干旱，要掌握“不干不浇，浇必浇透”的原则。大丽花喜肥又怕浓肥，施肥时掌握“薄肥勤施”的原则，除栽植前施足基肥外，生长期追氮肥，花期追钾肥，后期追磷肥。叶面喷肥有利于大丽花的生长孕蕾开花和块根的养分积累。大丽花生长到40厘米时，应设置固定支柱支持，以防止植株倒伏。

盆栽大丽花要选择矮生品种，并根据需要整理成独头型和四头型为好。培育独头大丽花，从基部开始将所有腋芽全部摘除，以后随长随摘，只留顶端1个花枝。培育四头大丽花时，当枝高10厘米～15厘米时，基部留2节进行摘心，使其形成4个分枝，每个分枝留1个芽。在花蕾发育过程中，每枝选留1个最佳花蕾，其余的全部去掉，可开4朵花。

盆栽土壤要疏松、肥沃。一般盆土配制比例为：园土地50%、腐叶土40%、腐熟有机肥加入少量磷钾肥10%。大丽花后期需肥量大，应掌握薄肥勤施的原则，养护方法同地栽大丽花。

◆ 病虫害防治

大丽花易受红蜘蛛和蚜虫危害，可采用辛硫磷乳剂1 000～1 500倍液喷雾防治。大丽花易感染的病害主要有白粉病、灰霉病、褐斑病等。防治方法主要施用25%多菌灵500倍液或甲基托布津1 000倍液防治，效果十分明显。

◆ 功效和家居环境适宜摆放的位置

大丽花能吸收空气中的二氧化硫、氟化氢、氯气等有害气体，尤其对氯气的吸收和抗性最强。

大丽花的块根中含有“菊糖”，可入药，具有清热解毒、消肿之功效。适宜在庭院中成片和成丛种植，盆栽于室内，适宜放置在阳光充足的阳台上，或室内有阳光直射的客厅、书房里，亦可作切花用材。

二十六、孔雀草（*Tagetes patula*）

图 139　孔雀草

◆ 植物学知识

孔雀草（图 139），别名红黄草。菊科，万寿菊属，一年生草本。茎直立，通常近基部分枝。叶羽状分裂，裂片线状披针形，边缘有锯齿，齿端常有簪细芒，齿的基部通常有一腺体。头状花序单生，花径3.5 厘米～4 厘米。花序梗长5 厘米～13 厘米，先端稍增粗。总苞片长椭圆形，上端具锐齿，有腺点。舌状花金黄色或橙色，带有红色斑，舌片近圆形，先端微凹，管状花花冠，黄色，与冠毛等长，具 5 齿裂。瘦果线形，黑色，被短柔毛，花期 5～10 月。孔雀草原产于墨西哥，喜阳光充足、温暖，但在半阴处也能生长开花。耐早霜，耐旱力强，忌多湿。适应性强，对土壤要求不严。

◆ 繁殖方法

孔雀草用播种和扦插繁殖均可。

播种繁殖：播种一般在 11 月至翌年 3 月间进行。冬春播种的 3～5 月开花。播种可在庭院苗床直播或盆播。盆栽的，播种后约 1 个月即可挖苗上盆定植。

扦插繁殖：扦插繁殖可于 6～8 月间剪取长约 10 厘米的嫩枝直接插于庭院苗床，遮荫覆盖，生长迅速，直接插于花盆亦可，夏秋扦插的 8～12 月开花。扦插不论地插还是盆插均极易成活。

◆ 栽培管理

孔雀草可用排水良好的培养土，混合腐熟的有机肥，同时进行摘心，以促进分枝，增加其开花数量。由于苗期生长快速，需经常施用水

肥，前期勤施薄施，以氮肥为主，每 7 天一次。在生长旺盛期，花芽分化形成到现蕾期，可重施追肥，每周喷施叶面肥一次，在花蕾欲放时停止施肥。盛夏时花少，可全面修剪一次。立秋后在新生侧枝顶部又可开花，若不修剪，植株比较松散。

◆ **病虫害防治**

常见的病害有褐斑病、白粉病等。属真菌性病害，应选择无病菌的土壤栽培，并注意排灌，清除病株、病叶，烧毁残枝，及时喷锈粉宁等杀菌剂。虫害主要是红蜘蛛，可加强栽培管理，在虫害发生初期可用 20％三氯杀螨醇乳油 500～600 倍液进行喷药防治。

◆ **功效和家居环境适宜摆放的位置**

孔雀草能吸收甲醛等有害气体。新鲜的孔雀草中含有清甜的菊香型精油，俄罗斯高加索地区居民常食用孔雀草，有延年益寿之效。适宜在庭院中成片种植，盆栽适宜放置在阳光充足的窗台上，或室内有阳光直射的客厅茶几上。

第八节　家庭庭院绿化木本植物

图 140　牡丹

一、牡丹（*Paeonia suffruticosa*）

◆ **植物学知识**

牡丹（图 140、彩图 46），别名洛阳花、富贵花、木芍药。毛茛科，芍药属，多年生落叶小灌木。株高多在0.5 米～2 米之间。根肉质，粗而长，中心木质化。叶互生，叶片通常为二回三出羽状复叶，枝上部常为单叶，小叶片有披针、卵圆、椭圆等形状，顶生小叶常为 2～3 裂，叶上面深绿色或黄绿色，下为灰绿色，光滑或有毛。总叶柄长 8 厘米～20 厘米，表面有凹槽。花单生于当年枝顶，两性，花大色艳，形美多姿，花色多样。雄雌蕊常有瓣化现象，花期 4～5 月。骨果五角，每一果角结籽 7～13 粒，种籽圆形，成熟时为黄色，老时黑褐色。牡丹原产于我国秦岭和大巴山一带山区，宜凉畏热，喜燥恶湿，惧烈风、酷日，喜疏松、肥沃、排水良好的沙质壤土，适宜栽植于中性或微碱性的土壤中。

◆ **繁殖方法**

分株繁殖：每年 9 月分株繁殖，分株的母体选 4～5 年生的植株，整墩挖起，将根上附土去掉，晾晒 1～2 天，待根变软后分根，以 4～5 枝为一小丛(株)。

嫁接繁殖：宜在 9 月底至 10 月初进行。以芍药或牡丹根作砧木，选牡丹优良品种的"土芽"(即牡丹植株基部由土中发出的 1 年生枝条顶芽)作接穗，采用嵌接法(也称半面劈接法)嫁接，接好后用麻皮捆缚，外面涂包稀泥或封蜡，埋植或假植，不浇水。

播种繁殖：适用于单瓣或半重瓣品种，主要用于培育新品种。牡丹种子有上胚轴休眠现象，9 月采成熟种子即播。选干燥、肥沃、排水良好的沙壤土高床条播，沟深 4 厘米～6 厘米，覆土 2 厘米～3 厘米，播后压实并覆草，次春出苗，1 年生苗高约 10 厘米。

◆ **栽培管理**

种植牡丹应选择土壤深厚肥沃、疏松透气、排水良好的土壤。土壤不可过酸或过碱，一般 pH 值保持在 6.5～7.5 之间。如过碱，可浇施硫酸亚铁降低土壤的 pH 值；如过酸，可撒施生石灰粉提高其 pH 值。盆栽用土比地栽要求更高，一般用腐叶土 3 份、珍珠岩 2 份、园土 2 份、腐熟鸡粪 3 份充分混合后作盆栽基质。

露地栽植应根据植株大小挖坑，一般深度为 40 厘米～50 厘米。家庭盆栽宜选用外观秀美的紫沙盆或陶瓷盆，花盆大小视植株而定，一般选用口径 30 厘米、深 35 厘米左右的花盆即可。

牡丹抗旱性较强，露地栽培一般开花前视土壤干湿情况浇水 3～4 次，花后结合施肥浇水一次。雨季应停止浇水，并做好防涝工作，入冬后结合施肥再浇一次封冻水，浇水要适量，不能有积水。盆栽牡丹浇水应视盆土干湿情况而定，如盆土过干应及时浇水。在炎热的夏季，应适当增加浇水次数，并向叶面喷水，以增加湿度。牡丹不耐高温，夏季天热时要及时采取降温措施。

露地栽植的牡丹一般每年施肥 3 次。第一次为花前肥，2～3 月间

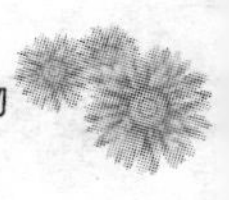

进行；第二次为花后肥，在牡丹开花过后，5～6 月进行，以补充开花消耗的养分；第三次在入冬前，结合浇封冻水，肥料以腐熟的鸡粪、饼肥为好。盆栽牡丹由于营养面积小，应适当增加施肥次数，遵循少量多次的原则，选择腐熟的饼肥、骨粉为好，一次每盆 30 克左右即可。牡丹花后要及时剪去残花，勿使其结果，消耗养分。

◆ **病虫害防治**

牡丹抗病虫能力较强，一般很少发生病虫害。常见的病虫害有褐斑病、白粉病、根腐病、介壳虫等。

白粉病在叶片上有一层白色粉状物，可用 20%的粉锈宁 1 000 倍液喷洒防治。根腐病会导致牡丹根系腐烂而死亡，可用 70%甲基托布津可湿性粉剂 1 000 倍液灌根防治。褐斑病主要危害叶片，在叶片上形成黑色或褐色、近圆形的同心轮纹病斑。可用 40%的多菌灵 600～800 倍液、70%甲基托布津可湿性粉剂 800～1 000 倍液喷洒防治。

少量的介壳虫可人工刮除，也可在其刚孵化虫体表面、介壳还未形成时，喷洒 50%辛硫磷乳油 1 000 倍液杀除。

◆ **功效和家居环境适宜摆放的位置**

牡丹对大气中光化学烟雾中的主要有毒气体臭氧十分敏感，当臭氧在大气中含量超过 1%时，根据污染程度轻重，其叶片出现不同颜色的斑点，是一种优良的空气污染指示植物。

适宜在庭院中阳光充足、土壤肥沃处孤植或成丛种植，如果在庭院中再配植有玉兰表示“玉堂富贵”；若配植有海棠表示“满堂富贵”；若庭院中有鱼缸或鱼池则表示“富贵有余”。盆栽应置于东或南向阳台或者室内有阳光照射而温度不太高的客厅、书房等处。

图 141　金银花

二、金银花（*Lonicera japonica*）

◆ **植物学知识**

金银花（图 141、彩图 47），别名忍冬、金银藤、鸳鸯藤。忍冬科，忍冬属，多年生藤本花卉。树皮条状剥落枝中空，叶卵形或椭圆状卵形，长3厘米～8厘米，先端短渐尖钝尖，基部圆形至近心形，幼时两面有柔毛。花成对腋生，苞片叶状。花冠2唇形，上唇直立4裂，下唇反转，花冠筒和裂片等长，花初白色略带紫晕，后黄色，芳香。浆果，球形、黑色，花期5～7月，果期8～10月。金银花原产我国，喜光，耐阴，耐寒，耐干旱及水湿。对土壤适应性强，但以疏松、肥沃、排水良好的沙质土壤为好，耐盐碱，适宜偏碱性土壤。

◆ **繁殖方法**

家庭栽培常用扦插繁殖。在春、夏、秋三季均可进行。选一年生健壮枝条截成15厘米～20厘米，插入培养土中2/3左右，2周后即可生根分栽，第二年即可开花。

◆ **栽培管理**

金银花在生长季节，肥水管理十分重要，只有在肥水充足条件下才能正常发育生长，但又不能放任其生长。在此期间，要视其生长情况灵活掌握，及时扣水，控制树形，增加花量，防止徒长，促使茎蔓老熟，节间缩短，株形矮化。一般除每周施一次腐熟饼肥外，还要用0.2%磷酸二氢钾溶液进行2～3次叶面喷施。花芽形成前少施或不施氮肥，增施磷、钾肥。枝条停止生长后，孕蕾期适当施氮肥，促使花大而艳。

◆ **病虫害防治**

尺蠖危害金银花叶片。发病时应及时清除地面枯枝落叶，减少虫源，并在发病初期用敌百虫等高效低毒、残效期短的药剂进行防治。

叶蜂危害金银花叶片，防治方法，春季在树下挖虫茧，减少越冬虫源；幼虫发生期喷90%敌百虫1 000倍液或25%速灭菊酯1 000倍液进行防治。

白粉病危害叶片、茎和花，发病时可用15%三唑酮可湿性粉剂2 000倍液进行喷雾防治。

◆ **功效和家居环境适宜摆放的位置**

金银花对二氧化硫和氟气抗性较强，其散发出的挥发油有广谱杀菌作用。生命力顽强，具有很强的固沙作用，被埋没在风沙中仍能茁壮成长。

金银花的花、叶子、藤均可入药，可清热解毒。金银花的花朵晒干

可制成金银花茶，具有保健作用。

适宜在庭院中阳光充足的墙边和篱笆边种植，使其攀爬形成绿篱，达到春夏观花、夏秋观果的效果。盆栽可置于东南方向阳光充足的阳台上。

图 142 夹竹桃

三、夹竹桃(*Nerium indicum*)

◆ **植物学知识**

夹竹桃(图 142)，别名柳叶桃、半年红。夹竹桃科，夹竹桃属，常绿灌木。枝干丛生枝叶具乳汁。叶对生或 3 或 4 叶轮生，叶面有蜡质，侧脉羽状平行而密生。聚伞花序顶生，花两性，花冠合瓣，呈漏斗形，裂片 5，覆瓦状排列，夏秋 5～10 月可陆续开花，花似桃花，常见花色有黄色、红色、玫瑰红色、白色等，微有香气。果长角状，长 10 厘米～23 厘米，直径 1.5 厘米～2 厘米；种子顶端具黄褐色种毛，果期 12 月至翌年 1 月。夹竹桃原产伊朗及印度，我国北方多用盆栽培。夹竹桃喜照光充足、气候温暖湿润环境。适应性较强，耐干旱瘠薄，也能适应较荫蔽的环境。不耐寒，畏水涝。

◆ **繁殖方法**

夹竹桃由于开花多而结实少，甚至不结实，因此，以扦插繁殖为主，也可分株和压条。

扦插繁殖：在春季和夏季都可进行。插条基部浸入清水 10 天左右，保持水质新鲜，插后提前生根，成活率也高。具体做法是，春季剪取 1～2 年生枝条，截成 15 厘米～20 厘米的茎段，20 根左右捆成一束，浸于清水中，入水深为茎段的 1/3，每 1～2 天换同温度的水一次，温度控制在 20℃～25℃，待发现浸水部位发生不定根时即可扦插。扦插时应在土壤中用竹筷打洞，以免损伤不定根。夏插，由于夹竹桃老茎基部的萌蘖能力很强，常抽生出大量嫩枝，可充分利用这些枝条进行夏季嫩枝扦插。方法是，选用半木质化程度插条，保留顶部 3 枚小叶片，插于基质中，注意及时遮阳和水分管理，成活率高。

压条繁殖:先将压埋枝条部分刻伤或作环割,埋入土中,2 个月左右生根后即可剪离母体,来年带土移栽。

◆ **栽培管理**

盆栽夹竹桃的盆土最好用 3 份腐叶土(或 3 份堆肥)与 3 份粪土、4 份生土混合配成。夹竹桃生长快,应于每年 4 月下旬移出室外时更换一次盆土并施少量底肥。盆栽夹竹桃从移出室外到 9～10 月份花谢,应每月施一次经过发酵的饼肥或复合化肥,施后浇水。盆栽浇水应见干浇透水,如盆土过干,叶片已萎蔫,应先浇小水,等叶片舒缓后再浇透水,否则叶片易脱落。秋季盆土应适当保持干燥。

夹竹桃每年应整形修剪一次,一般是每株主干保留 3 个主枝,每个主枝保留 3 个分枝,疏除枝应在距基部 20 厘米～30 厘米处剪断。这样修剪不仅能保持冠形美观,还能使其花满枝头。

◆ **病虫害防治**

夹竹桃病虫害较少,但在通风不好的闷热天气里易发生介壳虫危害,发现虫后应及时刷掉。有时亦遭受蚜虫危害,蚜虫发生期,用辛硫磷乳剂 1 000～1 500 倍液喷杀,并注意保护瓢虫、草蛉等天敌昆虫不被伤害。

◆ **功效和家居环境适宜摆放的位置**

夹竹桃叶片具有发达的角质层和蜡质层,有利于抵御各种有害气体,同时叶片的两面被微毛,具有极强的吸附毒气、尘埃能力,有"抗污染的绿色冠军"和"自然界的吸尘器"之称,

夹竹桃的气体挥发物主要由水杨酸甲酯、乙酰乙酸乙酯、丙烯醛、丙烯酸、丁酮醇等构成。其中水杨酸甲酯是一种消毒剂和防腐剂,具有较强的杀菌能力。丙烯酸能够酸化环境,起到抑制细菌快速繁殖的作用,乙酰乙酸乙酯和丁酮醇有令人愉快的香味儿,对人体精神状态起调剂作用。所以,夹竹桃的气体挥发物总体上有保健和杀菌作用。

在南方适宜在庭院中阳光充足处种植;在北方,入冬后需将盆栽移入室内放置在向阳处的阳台上。全株有毒,人或宠物应避免误食。

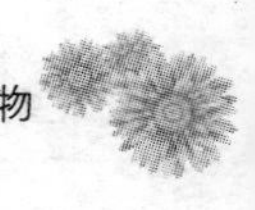

图 143　丁香

四、丁香(*Syzygium aromaticum*)

◆ **植物学知识**

丁香(图 143、彩图 48),别名百结。木犀科,丁香属,落叶灌木或小乔木。枝为假二叉分枝,顶芽常缺。叶对生,单叶,稀为羽状复叶。叶片圆卵形或肾形,通常宽大于长,全缘,先端渐尖,基部心形。每年 3～5 月开花,花两性,组成顶生或侧生圆锥花序。萼钟状,4 裂,宿存,花冠漏斗状,具深浅不等 4 裂片;雄蕊 2 枚。果实于 9 月上中旬成熟,蒴果长圆形,种子有翅。丁香原产我国华北地区,喜阳光,稍耐阴,喜湿润,忌积水,耐寒耐旱,一般不需多浇水。要求肥沃、排水良好的沙壤土,切忌栽于低洼阴湿处。

◆ **繁殖方法**

丁香可用种子、扦插、嫁接、分株等方法繁殖,家庭栽培主要采用分株和扦插法。

分株繁殖:一般在早春萌芽前或秋季落叶后进行。将植株根际的萌蘖苗带根掘出,另行栽植,或将整墩植株掘出分丛栽植。秋季分株需先假植,翌春移栽。栽前对地上枝条进行适当修剪。

扦插繁殖:可用嫩枝扦插和硬枝扦插。嫩枝扦插在 7～8 月进行,选当年生的粗壮枝条,剪成 15 厘米左右长的插条,插入事先准备好的基质内,并适当遮荫,保持湿润,50 天左右生根。若插前用吲哚丁酸快速浸沾插穗基部,扦插生根率达 80%以上。扦插成活后,第二年春季移植。硬枝扦插需秋季采条,露地沙藏,翌春插入基质。

◆ **栽培管理**

丁香不喜大肥,切忌施肥过多,否则引起徒长,影响花芽形成,导致开花减少。花后施磷、钾肥及氮肥,每株磷、钾肥不超过 75 克,再加氮肥 25 克即可。若施用厩肥或堆肥,需充分腐熟并与土壤均匀拌合,每株施 500 克左右。一般每年或隔年入冬前施 1 次腐熟的堆肥,即可补足土壤中的养分。

一般在春季萌动前进行修剪，主要剪除细弱枝、过密枝、枯枝及病枝，保留好更新枝。花谢后，如不留种，可将残花连同花穗下部两个芽剪掉，同时疏除部分内膛过密枝条，有利于通风透光和树形美观，促进萌发新枝和形成花芽。落叶后剪去病虫枝、枯枝、纤细枝，并对交叉枝、徒长枝、重叠枝、过密枝进行适当短截，保持枝条分布匀称，保持树冠圆整，以利翌年生长和开花。地栽丁香，雨季要及时排水防涝。积水过久，易落叶死亡。

◆ **病虫害防治**

危害丁香的病害有细菌性病害，如凋萎病、萎蔫病等，另外还有病毒引起的病害，一般病害发生在夏季高温、高湿期。

虫害有天幕毛虫刺娥、潜叶娥、潜虫蝇及大胡蜂、介壳虫等，可使用杀虫、杀菌剂防治。

◆ **功效和家居环境适宜摆放的位置**

丁香对氟化氢、二氧化硫等有毒气体有净化作用，同时还能很好地吸附空气中的烟尘。其分泌的丁香酚具有抗菌、消炎、抗病毒等功效，能杀灭肺结核菌、伤寒、痢疾、白喉等病菌。丁香花的香气对牙痛病人有安静止痛作用。

可种植于庭院阳光充足处，或盆栽于阳光充足的阳台或房顶天台上，其花枝可作切花用材。

五、紫薇（*Lagerstroemia indica*）

图 144　紫薇

◆ **植物学知识**

紫薇(图 144)，别名百日红、痒痒树。千屈菜科，紫薇属，落叶灌木或小乔木。地栽株高可达 3 米～6 米或更高。树皮灰绿色呈薄片状，剥落后树干光滑，用手轻搔，全株微微颤动，故又名痒痒树。小枝略呈四棱形。单叶对生椭圆形至倒卵形，有的呈长椭圆形，平滑

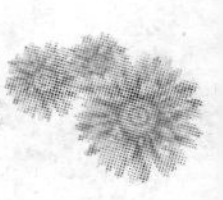

无毛,仅叶背主脉略有柔毛,叶柄极短。圆锥花序顶生在当年生枝端,长6厘米～20厘米,花为红、粉、黄、白等色,花径3厘米～4厘米,花瓣褶皱状,花萼绿色而光滑,雄蕊多数,长短不齐,花期7～10月。蒴果圆形或椭圆形,内含多数种子,9～10月成熟。整个冬季种实宿存在枝端。紫薇原产我国中部,生性强健,易于栽培,对土壤要求不严,但若栽种于深厚肥沃的沙质土壤中,生长最好。喜阳光充足而温和的环境,较耐寒,耐旱,怕涝,萌蘖力强。

◆ **繁殖方法**

紫薇可播种、扦插或分株繁殖,另还有根繁法和压条繁殖,家庭栽培以扦插或分株繁殖为主。

扦插繁殖:分为春季扦插和夏季扦插。春季扦插时间在4月中旬左右,春季萌芽前选取一年生壮枝,剪成15厘米左右,插入预先准备好的疏松沙质土中,深度为插条的2/3。插完后浇1次水,然后盖1层5厘米厚的细土,用塑料膜搭拱棚保温,遮荫,20天左右即可生根。当苗高长至30厘米左右进行锄草、松土,10月份浇1次腐熟液肥过冬,翌年即可分栽。

分株繁殖:紫薇因其萌发力强,根际萌蘖多,在早春3月萌动前将其根部萌蘖分割后另行栽植,浇水即可成活。

◆ **栽培管理**

应选择阳光充足、湿润肥沃、排水良好的壤土。在整个生长季度应经常保持土壤湿润,春旱时15天左右浇1次水;秋季开花期不宜浇水太多,一般25天左右浇水1次;入冬前浇足防冻水。紫薇施肥一般在冬季或早春,每株可施2千克～4千克有机肥,5～6月追施少量的无机肥。在小苗生长季节应施以氮肥、复合肥,以加速苗木生长。

栽植较大的紫薇时,栽前要重剪,把上部树冠全部剪掉,使树冠长势旺盛且整齐美观;幼树生长期间,应随时将茎干下部的侧芽摘除,以使顶芽和上部枝条得到较多的养分而健壮成长,早日形成完整树冠。

◆ **病虫害防治**

紫薇病虫害主要有蚜虫、紫薇绒蚧、大蓑蛾及煤污病,应及时防治。蚜虫可喷2.5%敌杀死2 500～3 000倍液或10%吡虫啉3 000～5 000倍液进行叶面喷雾,喷时注意安全。大蓑蛾可于冬季落叶后采用人工摘除袋囊，喷 90％敌百虫晶体 1 000～1 500 倍液可取得较好效果，也可用 2.5％溴氰菊酯乳油 3 500～4 000 倍液。防治紫薇绒蚧，可在幼虫孵化盛期 7 天内，向枝叶喷施 40％速蚧杀乳油 1 500～2 000 倍液或吡虫啉、菊酯类农药，3 种农药交替使用，隔7～10 天喷 1 次，连续 2～3 次。煤污病可用 500 倍多菌灵药液喷洒防治。

◆ **功效和家居环境适宜摆放的位置**

紫薇对二氧化硫的抗性和吸收能力强，对氨气、氯气、氯化氢、氟化氢的抗性较强。此外，它还可吸附粉尘，是一种良好的环保树种。紫薇产生的挥发性油类具有显著的杀菌作用，5 分钟内可杀死白喉菌和痢疾菌等原生菌。

紫薇是少有的夏季开花树种，种植在阳光充足的庭院中，夏季既可乘凉又可观花。盆栽可放置在阳光充足的阳台或房顶天台上。

六、紫藤(*Wisteria sinensis*)

◆ **植物学知识**

紫藤（图 145），别名藤萝、朱藤。为豆科，紫藤属，落叶藤本植物。小枝有柔毛，茎皮呈浅灰褐色。复叶互生，小叶 7～13 枚，卵形及卵状披针形，基部圆或宽楔形，长 4.5～11 厘米，幼叶两面有白柔毛，后渐脱落近无毛。总状花序侧生，下垂，长 15 厘米～30 厘米，花为蝶状单瓣，花径 2 厘米～3 厘米，紫色，芳香，每一花序可着生花 50～80 朵，密集而醒目。花期4～5月，稍早于叶开放。荚果长 20 厘米～30 厘米，外密被黄色绒毛，内含种子 3～4 粒，果熟期为 9～10 月。紫藤原产于我国华北、西北、西南等地的山林中。生性强健，喜阳光充足，略耐阴，较耐寒，可耐－25℃的低温，北京及其以南广大地区都可在室外安全越冬。对土壤和气候适应性强，在深厚、肥沃、排水良好、疏松

图 145　紫藤

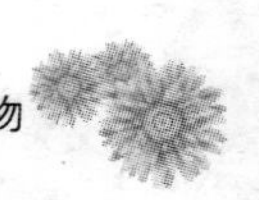

的土壤中生长最旺。

◆ **繁殖方法**

紫藤生命力强，繁殖力也强。用播种、扦插、压条、分蘖、嫁接等均可进行繁殖。

播种繁殖：开春前，在苗床上均匀撒播种子，覆盖一层细土，然后用干草覆盖，经常用水保湿，种子发芽生长后，高30厘米左右时可进行移植。

扦插繁殖：落叶后，选择二年生以上的枝条，插入土壤中的部分略去皮，并蘸生根粉液，有利于生根，插条的一半插入苗床中，一半露在土壤外，经常保湿，生根后可进行移植。

压条繁殖：落叶后，取二年生以上枝条，用力将枝下拉，部分略去皮后，压入土壤中，深为20厘米左右并固定，覆盖土壤后，用干草覆盖，经常用水保湿，生根后切离母体进行移植。

分蘖繁殖：根周围发出新枝条，新枝条生根后，可切离母体进行移植。

嫁接繁殖：常使用根接法，取二年生枝条于根部进行嫁接，成活后进行移植。

◆ **栽培管理**

家庭盆栽，用腐叶土与菜园表土混合即可，用盆宜深和大些，在盆底放一层碎瓦片，增强排水透气性能，以防烂根。2～3年翻盆换土一次，注意保留1/2左右的宿土，不可裸根。紫藤耐旱怕涝，生长期要保持土壤稍湿润，但不能积水，盆栽雨季要注意排水，防烂根。从冬季落叶至春季萌芽前，土壤以稍干微湿润为好。紫藤喜肥，冬季刚落叶时，施一次以磷钾为主的腐熟有机肥，有利于提高越冬抗寒力和翌春孕蕾开花。早春花蕾形成时，施两次氮磷钾复合肥，促其花色艳丽而不落蕾。开花时不施肥，花后施1～2次氮磷钾复合肥，使其枝叶繁茂。夏季不施肥，盆栽入秋要留种果可施一次磷钾肥，地栽可不施。任何时候不可单施氮肥，否则会出现叶多花少的情况。

◆ **病虫害防治**

危害紫藤的有枯叶蛾、蚜虫、刺蛾等食叶性害虫。枯叶蛾可用敌百虫或辛硫磷300倍液喷杀，蚜虫、刺蛾可用克蚜威、蛾螨灵等杀虫剂喷杀。

◆ **功效和家居环境适宜摆放的位置**

紫藤是绿化、美化环境的优良植物，具有良好的观赏性，又是防治环境污染的优良植物，对有害气体有较强的吸附能力和净化能力。据北京、上海等地试验，紫藤对二氧化硫、氯气有较强的抗性和吸收能力，对氯化氢的抗性较强，对铬有一定的抗性。

紫藤的花朵可制作成美味食品。紫藤的根、茎、叶及种子均可入药，有除风、止痛的功效；但紫藤的叶和种子有毒，食用过量易引起腹痛、呕吐、腹泻等，内服须慎用。

在庭院中让其顺墙或顺架攀附，形成绿色的凉棚，使人既能在室外棚架下乘凉，春季观花秋季观果，又可有效减少阳光辐射，降低夏季室外环境温度。

七、碧桃（*Prunus persica*）

图 146 碧桃

◆ **植物学知识**

碧桃（图 146、彩图 49），别名千叶桃花、花桃。蔷薇科，李属，落叶小乔木。小枝红褐色或绿色，表面光滑，冬芽上具白色柔毛，芽并生，中间多为叶芽，两侧为花芽。叶椭圆状披针形，先端长而尖，基部阔楔形，表面光滑无毛，叶缘具粗锯齿，叶基部有腺体。花芽腋生，先开花后展叶，花单生，花梗极短，多重瓣，花期春季。碧桃原产我国北部和中部。碧桃性喜阳光、温暖，较耐寒，怕涝。宜生长于肥沃、排水良好的沙质壤土。

◆ **繁殖方法**

碧桃多采用嫁接法繁殖，因芽接易成活，因此在嫁接中又多采用芽接法。

芽接可在 7～9 月间进行，砧木为山桃，南方多用毛桃。嫁接要选择优良品种碧桃母株健壮枝上的叶芽，不能用花芽或隐芽。当接芽成活后，长至 12 厘米～18 厘米时要进行摘心，以促生侧芽，一般嫁接苗 3 年即可开花。

◆ **栽培管理**

碧桃需肥不多,栽植时可在穴内施少量基肥。生长期间,根据植株生长情况决定是否施肥。一般每年冬季施一次基肥,春季开花前增施一次磷钾肥即可。浇水要适量,不干不浇,防止积水。花后要及时修枝整形,对开过花的枝条,只留基部2～3个芽,其余疏除。夏季对生长过旺的枝条进行摘心,抑制其生长,并疏去过多的叶片,以利通风透光,促使花芽形成、果多果大。冬季要将长枝短剪,以利多发花枝。

◆ **病虫害防治**

碧桃的主要病害有缩叶病、流胶病,虫害易受蚜虫危害。

缩叶病以侵染叶片为主,防治方法是,在病叶初现,摘除病叶,集中烧毁,可减少当年越冬菌源。在碧桃花瓣未展开时,可喷70%百菌清可湿性粉剂600倍液,7～10天1次,连续2～3次即可得到控制。

流胶病主要发生在枝干上,果实及枝条也易发生流胶。防止流胶病应以增强树势为中心,并注意避免各种伤口。发病初期,可用50%复方多菌灵悬浮剂600～800倍液、70%甲基硫菌灵可湿性粉剂600倍液或70%百菌清可湿性粉剂600倍液喷雾或涂抹,7～10天1次,连续2～3次即可得到控制。

蚜虫一般用20%阿维三唑磷乳油800～1 000倍液、吡虫啉800～1 000倍液或4.5%高效氯氰菊酯乳油1 000～1 500倍液杀灭。

◆ **功效和家居环境适宜摆放的位置**

碧桃对硫化物、氯气十分敏感,一有污染,其叶片会出现大片斑点,并逐渐死亡,是监测硫化物、氯气的良好指示植物。

在庭院中种植在阳光充足处;盆栽可放置于室内阳光充足的阳台或房顶天台上,其花枝可作切花。

图147 梅花

八、梅花(*Prunus mume*)

◆ **植物学知识**

梅花(图147、彩图50),别名春梅、干枝梅等。蔷薇科,李属,落叶小乔木。株高5～10米,干呈褐紫色,多纵驳纹。小枝呈绿色。叶片广卵形至卵形,边缘具细锯齿。花每节1～2 朵,无梗或具短梗,原种呈淡粉红或白色,栽培品种则有紫、红、彩斑至淡黄等花色,于早春先叶而开。梅花可分为系、类、型,如真梅系、杏梅系、樱李梅系等;系下分类,类下分型。花期早春。梅花原产于我国,性喜阳光,略耐阴,较耐寒、耐旱,对土壤要求不严。

◆ **繁殖方法**

主要用嫁接繁殖,有枝接与芽接两种方法。家庭栽培可用扦插繁殖。

嫁接繁殖:砧木除用梅的实生苗外,也可用桃(包括毛桃、山桃)、李、杏作砧木,以梅砧最好,亲和力强、成活率高、长势好、寿命亦长。枝接在 2 月中旬至 3 月上旬,或 10 月中旬至 11 月进行。接穗选择健壮枝条的中段,长 5 厘米～6 厘米,带有 2～3 芽,采用切接或劈接;芽接以立秋前后(8 月上旬)进行,成活率高,多采用丁字形芽接法。接活后的当年初冬,在接芽以上 5 厘米处截去砧木,并修剪侧枝。翌年春接芽抽梢,待长大后再将残存的砧木剪除,并随时抹去砧芽。

扦插繁殖:梅花操作简便,技术也不复杂,同时可完全保持原品种的优良特性。梅花扦插成活率因品种不同而有差别。以 11 月进行为好,因此时落叶,枝条贮有充足的养分,容易生根成活。选一年生 10 厘米～12 厘米长的粗壮枝条作插穗,扦插时将大部分枝条埋入苗床土中,土面仅留 2 厘米～3 厘米,并且留一芽在外。要求扦插基质疏松、排水良好。扦插后浇一次透水,加盖塑料薄膜,这样可保持小范围的温度和湿度,提高扦插成活率,以后视需要补充水分。扦插后土壤的含水量不能过大,否则影响插条愈合生根。翌年成活后,逐渐予以通风,使之适应环境,最后揭去薄膜,第三年春季便可进行定株移栽。

◆ **栽培管理**

盆土宜选用肥沃疏松、排水良好的腐殖壤土,最好将梅花种在普通的瓦盆中,待植株开花时,再套上外形雅致的花盆。

梅花喜阳光充足、潮润、通风良好的环境,但怕涝渍,应放置在地势较高的地方。雨后应及时扣盆倒水,花盆摆放不宜过密,以利空气流通,避免病虫害发生。

冬春两季,梅花需水不多,除了在花期使盆土略湿外,其他阶段均

使盆土保持微潮偏干的状态。夏秋两季，是梅花需水最多的阶段，应见干浇水。但在 6～7 月花芽开始分化期间，要对梅花"控水"几次，即减少浇水，令梅花叶片微卷再浇水，这样梅花才能更好开花。一般在翻盆时可在盆底放置骨粉、豆饼等作基肥，5 月中、下旬花芽形成前施 1～2 次饼肥水作追肥，8 月上旬再施 1～2 次，入秋再施一次追肥即可。

梅花枝条宜疏不宜密，每年花后应进行一次修剪，每枝留 3～4 厘米长，其余全部剪去，同时注意剪口芽的方向。一般品种应留外向芽，垂枝品种要留内向芽，并疏去多余的枝条、徒长枝、病虫枝等，夏季要注意摘心打顶，以抑制枝条徒长。

◆ **病虫害防治**

梅花病害种类很多，最常见的有白粉病、缩叶病、炭疽病等。

白粉病常在湿度大、温度高、通风不良的环境中发生。早春三月，梅花萌芽时，嫩芽和新叶易受病菌侵染，可用 15%三唑酮可湿性粉剂 2 000 倍液喷洒防治。

缩叶病可喷洒托布津或多菌灵防治，亦可喷洒 1%波尔多液，每隔一周喷一次，3～4 次即可治愈。

炭疽病病发初期可喷 70%托布津 1 000 倍液，或喷代森锌 600 倍液防治。发现其他各种病时，喷洒上述两种药液亦可见效。

◆ **功效和家居环境适宜摆放的位置**

梅花对环境中的二氧化硫、氟化氢、硫化氢、乙稀、苯、醛等的污染都有监测能力。其对硫化物、氟化物的污染特别敏感，一旦环境中出现硫化物，它的叶片上就会出现斑纹，甚至枯黄脱落。因此，可用来监测环境中上述有害物质。

梅花中的果梅是我国传统的食用梅花品种。梅子生食，可生津止渴，也可制成话梅、梅干等各式蜜饯和梅酱、梅膏等。

在庭院种植于向阳处，南方庭院中常与松树、竹子配植，形成"岁寒三友"，或者与竹子、兰花、菊花配植，形成"四君子"，大大增添庭院的文化和艺术内涵。盆栽常放置在室内阳光充足的客厅、书房等处，其花枝可作切花用材。

九、无花果(*Ficus carica*)

图 148　无花果

◆ 植物学知识

无花果(图 148),别名文仙果、蜜果。桑科,无花果属,落叶性灌木或乔木。干皮灰褐色,平滑或不规则纵裂。小枝粗壮,托叶包被幼芽,托叶脱落后在枝上留有极为明显的环状托叶痕。单叶互生,叶长 10～20 厘米,掌状,有裂刻 3～5 个,少有不裂,叶缘有波状齿,叶面粗糙,叶背有短毛。雌雄异花,隐于囊状总花托内,外观只见果不见花,故名无花果。果实有短梗,聚花果,梨形,成熟时呈黑紫色或淡棕黄色,单生于叶腋,6 月中旬至 10 月均可开花结果。无花果原产于欧洲地中海沿岸和中亚地区,喜光、喜肥,不耐寒,不抗涝,较耐干旱。在华北地区如遇－12℃低温,新梢即易发生冻害,－20℃时,地上部分死亡,因而冬季防寒极为重要。

◆ 繁殖方法

繁殖以扦插为主。4 月中旬结合修剪选生长充实、粗达 1.5 厘米枝条剪下,剪成长 15 厘米～20 厘米枝段,放入冷窖中备用。当土壤 10 厘米深处温度稳定在 10℃以上时,将枝条按株距 10 厘米～15 厘米、行距 40 厘米插入整好的沙质壤土中,并浇水沉实。1 周后再浇 1 次水,保持土壤湿润,温度保持 20℃～25℃,以后每天晚上喷水 1 次,约 45 天生根发芽。当年管理得好可见果,入冬前苗木长到 50 厘米～70 厘米时上盆。

◆ 栽培管理

容器选用透气性好的泥瓦盆、瓷盆、水泥盆、木箱、木桶等均可。盆栽无花果对盆土要求不严,从微酸性到微碱性土壤均可正常生长,但以排水较好的肥沃沙壤土为宜。无花果生长结果过程中需水量大,但又怕涝,平时只要盆土缺水都应及时浇水,浇即浇透,忌浇半截水。浇后及时松土,增加土壤透气性,防止板结。7 月份后,由于天气炎热,树体蒸发量大,除保证盆土不缺水以外,最好在每天上午 10 时前向叶面喷一次水。雨季要防止花盆积水，同时注意炎热夏季忌用冷水直接浇灌，应避开在烈日下浇水，最好在上午10时前和傍晚落日后浇水。

由于盆栽开花果根系生长空间小，养分供应较差，为了保证盆栽无花果正常生长和发育，根据植株生长情况，从萌芽展叶后，每15～20天用腐熟稀薄饼肥水加0.3%～0.5%尿素，再加0.5%～1.0%磷酸二氢钾水溶液浸盆一次，每5～7天喷施一次叶面肥。5月份前，以高氮低磷、钾为主；5月份坐果后以高磷、钾、低氮为主。

◆ **病虫害防治**

无花果病虫害少，主要是炭疽病和桑天牛等。落叶后及时清除僵果、病枯枝，刮除病枯树皮，清理落叶。6月中旬至8月上旬喷施50%多菌灵可湿性粉剂0.2%溶液，每隔13～15天喷1次，连喷4～5次可有效防治炭疽病。防治桑天牛，可在6～7月份成虫产卵期进行人工捕杀，7～8月份幼虫开始危害时，用辛硫磷乳剂1 000倍液向虫道注射，再用黄泥将虫孔封严，熏杀幼虫，效果较好。

◆ **功效和家居环境适宜摆放的位置**

无花果对苯、硝酸雾、二氧化硫等有害气体有较强的吸收作用，其宽大的叶片还能吸附一定的灰尘，是净化室内外空气的优良环保树种。它的抗癌功效得到世界各国公认，被誉为“21世纪人类健康的守护神”。

果实中含有较高的果糖、果酸、蛋白质、维生素等成分，有滋补、润肠、开胃、催乳等作用。含18种氨基酸，其中有8种是人体必需氨基酸。可鲜食或加工成干果、蜜饯等，多食有防癌治癌功效，亦可入药，有润肺止咳、清热润肠的功效。

可种植于庭院向阳背风处，盆栽可放置在阳台或天台上。

图149 扶桑

十、扶桑(*Hibiscusrosa sinensis*)

◆ **植物学知识**

扶桑(图149、彩图51)，别名朱槿牡丹、朱槿、大红花。锦葵科，木槿属常绿灌木。茎直立而多分枝，高可达6米。叶互生，阔卵形或狭卵形，长7厘米～10厘米，具3主脉，先端突尖或渐尖，叶缘有粗锯齿或缺刻，基部近全缘，秃净或背脉有少许疏毛，形似桑叶。花大，有下垂或直上之柄，单生于上部叶腋间，有单瓣、重瓣之分。单瓣呈漏斗形，通常玫瑰红色；重瓣呈非漏斗形，呈红、黄、粉等色，花期全年，夏秋最盛。扶桑原产我国南部，喜温暖、湿润、日照充足的环境。不耐阴、不耐寒、不耐旱。越冬温度应保持在12℃～15℃，低于5℃则极易冻死。土壤适应范围较广，但在富含有机质的微酸性土壤中生长最好。

◆ 繁殖方法

家庭栽培扶桑一般采用扦插繁殖。插穗选二年生健壮枝条或当年生半木质化枝条，剪取10厘米，留顶端叶片，切口要平，插于沙床，深4厘米～5厘米(沙床要求铺沙15厘米～20厘米)。插后立即浇1次透水，随后用塑料布遮盖，插床应经常喷水，以增加湿度。1周之后，可逐渐接受阳光，温度在18℃～25℃时，20天左右即可生根。

◆ 栽培管理

长江以北必须盆栽，冬季必须移入室内越冬。盆栽用土宜选用疏松、肥沃的沙质壤土，每年早春4月移出室外前应进行换盆。换盆时除了换上新的培养土外，还需剪去部分过密卷曲的须根，并施足基肥，盆底略加磷肥。扶桑是阳性树种，5月初要移到室外放在阳光充足处，此时也是其生长季节，要加强肥水、松土、拔草等管理工作。每隔7～10天施一次稀薄液肥，浇水应视盆土干湿情况，过干或过湿都会影响开花。在霜降后至立冬前必须移入室内保暖。越冬温度要求不低于5℃，以免遭受冻害。不高于15℃，以免影响休眠。盆土要偏干忌湿，因此要控制浇水，并停止施肥。

◆ 病虫害防治

灰霉病危害扶桑的叶片和花瓣，低温、高湿易发病。防治用28%灰霉克可湿性粉剂800倍液喷洒，两周1次，连续3次。

煤污病危害扶桑中下部叶片、叶柄和茎，很少枯焦或坏死，但影响光合作用和观赏效果。主要由白粉虱、蚜虫、介壳虫传播，尤其白粉虱易诱发此病。可用25%扑虱灵可湿性粉剂2 000倍液或50%甲基硫菌灵加硫磺悬浮剂800倍液喷洒防治，10天1次，连续2～3次。

叶斑病危害叶片，管理差的植株易感病。防治可用70%甲基托布

津可湿性粉剂 800 倍液喷洒 2 次，间隔 10 天。

炭疽病多因水肥管理不当引起，生长势弱易发病，叶片长期受日光照射发病重。防治可用 25% 炭特灵可湿性粉剂 500 倍液喷洒，10 天左右 1 次，防治 3～4 次。

◆ **功效和家居环境适宜摆放的位置**

扶桑对空气中的二氧化硫、氯气、氯化氢有一定的抗性和吸收能力，有很好的滞尘作用和环境指示功能。当叶片中间出现白色或褐色时，说明二氧化氮污染严重。

扶桑的叶有营养价值。在欧美，其嫩叶有时候被当成菠菜的替代品，扶桑的花可用来染色蜜饯和其他食物。

南方可栽种于庭院内，北方盆栽可放置在阳光充足的阳台或天台上，冬天放置于室内阳光充足处。

图 150 枸杞

十一、枸杞(*Lycium chinense*)

◆ **植物学知识**

枸杞(图 150、彩图 52)，别名红耳坠、石寿树。茄科，枸杞属，多年生落叶小灌木，株高 60 厘米～100 厘米。直根系，侧根发达，一二年生的扦插苗无主根，须根多分布浅。枸杞枝条细长，弯曲下垂，生于叶腋的刺较短。叶互生，或簇生于短枝上，卵形或卵状披针形，全缘，具短柄，叶质柔软，淡绿色或鲜绿色。花腋生，通常 1～5 朵簇生。花梗长，花萼钟状，常 3～5 齿裂。花冠漏斗状，常 5 裂，淡紫色。果实为浆果，长圆形，约 1.5 厘米长，成熟时鲜红色。种子多数，淡黄色，肾形或近扁圆形。花蕾至种子成熟约需 45 天。花期 6～8 月，果期9～10月。枸杞原产东亚温带地区，喜光、耐寒、抗旱、耐碱，喜酸性的沙质土壤。盆栽放在通风良好、阳光充足的阳台即可生长。

◆ **繁殖方法**

枸杞主要采用扦插等无性繁殖，也可采用种子繁殖。

扦插繁殖:在优良母树上采集一年生的、粗度在 0.3 厘米以上已木质化的枝条,剪成 18 厘米～20 厘米长插穗斜插于基质中,保持湿润,成活率高,第二年可开花。

种子繁殖:将果实用水泡 1～2 天,变软后洗出种子晒干。3 月下旬播种,覆土 1 厘米,压实后立即喷水。种后 7 天出苗,出苗后间苗,第二年春季移栽。

◆ **栽培管理**

枸杞生性强健,盆栽用土以 1/3 河沙对腐叶肥土配制即可。

枸杞生长期长,需肥量大,较耐肥。当新芽抽生后即可追施薄肥,每隔 10 天至半月施一次。肥料以腐熟的有机肥为主,初期浓度为 10%,以后逐渐加大至 30%～40%,并配合少量化肥。浇水宜勤浇少浇,保持土壤湿润即可,特别是扦插繁殖的枸杞,根系浅、吸收能力弱,水分过多会影响根系生长。

◆ **病虫害防治**

枸杞主要病害有黑果病(炭疽病)和根腐病。

黑果病主要危害花蕾和果实,发病时需及时摘除病花和病果,并用 50%多菌灵 800 倍液喷雾防治。

根腐病多因根部积水引起,发病初期可用 50%多菌灵 1 000～1 500倍液灌根,后期需将病株拔除,并在病穴及周围撒石灰粉消毒,以防病害蔓延。

枸杞主要虫害有蚜虫和瘿螨,危害叶片和嫩枝为主。可用 20%杀灭菊酯 4 000～5 000 倍液或 90%敌百虫 800～1 000 倍液喷雾防治。

◆ **功效和家居环境适宜摆放的位置**

枸杞对氯气和氯化氢的抗性较强。

枸杞的幼苗(又称天精)或嫩茎是早春的野菜,炒或焯后凉拌均可,清香微苦,有除烦通气,清热解毒之功效。干果入药,亦可泡茶,是名贵滋补良药,可补肾益精,养肝明目。还可治疗高血压、糖尿病。长期食用枸杞或饮用枸杞茶,不会有副作用

在庭院种植于阳光充足处,盆栽可放置在阳光充足的阳台或屋顶天台上,观果期也可置于室内光线明亮处。

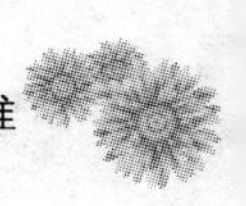

附录： 室内空气质量标准

标准号:GB/T18883-2002

国家质量监督检验检疫总局/国家环保总局/卫生部

发布时间:2002 年 12 月 18 日　实施时间:2002 年 3 月 1 日

一、室内空气应无毒、无害、无异常嗅味

二、室内空气质量标准(见表)

其中：

室内空气质量参数(indoor air quality parameter),指室内空气中与人体健康有关的物理、化学、生物和放射性参数。

可吸入颗粒物(particles with diameters of 10 μm or less,PM10),指悬浮在空气中,空气动力学当量直径小于等于 10μm 的颗粒物。

总挥发性有机化合物（Total Volatile Organic Compounds TVOC):利用 TenaxGC 或 TenaxTA 采样,非极性色谱柱(极性指数小于 10)进行分析,保留时间在正己烷和正十六烷之间的挥发性有机化合物。

标准状态(normal state)指温度为 273K,压力 101. 325kPa 时的干物质状态。

室内空气质量标准

序号	参数类别	参数	单位	标准值	备注
1	物理性	温度	℃	22～28	夏季空调
				16～24	冬季采暖
2		相对湿度	%	40～80	夏季空调
				30～60	冬季采暖
3		空气流速	m/s	0. 3	夏季空调
				0. 2	冬季采暖
4		新风量	米^3/h. p	30[a]	

续前表

5	化学性	二氧化硫	毫克/米^3	0.50	1小时均值
6		二氧化氮	毫克/米^3	0.24	1小时均值
7		一氧化碳	毫克/米^3	10	1小时均值
8		二氧化碳	%	0.10	日平均值
9		氨	毫克/米^3	0.20	1小时均值
10		臭氧	毫克/米^3	0.16	1小时均值
11		甲醛	毫克/米^3	0.10	1小时均值
12		苯	毫克/米^3	0.11	1小时均值
13		甲苯	毫克/米^3	0.20	1小时均值
14		二甲苯	毫克/米^3	0.20	1小时均值
15		苯并芘	毫克/米^3	1.0	日平均值
16		可吸入颗粒 PM10	毫克/米^3	0.15	日平均值
17		总挥发性有机物 TVOC	毫克/米^3	0.60	8小时均值
18	生物性	菌落总数	cfu/米^3	2 500	依据仪器定
19	放射性	氡	Bq/米^3	400	年平均值（行动水平）

新风量要求≥标准值，除温度、相对湿度外的其他参数要求≤标准值。

行动水平即达到此水平建议采取干预行动以降低室内氡浓度。